"十三五"高等教育电子类规划教材

模拟电子技术及应用分析

主　编　吴和静　邵雅斌　陈　晨
副主编　侯长波　刘　芳　赵　龙

北京邮电大学出版社
www.buptpress.com

内容简介

本书按照应用型本科高校的培养目标和特点，突出实用性、实践性的原则编写而成。全书主要内容包括：半导体器件及应用、放大电路及应用、负反馈放大电路、功率放大电路、集成运算放大电路、正弦波振荡器的制作。

本书适合作为以应用型为主的本科院校电气信息类专业的教材，并可供相关专业的科技人员作为参考用书。

图书在版编目(CIP)数据

模拟电子技术及应用分析 / 吴和静，邵雅斌，陈晨主编. -- 北京：北京邮电大学出版社，2018.8

ISBN 978-7-5635-5515-4

Ⅰ. ①模… Ⅱ. ①吴… ②邵… ③陈… Ⅲ. ①模拟电路—电子技术—研究 Ⅳ. ①TN710

中国版本图书馆 CIP 数据核字（2018）第 169063 号

书　　名：模拟电子技术及应用分析
著作责任者：吴和静　邵雅斌　陈　晨　主编
责 任 编 辑：满志文　穆菁菁
出 版 发 行：北京邮电大学出版社
社　　址：北京市海淀区西土城路 10 号（邮编：100876）
发 行 部：电话：010-62282185　传真：010-62283578
E-mail：publish@bupt.edu.cn
经　　销：各地新华书店
印　　刷：北京玺诚印务有限公司
开　　本：787 mm×1 092 mm　1/16
印　　张：15.5
字　　数：392 千字
版　　次：2018 年 8 月第 1 版　2018 年 8 月第 1 次印刷

ISBN 978-7-5635-5515-4　　定　价：42.00 元

· 如有印装质量问题，请与北京邮电大学出版社发行部联系 ·

前　言

“模拟电子技术及应用分析”是高等院校电子信息工程、通信工程、自动化、机电等理工科专业的一门重要的专业核心课程。该课程的应用领域非常广泛，几乎遍及电类及非电类的各个工程技术学科。在编写时，结合现代电子技术系列课程的建设实际，既考虑到要使学生获得必要的电子技术基础理论、基本知识和基本技能，也充分考虑到应用型院校学生的实际情况，并认真贯彻理论以够用为度，加强应用，提高分析和解决实际问题的能力。本书在编写上注重实用性，突出教学实践环节及特点，可把学生引入实际工作环境，强化学生实践能力。本书体现了“问题驱动”的教学思想，融入了操作性强、贴近实践的教学实例，提出问题、分析问题、解决问题，以“问题”驱动教学，便于教师授课和启发学生思考。

一个性能良好的电子设备，甚至是其中的一块功能电路，都有许多具体的技术细节，是许多基础知识的综合体现。本书在对基本电路进行原理分析的基础上，注重其实际应用。内容包括：半导体器件及应用、放大电路及应用、负反馈放大电路、功率放大电路、集成运算放大电路、正弦波振荡器的制作，并以附录的形式加强了对相关器件应用须知的介绍，以利突出实践环节教学，加强技能培养，适应工程实践的需求。本书力求做到内容深入浅出、概念清楚、通俗易懂，并注重实用性和先进性。本书还精心选编了大量的例题和习题，有利于培养学生分析问题和解决问题的能力。考虑到大学本科阶段的教学特点，本书在编写时注意教材的教学适用性，在总体结构上力求简明，章节内容安排上既注意了课程体系的连贯性，又保持了一定的独立性，以适应不同的教学要求和教学计划。

本书由黑龙江东方学院吴和静老师编写第1～第3章并负责全书的统稿和定稿；邵雅斌老师负责编写功率放大电路部分；陈晨老师负责编写集成运算放大电路部分；哈尔滨工程大学博士侯长波老师负责编写正弦波振荡器的制作部分；刘芳老师负责编写附录1～附录3，赵龙老师负责编写附录4～附录6。

由于编者水平有限，统稿时间仓促，书中不妥之处恳请读者给予批评指正，以便日后修订，使之成为日臻完善的应用型本科教材。

编　者

目　录

第 1 章

半导体器件及应用

本章导读:半导体器件是现代电子技术的基础,要学习电子技术,就必须了解器件的相关知识。本章作为全书的开篇,首先介绍半导体的基础知识和主要特性,以及半导体器件的核心部分——PN结,然后引出几种常用的半导体器件——半导体二极管、三极管和场效应管。本章的实验内容包括:实训室常用电子仪器操作与使用;半导体器件的识别与检测。

本章基本要求:掌握PN结的结构及单向导电性;了解二极管、三极管、场效应管等半导体器件的内部结构及工作原理,熟悉它们的符号、主要参数、特性曲线、测试方法和典型应用电路;掌握常用电子仪器操作与使用方法和半导体器件的识别与检测方法。

1.1 半导体基础

自然界中的物质,按其导电能力分为导体、半导体和绝缘体。导电能力较强的物质称为导体,如金、银、铜、铝等金属材料和离子溶液;导电能力差的物质称为绝缘体,如橡胶、玻璃、陶瓷等材料;半导体的导电能力介于导体和绝缘体之间,现代电子技术中最常用的半导体材料主要有硅(Si)和锗(Ge)以及一些化合物半导体等,硅是最常用的一种半导体材料,其次是锗半导体材料。

半导体具有一些其他物质所不具备的性质,它对温度、光照、压力等都非常敏感。半导体的电子特性主要表现在以下几个方面。

(1) 热敏性:当外界温度变化时,半导体材料的导电能力将发生显著改变。

(2) 光敏性:当受外界光照射时,半导体材料的导电能力将发生显著改变。

(3) 掺杂性:在纯净半导体材料中掺入微量杂质,它的导电能力将显著提高。

利用半导体导电的这些特点,可以制成热敏电阻、光敏电阻和二极管、三极管、场效应管等半导体器件。

1.1.1 本征半导体

具有一定晶体结构的半导体才能更好地实现其功能。一般把完全纯净、结构完整的半导体晶体称为本征半导体。

1. 本征半导体中的共价键

硅和锗都是四价元素,它们都具有4个价电子(最外层电子)。在本征半导体材料硅和锗中,每个原子外层的价电子会同时受到自身原子核以及相邻原子核的束缚,被相邻两个原子核所共有,就形成了晶体中的共价键结构。一个共价键内含有两个电子,由相邻的原子核各提供一个,称为束缚电子。图 1.1 所示为硅和锗的原子结构和共价键结构。

2. 本征激发和两种载流子

在半导体内部可以自由移动的带电粒子称为载流子,其可分为自由电子和空穴两类。在绝对零度($T=0$ K)下,本征半导体中没有载流子,不导电。但在一定的温度下,如 $T=300$ K 时,由于热激发,少数电子会获得足够的能量脱离共价键的束缚而成为自由电子,在原来的位置留下一个空位,称为空穴,这种现象称为本征激发。温度越高,半导体材料的本征激发现象越剧烈。在本征半导体中,自由电子和空穴总是成对出现和消失,因此其数量相同,如图 1.2 所示。

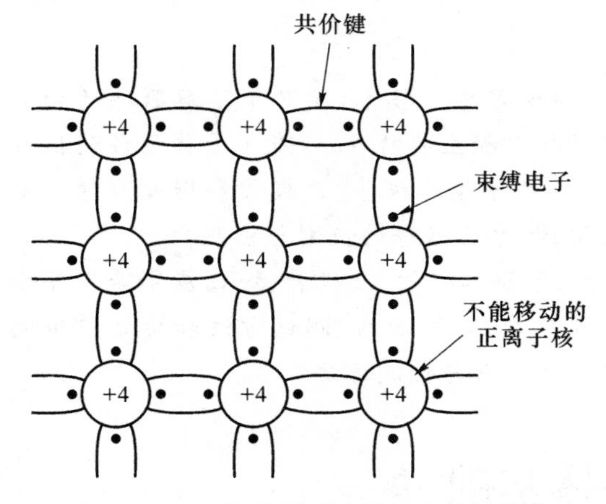

图 1.1　硅和锗的原子结构和共价键结构

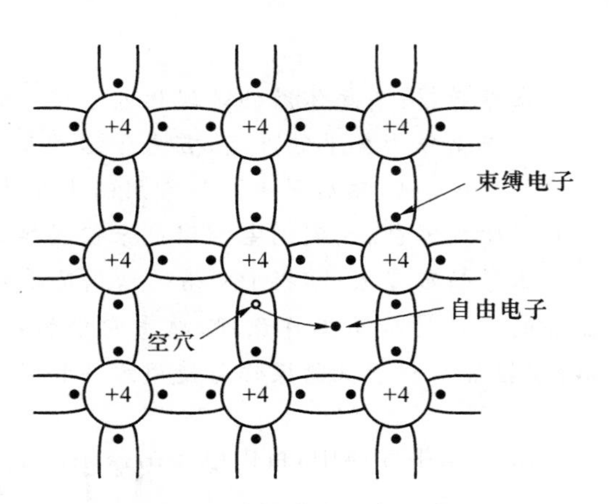

图 1.2　本征激发现象示意图

3. 空穴的运动

当空穴(如图 1.3 中位置 1 所示)出现以后,可被邻近的束缚电子(如图 1.3 中位置 2 所示)填补,同时在该电子的原有位置上形成一个空穴,这种电子填补空穴的运动称为复合;而这个空穴又可以被另一个束缚电子(如图 1.3 中位置 3 所示)填补,再次出现一个新的空穴,这样就形成了空穴的运动。由此可见,空穴也是一种载流子。半导体材料中空穴越多,其导电能力也就越强。空穴的出现是半导体导电区别导体导电的一个主要特征。

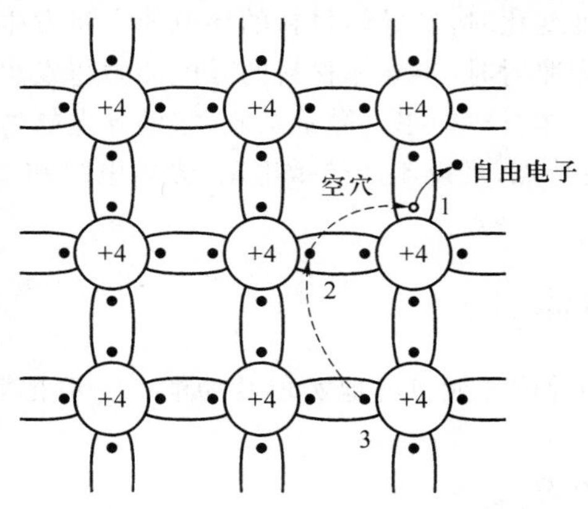

图 1.3　束缚电子填补空穴的运动

4. 结论

(1) 半导体导电的本质是载流子运载电荷形成电流,载流子分为两种,一种是带负电的自由电子,另一种是带正电的空穴。

(2) 在本征半导体中,自由电子和空穴总是成对产生,数目相等。

(3) 在一定温度下,本征半导体中电子—空穴对的产生与复合会达到动态平衡,其数目相对稳定。

(4) 温度升高,激发的自由电子—空穴对数目增加,半导体的导电能力增强。

1.1.2　杂质半导体

为了提高本征半导体的导电性,可在其中加入微量杂质,形成杂质半导体。根据掺入杂质的性质不同,杂质半导体可分为电子型(N型)和空穴型(P型)。

1. N型半导体

N型半导体是在硅(或锗)半导体晶体中掺入微量磷(P)、砷(As)等五价元素形成的。五价元素具有5个价电子,它们在与相邻的四价硅、锗原子组成共价键时,多出来的一个价电子很容易成为自由电子,使得N型半导体中自由电子的数目大大增加。自由电子参与导电移动后,原本位置的五价原子失去一个电子,成为一个不能移动的正离子,虽然此时没有相应的空穴产生,但半导体仍然呈现电中性,如图1.4所示。

请思考:为什么N型半导体仍然呈现电中性?

在N型半导体中,自由电子由掺杂的五价元素提供,其数量远多于因本征激发产生的空穴。因此对于N型半导体来说,自由电子为多数载流子,简称为多子;空穴为少数载流子,简称为少子。N型半导体主要靠自由电子导电。

2. P型半导体

P型半导体是在硅(或锗)半导体晶体中掺入微量硼(B)、铟(In)等三价元素形成的。三价元素具有3个价电子,它们在与相邻的四价原子组成共价键时会多出来一个空位,形成空穴,此时没有相应的自由电子产生,半导体仍然呈现电中性,如图1.5所示。

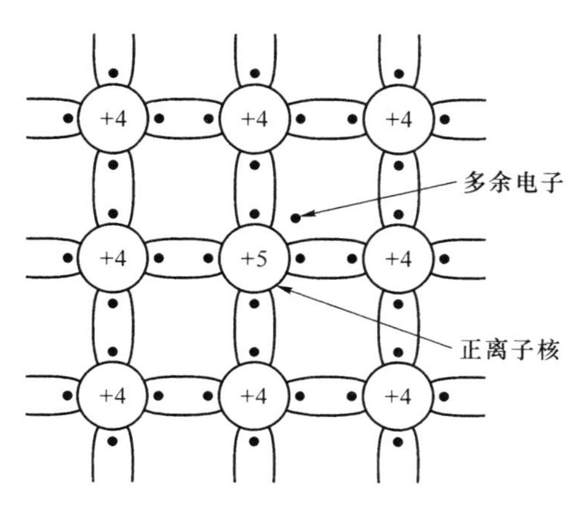

图1.4　N型半导体的共价键结构

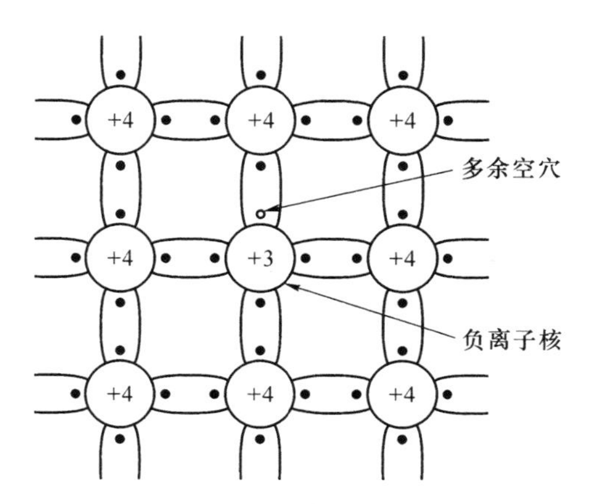

图1.5　P型半导体的共价键结构

在P型半导体中,空穴为多子,自由电子为少子。P型半导体主要靠空穴导电。

1.1.3 PN结及其单向导电性

1. PN结的形成

将一块半导体的两侧分别制成P型半导体和N型半导体，由于P型半导体中和N型半导体中的载流子存在浓度的差别，会发生扩散现象。P型区中的多子(空穴)将越过交界面向N型区扩散，留下不能移动的负离子；而N型区中的多子(自由电子)会向P型区扩散，留下不能移动的正离子。多数载流子的这种因浓度上的差异而形成的运动称为扩散运动，如图1.6所示。

原本P型区和N型区均呈现电中性，由于自由电子和空穴的扩散运动，使得P型区和N型区原来的电中性被破坏，在交界面的两侧分别形成不能移动的、带异性电荷的离子层，称为空间电荷区，这就是通常所说的PN结。

在PN结中，多数载流子扩散到对面发生复合而耗尽。因此空间电荷区又称为耗尽层，如图1.7所示。

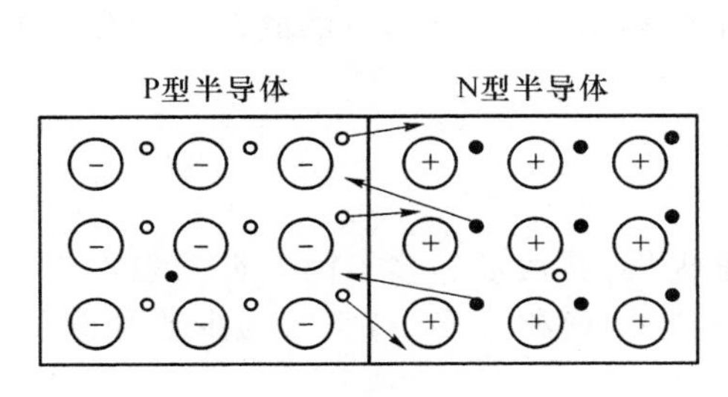

图1.6 交界处载流子扩散示意

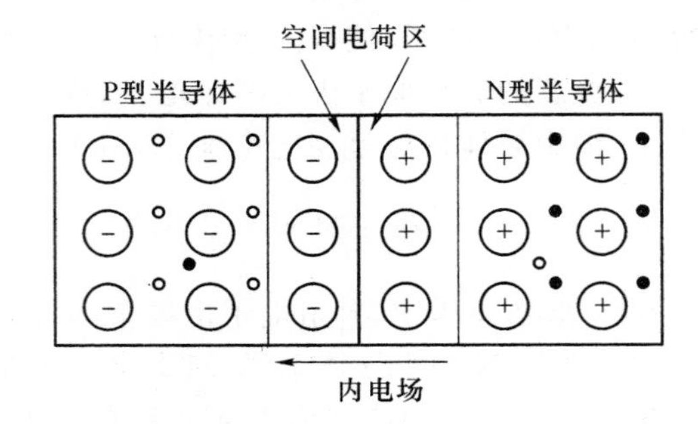

图1.7 PN结的形成

空间电荷区的N侧带正电，P侧带负电，会产生一个从N型区指向P型区的内电场。显然，内电场的方向会对多数载流子的扩散运动起阻碍作用。与此同时，内电场可推动少数载流子(P型区的自由电子和N型区的空穴)越过空间电荷区，形成漂移运动。

漂移运动与扩散运动的方向相反，在无外加电场时会形成动态平衡，此时扩散电流等于漂移电流，PN结的宽度保持不变，处于稳定状态。

请思考：稳定状态下的PN结呈现电中性吗？

2. PN结的单向导电性

在PN结两端加上不同极性的电压，它会呈现出不同的导电性能，这是PN结最重要的特性之一。

(1) PN结外加正向电压

PN结外加正向电压(P端接高电位，N端接低电位)，称为PN结正向偏置，简称正偏，如图1.8所示。外加电压在PN结上形成的外电场方向与内电场方向相反，驱使P型区的空穴和N型区的自由电子分别由两侧进入空间电荷区，打破了PN结原来的平衡状态，从而使空间电荷区变窄，内电场被削弱，有利于扩散运动不断进行。这样，多数载流子的扩散运动大为

增强，从而形成较大的扩散电流。外部电源不断向半导体提供电荷，使电流得以维持，这时PN结所处的状态称为正向导通。

请思考：如果外电场小于内电场，PN结能正向导通吗？

(2) PN结外加反向电压

PN结外加反向电压（P端接低电位，N端接高电位），称为PN结反向偏置，简称反偏，如图1.9所示。此时内外电场方向相同，抑制扩散运动，使空间电荷区变得更宽。同时少数载流子的漂移运动却被加强，形成了反向的漂移电流。由于少数载流子的数目很少，故形成的反向电流也很小。PN结这时所处的状态称为反向截止。少数载流子由本征激发产生，温度越高，其数量越多，所以温度对反向电流的影响很大。

请思考：反向电压能否无限加大？

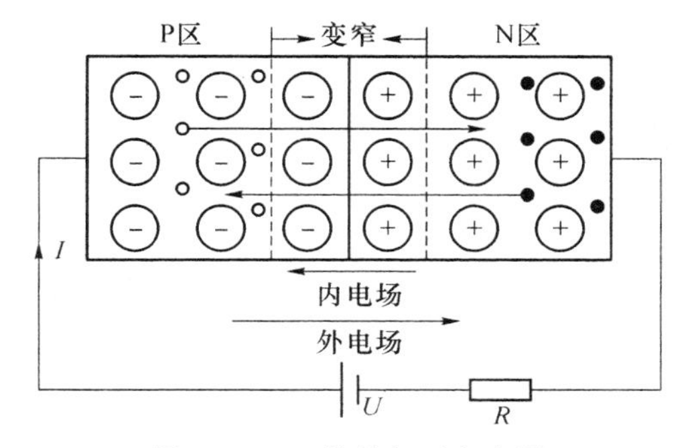

图 1.8 PN结外加正向电压

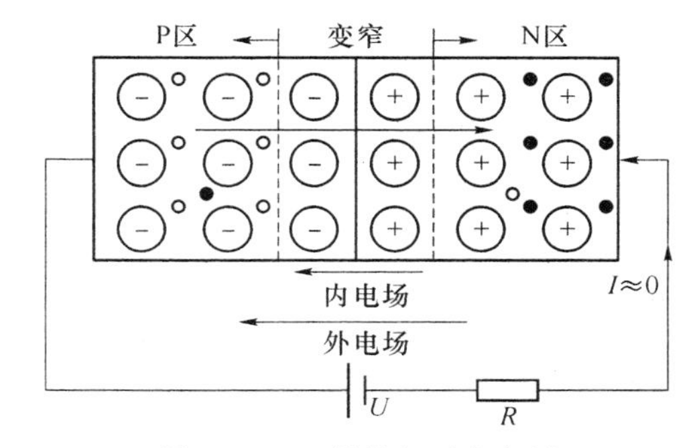

图 1.9 PN结外加反向电压

3. 结论

(1) PN结外加正向电压时处于导通状态，外加反向电压时处于截止状态，称为PN结的单向导电性。

(2) PN结正偏时通过的正向导通电流较大，反偏时通过的反向截止电流很小。

1.1.4 实验项目一：实训室常用电子仪器的操作与使用

1. 实验目的

(1) 了解示波器与信号发生器的主要技术指标、性能及其使用方法；

(2) 掌握用示波器观察测量波形的幅值、频率的基本方法；

(3) 掌握仪器共地的概念、意义和接法。

2. 实验设备

(1) 数字双踪示波器；

(2) 数字万用表；

(3) 信号发生器。

3. 预习要求

(1) 示波器的工作原理；

(2) 万用表的操作和使用方法。

4. 实验内容及步骤

(1) 模拟电子电路中常用电子仪器布局

模拟电子电路中常用电子仪器布局，如图 1.10 所示。

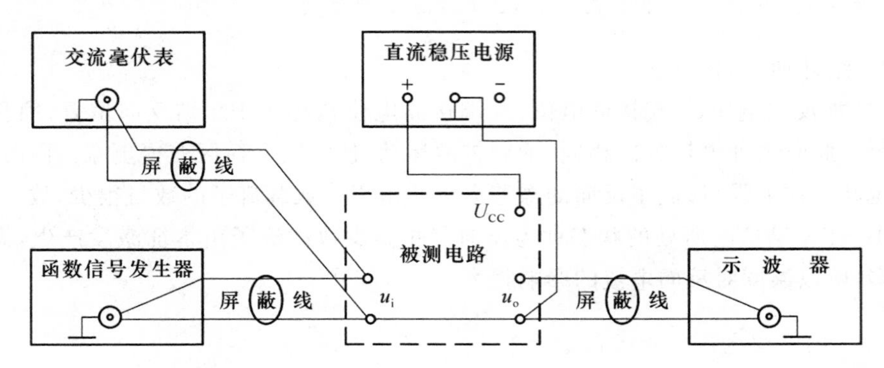

图 1.10 模拟电子电路中常用电子仪器布局图

(2) 用示波器机内校正信号对示波器进行自检

① 扫描基线调节。

② 测量校正信号的峰峰值 U_{PP} 和频率 f，把它们与标准值作比较，记入表 1.1。

表 1.1 校正信号数据记录

校正信号参数	标准值	实测值
峰峰值 U_{PP}/V		
频率 f/kHz		

(3) 用示波器测量信号源参数

① 用示波器测量信号幅值。

调节信号发生器，送出一个频率为 1 kHz(可直接输入或通过旋钮调节)、幅值为 1 V(调节幅值旋钮)的正弦信号，通过信号线连接到示波器的输入端，用示波器测量该信号的峰峰值 U_{PP}，记入表 1.2。

② 用示波器测试正弦信号的周期。

调节信号发生器，送出一个频率为 1 kHz(可直接输入或通过旋钮调节)、幅值为 1 V(调节幅值旋钮)的正弦信号，通过信号线连接到示波器的输入端，用示波器测出该正弦波的周期 T、频率 f，记入表 1.2。

表 1.2 用示波器测量信号源参数记录

信号频率	示波器测量值			
	幅值/V	峰峰值/V	周期/ms	频率/Hz
100 Hz	1			
1 kHz				
100 kHz				

（4）用示波器测试直流电压。

调节直流电源（实验箱上的直流稳压电源实物图，如图 1.11 所示）以输出一个＋10 V 的直流电压（由数字万用表直流电压挡读出）。用双踪示波器测试该电压。

① 按示波器输入耦合于“GND”，显示出一条扫描线，此为 0 V 参考电位。

② 将输入耦合“GND”切换到“DC”，显示出一条上移扫描线，此为直流电平线。

③ 通过计算或用光标读出两线间的电压。

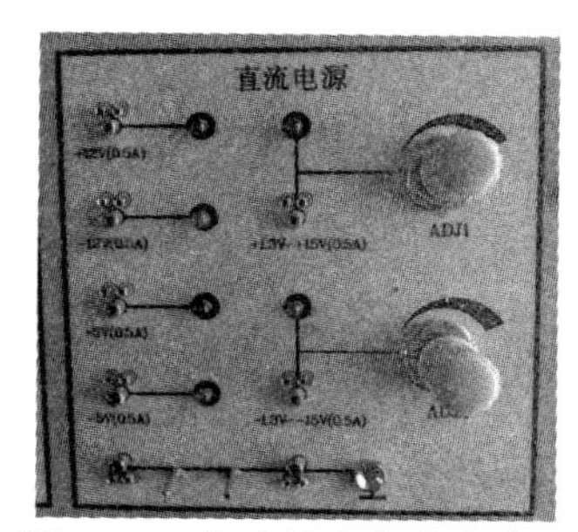

图 1.11 实验箱上的直流稳压电源实物图

5. 实验报告要求

（1）整理实验数据，求出误差、分析误差产生原因，按要求完成实验报告，如表 1.3 所示。

（2）思考题：信号源输出的信号参数能不能用数字万用表测量？为什么？

表 1.3 模拟电子技术实验报告一：实训室常用电子仪器操作与使用

实验地点				时间		实验成绩	
班级		姓名		学号		组员姓名	
实验目的							
实验设备							
实验内容	1. 画出示波器自检波形，并将测试的数据填入下表中。						

示波器机内信号	标准值	实测值
幅度 U_{PP}/V		
频率 f/kHz		

续表

<table>
<tr><td>实验内容</td><td>2. 画出测量信号源的波形图，并将测试的数据填入下表中。<table>
<tr><th rowspan="2">信号频率</th><th colspan="4">示波器测量值</th></tr>
<tr><th>幅值/V</th><th>峰峰值/V</th><th>周期/ms</th><th>频率/Hz</th></tr>
<tr><td>100 Hz</td><td rowspan="3">1</td><td></td><td></td><td></td></tr>
<tr><td>1 kHz</td><td></td><td></td><td></td></tr>
<tr><td>100 kHz</td><td></td><td></td><td></td></tr>
</table></td></tr>
<tr><td>实验过程中遇到的问题及解决方法</td><td></td></tr>
<tr><td>实验体会与总结</td><td></td></tr>
<tr><td>思考题</td><td></td></tr>
<tr><td>指导教师评语</td><td></td></tr>
</table>

1.2　半导体二极管

1.2.1　二极管的结构及符号

将一个 PN 结外加管壳和引线封装起来，制成半导体二极管（以下简称二极管），由 P 端引出的电极是正极，由 N 端引出的电极是负极。二极管和 PN 结一样，都具有单向导电性。

二极管的符号如图 1.12 所示，箭头的方向表示正向电流的方向，二极管通常用字母 VD 表示。

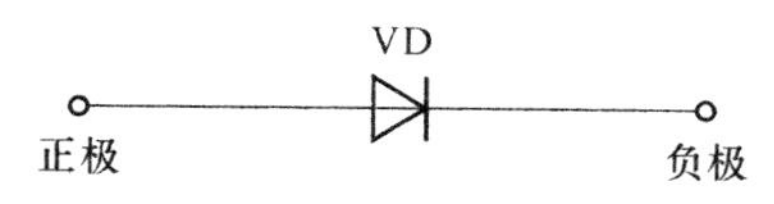

图 1.12 二极管的符号

按二极管内部结构的不同可分为点接触型、面接触型和平面型这三类，如图 1.13 所示。点接触型二极管 PN 结结面积小，结电容小，不能承受过大的电流和电压，但其高频性能好，适用于小功率和高频电路；面接触型二极管 PN 结结面积大，结电容大，其高频性能较差，适用于整流电路；平面型二极管通常用作大功率开关。

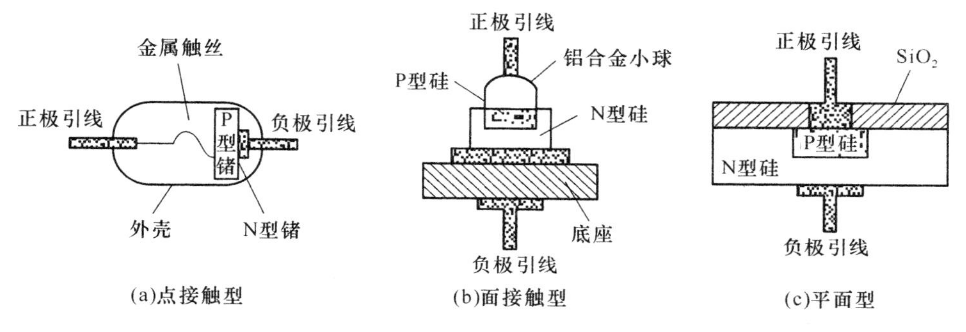

图 1.13 各类不同结构的二极管

另外，按半导体材料的不同，二极管主要可以分为硅二极管、锗二极管等；按封装可分为金属、塑料和玻璃封装 3 种；按功能可分为整流、检波、开关、稳压、发光、光电、快恢复和变容二极管等。图 1.14 所示为几种常见的二极管外形。

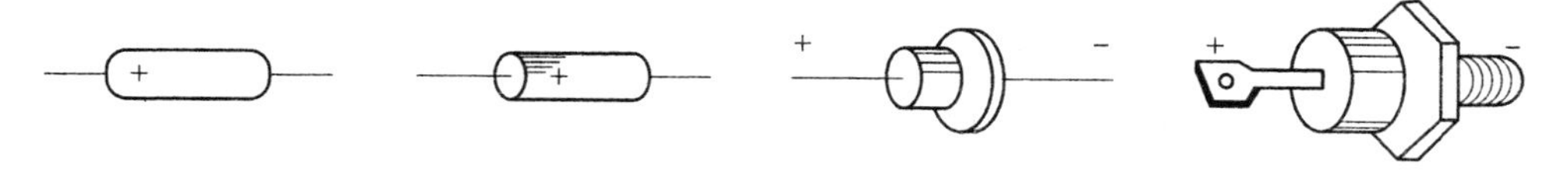

图 1.14 常见的二极管外形

1.2.2 二极管的伏安特性和主要参数

1. 二极管的伏安特性

二极管两端的电压 U 及流过二极管的电流 I 之间的关系称为二极管的伏安特性关系。这里通过实验数据来说明二极管的伏安特性。表 1.4 和表 1.5 分别给出了二极管 2CP31 加正向电压和反向电压时的电压电流关系。

表 1.4 二极管 2CP31 加正向电压的实验数据

电压/V	0	0.1	0.5	0.55	0.6	0.65	0.7	0.75	0.8
电流/mA	0	0	0	10	60	85	100	180	300

表 1.5　二极管 2CP31 加反向电压的实验数据

电压/V	0	−0.01	−0.02	−0.06	−0.09	−0.115	−0.12	−0.125	−0.135
电流/μA	0	10	10	10	10	25	40	150	300

将上述实验数据绘成的曲线如图 1.15 所示，即二极管的伏安特性曲线。

(1) 正向特性

二极管加正向电压时的伏安特性称为二极管的正向特性。当二极管所加正向电压比较小时($0<U<U_{th}$)，二极管处于截止状态，流过的电流约为 0，此区域称为死区，U_{th}称为死区电压或开启电压。硅二极管的U_{th}约为 0.5 V，锗二极管的U_{th}约为 0.1 V。

当二极管所加正向电压大于死区电压时，正向电流缓慢增加；当电压增大到一定数值，电流会随电压的增大而急剧上升，这时二极管呈现的电阻很小，可认为二极管处于正向导通状态，此时的电压称为导通电压，硅二极管的正向导通电压约为 0.7 V，锗二极管的正向导通电压约为 0.3 V。

二极管导通后，电流通过二极管会产生一个压降，称为二极管的正向导通压降，它在数值上约等于正向导通电压。

(2) 反向截止特性

二极管外加反向电压时的伏安特性称为二极管的反向特性。由图 1.15 所示可见，二极管在相当宽的反向电压范围内，其反向电流很小且几乎不变，称此电流值为二极管的反向饱和电流 I_S。这时二极管呈现的电阻很大，可以认为管子处于截止状态。

(3) 反向击穿特性

当反向电压的值增大到U_{BR}后，反向电流会急剧增大，称此现象为反向击穿，U_{BR}称为反向击穿电压。一般的二极管不允许工作在反向击穿区，但可以利用二极管的反向击穿特性做成稳压二极管。

2. 二极管的温度特性

作为一种半导体器件，二极管对温度非常敏感。随温度升高，PN 结中的载流子数目增多，二极管的正向压降会减小，正向伏安特性左移；同时反向饱和电流会增大，反向伏安特性下移，如图 1.16 所示。

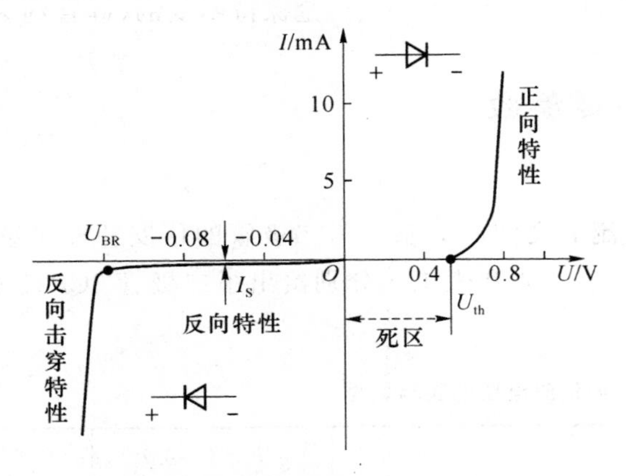

图 1.15　二极管的伏安特性曲线

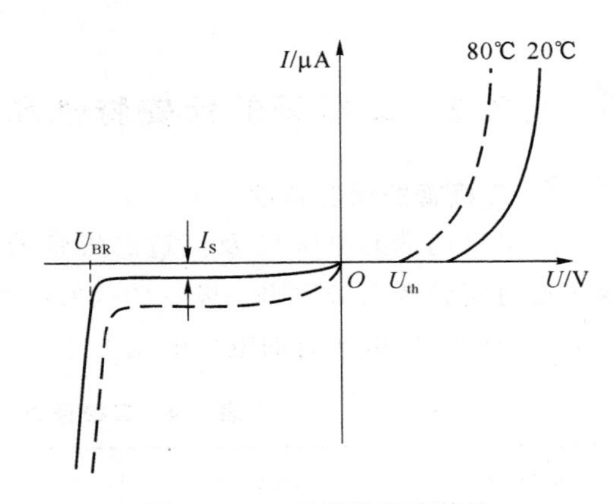

图 1.16　二极管的温度特性

3. 二极管的主要参数

(1) 最大整流电流 I_M

最大整流电流是指二极管连续工作时，允许通过二极管的最大正向电流的平均值。当电流流经二极管时，会引起管子发热，温度上升，如果电流太大，温度超过允许限度（硅管为140℃左右，锗管为90℃左右）时，会烧坏管子。通常点接触型二极管的最大整流电流在几十毫安以下；面接触型二极管的最大整流电流较大，如2CP10型硅二极管的最大整流电流为100 mA。

(2) 最高反向工作电压 U_{RM}

最高反向工作电压是指二极管在正常工作时能承受的反向电压最大值，二极管的最高反向工作电压一般为反向击穿电压（U_{BR}）的一半。通常过电压（过高的电压）比过电流更容易导致二极管的损坏，故应用中一定要保证所加反向电压不超过 U_{RM}。

(3) 反向饱和电流 I_S

反向饱和电流是指二极管在反向电压下的电流值，它在反向击穿前基本保持不变。硅管的反向饱和电流通常为1 μA或更小，而锗管为几百微安。反向电流的大小反映了二极管单向导电性的好坏，其值越小越好。

1.2.3　二极管应用电路

普通二极管的应用范围很广，可用于稳压、开关、限幅、整流等电路。

例题 1-1　二极管工作状态的判定。如图1.17所示电路，判定电路中硅二极管的工作状态，并计算 U_{AB} 的值。

解　判定二极管工作状态的方法：

(1) 假定断开二极管，估算其两端的电位；

(2) 接上二极管判定其是正偏还是反偏。若二极管正偏说明导通；否则二极管截止。

在图1.17所示中，假定VD断开，则VD上端A点电位和下端B点电位分别为6V和0V；接上VD，明显可见VD正偏导通。设硅二极管的正向导通压降为0.7 V，则VD导通后，其正极端比负极端的电位高出约0.7 V，因此 $U_{AB}=0.7$ V。

在例1-1中，由于二极管的正向导通压降在一定条件下可以认为是保持不变的（硅管约为0.7 V，锗管约为0.3 V），因此可抽象成二极管的恒压降模型，如图1.18所示。一般来说，如果不特别注明，通常使用的是二极管的恒压降模型。

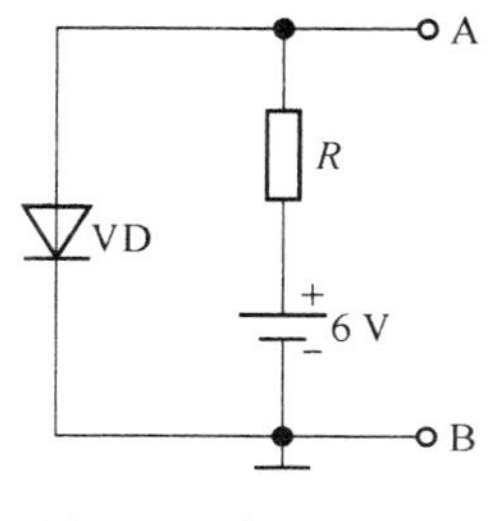

图1.17　例1-1题图

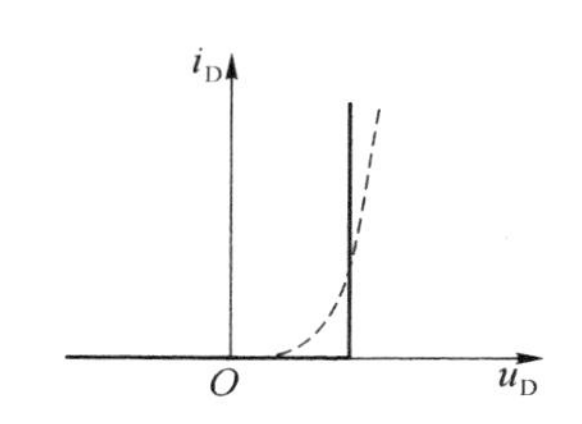

图1.18　二极管的恒压降模型

例题 1-2　二极管低压稳压电路。如图1.19所示，二极管为硅管，试计算 U_o 的值。

解 利用二极管的正向导通压降，可以获得良好的低电压稳压性能。在图1.19所示电路中，若电网电压 U_i>1.4 V，两个硅二极管都正向导通，输出电压 U_o为两个硅二极管的正向导通压降之和，即 U_o=1.4 V。当 U_i波动时(U_i>1.4 V)，输出电压基本可以稳定在1.4 V。

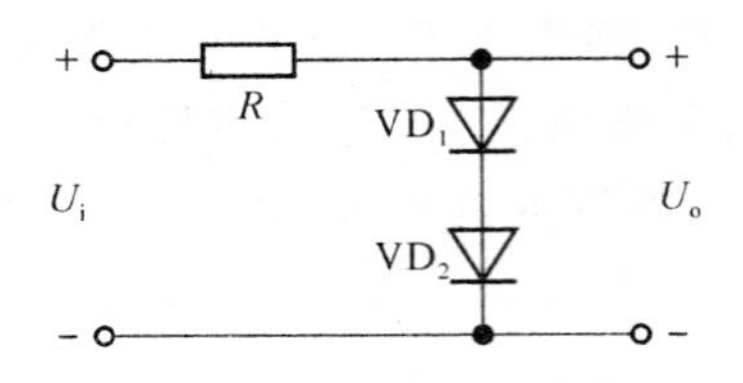

图1.19　二极管低电压稳压电路

例题1-3 二极管限幅电路。图1.20所示为双向限幅电路，设二极管为硅二极管，输入电压为幅度为15 V的正弦波，试对应输入电压画出输出电压的波形。

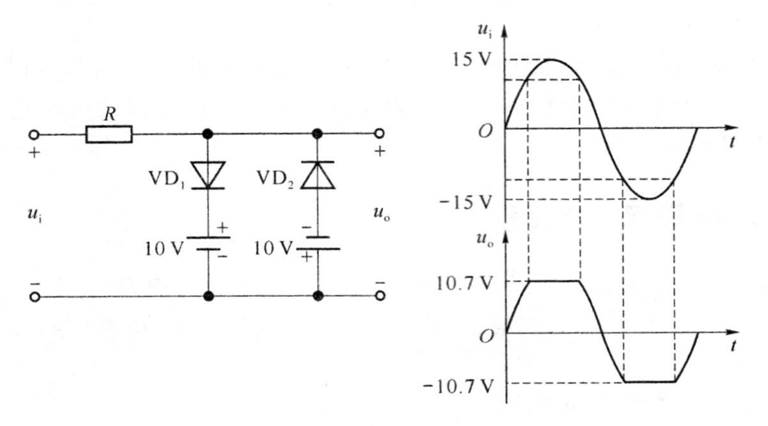

图1.20　二极管限幅电路

解 限幅电路利用的是二极管的单向导电性和导通压降基本不变的特性。需要根据二极管的工作状态进行分析。

当输入电压大于+10.7 V时，VD_1导通，VD_2截止，输出电压被限定在+10.7 V；当输入电压小于-10.7 V时，VD_1截止，VD_2导通，输出电压被限定在-10.7 V；当输入电压在-10.7～+10.7 V之间变化时，VD_1和VD_2均截止，$u_o=u_i$。可见该电路把输出电压限制在±10.7 V的范围之内。

1.3　整流电路的应用

1.3.1　单相半波整流电路

发电厂发出来的电是50 Hz交流电，经过远距离传输，传递到用电单位的仍是50 Hz交流电，一般送到工业用电户的为380 V的三相交流电，送到普通民用户的为220 V的单相交流电。电子设备内部一般使用直流电作为电源，将发电厂送来的交流电转变为电子设备内部使用的直流电就需要二极管整流滤波电路。

二极管整流滤波电路一般分为半波整流、全波整流和桥式整流：半波整流最简单，性能较差，用在要求较低的场合；全波整流性能较好，但是需要中间抽头的变压器，所以现在应用较少；桥式整流价格低廉，性能较好，所以现在桥式整流应用最为广泛。

二极管半波整流电路如图 1.21 所示。图中 V_1 为发电厂送来的 220 V 单相交流电，T_1 为降压变压器，VD_1 为整流二极管，R_1 为用电负载。图中画出了电路中各点的电压波形，可以看到，受二极管 VD_1 单向导电性影响，负载 R_1 上的电压变成了单方向的电压，这就是广义的直流电，与电子设备中常用的直流电还有差别，但是，电流已经是单向流动的了。

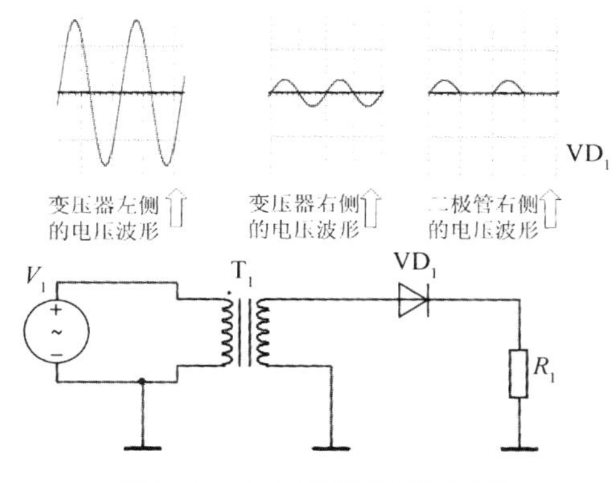

图 1.21　二极管半波整流电路

电阻 R_1 两端的瞬时电压是变化的，其有效值不变，为

$$U_{R1} = 0.45\,U_{V1}$$

式中，U_{V1} 为变压器副边有效值。

二极管截止时承受的反向电压峰值为

$$U_{RM} = \sqrt{2}\,U_{V1} \approx 1.414\,U_{V1}$$

式中，U_{RM} 是设计电路时选择二极管型号的重要参数，用于防止二极管被反向击穿。

实际操作 1：单相半波整流电路的仿真

1. 用 Multisim 软件绘制电路图(图 1.22)

绘制电路图时，注意在“选项”—“全局偏好”—“元器件”—“符号标准”中选择“‘DIN’标准”，如图 1.23 所示。

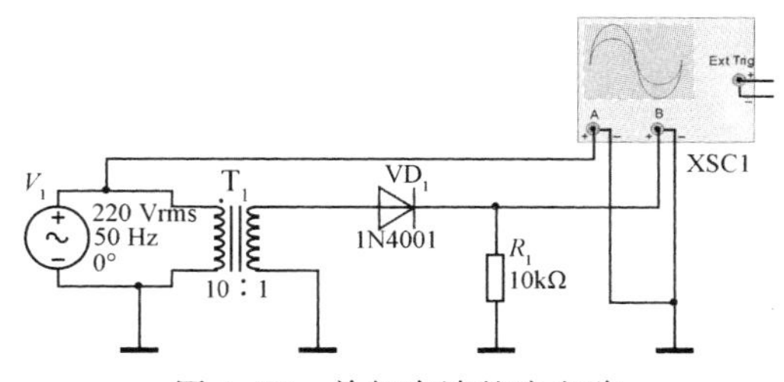

图 1.22　单相半波整流电路

图 1.22 所示中，V_1 为 220 V、50 Hz 交流电压源；变压器 T_1 一次线圈匝数为 10；二次线圈匝数为 1；二极管型号为 1N4001；R_1 为 10 kΩ 电阻；XSC1 为示波器。

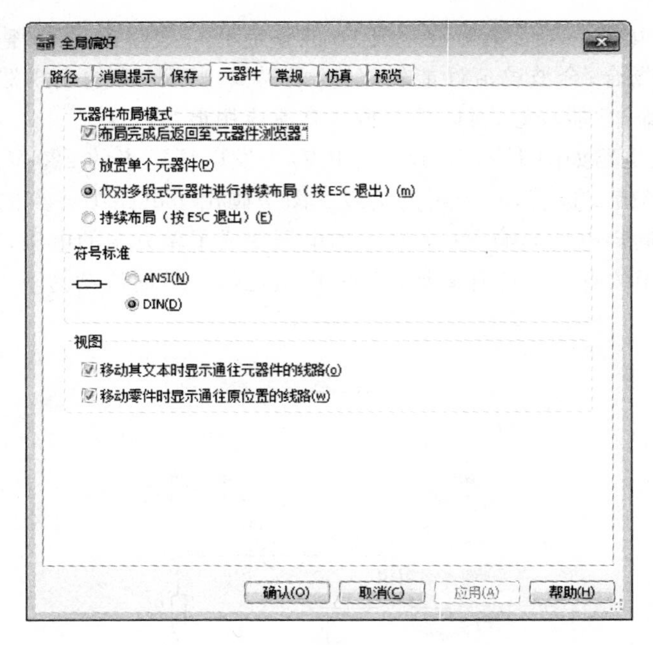

图 1.23　选择 DIN 标准

2. 运行仿真，读取示波器测量结果

电路绘制完毕后，运行仿真，如果电路图有错误，Multisim 就会给出错误提示；如果没有错误，仿真将会运行。双击示波器 XSC1 图标，则出现示波器运行界面，调节通道 A 和通道 B 的刻度以及 Y 轴位移，则可以使通道 A 波形（V_1）在上，通道 B 波形（R_1）在下，如图 1.24 所示。

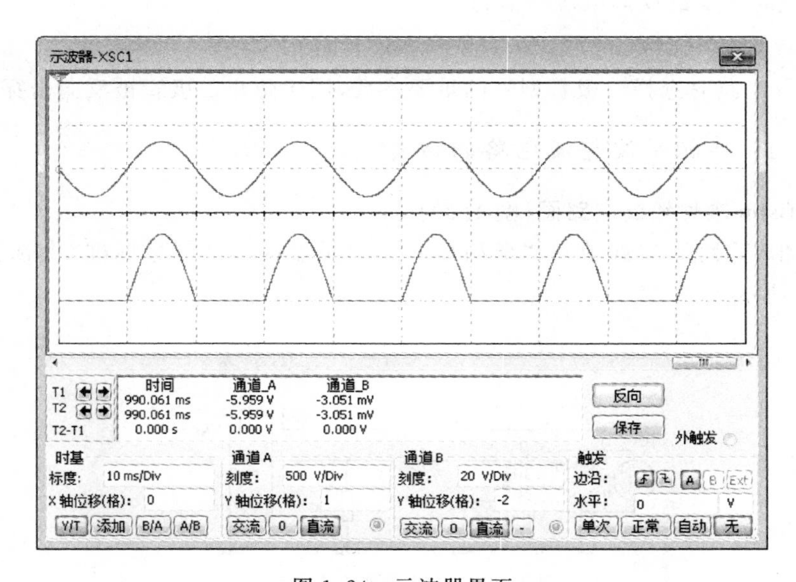

图 1.24　示波器界面

通过示波器的时基标度 10 ms/Div 可以知道，示波器横轴方向每大格代表 10 ms 的时间间隔，V_1 波形每周期占有 2 个横向大格，2 Div×10 ms/Div=20 ms，所以 V_1 的周期为20 ms，

取倒数可得频率为 50 Hz。同样的方法可以读出半波整流后的波形周期也是 20 ms，频率也是 50 Hz。

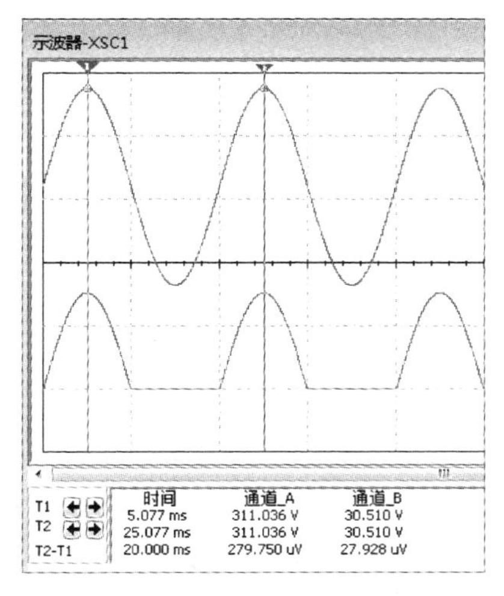

图 1.25 示波器游标的使用

由于示波器是双通道的，所以读取通道 B 信号幅度时，应用通道 B 信号所占有的纵向大格乘以通道 B 的刻度。通过通道 B 刻度 20 V/Div 可以知道，通道 B 信号在示波器纵轴方向每大格代表 20 V，R_1 两端电压幅度约1.5个大格，1.5 Div×20 V/Div＝30 V，即 R_1 两端电压瞬间电压最大幅度为 30 V。

其实用数格数的方法并不十分准确，尤其是像通道 A 的情况，每大格达到 500 V，数格数的时候稍有误差，最后的数值就会偏离很多。采用游标来测量就会精确得多，游标是用来读取示波器内部数值的辅助工具。在示波器波形最左侧边沿有两根游标线，可以用鼠标向右拖动，也可以点击下方 T_1、T_2 后面的箭头左右移动，如图 1.25所示。

波形下面有三行数值，第一行为游标 1 时间的数值，第二行为游标 2 时间的数值，第三行为两个时间的差值。通过游标可以较为精确地读出信号周期为 20.000 ms，通道 A 信号幅度为 311.036 V，通道 B 信号幅度为 30.510 V。

3. 用万用表测量输出电压

将示波器去除，改为用万用表测量输出电压，如图 1.26 所示。图中，(a)为测量电路图，(b)为万用表直流电压挡测量结果，(c)为万用表交流电压挡测量结果。需要注意的是，实际上真实的万用表并不能准确测量整流后的所有交流谐波分量，仅能测量较低频的部分。测量结果显示直流分量没有交流分量大。

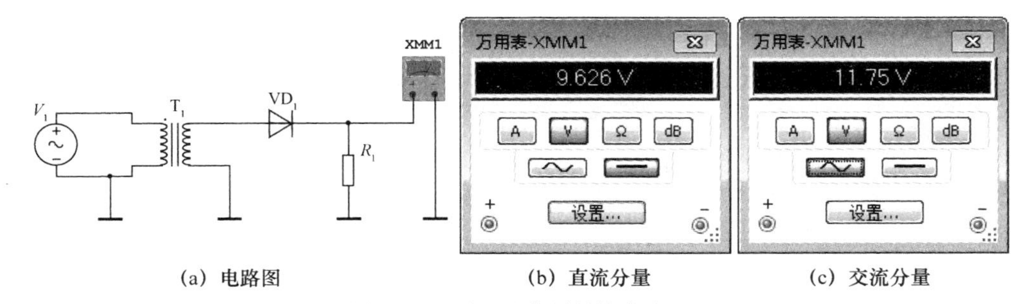

(a) 电路图　(b) 直流分量　(c) 交流分量

图 1.26 用万用表测量输出电压

1.3.2 单相桥式整流电路

二极管全波整流和桥式整流具有相同的输出波形，全波整流使用两个二极管，需要使用有中间抽头的变压器，变压器比较复杂一点；桥式整流需要四个二极管，采用普通变压器。因为桥式整流谐波成分少，二极管价格低廉，所以桥式整流应用广泛。图 1.27 是二极管桥式整流电路原理图，图中绘制出了各部分的电压波形。其中(a)为 50 Hz、220 V 交流电波形；(b)为二极管 VD_1 和 VD_4 导通时的波形；(c)为二极管 VD_2 和 VD_3 导通时的波形；(d)为负载 R_1 上的波形。从波形图中可以看到，四个二极管分为两组，一组是 VD_1 和 VD_4，另一组是 VD_2 和 VD_3，两组轮流导通，(d)波形是(b)波形和(c)波形的叠加，(d)波形的频率为 100 Hz。四个二极管中任何一个因为损坏而断路的话，负载 R_1 上的波形将与二极管半波整流相同。

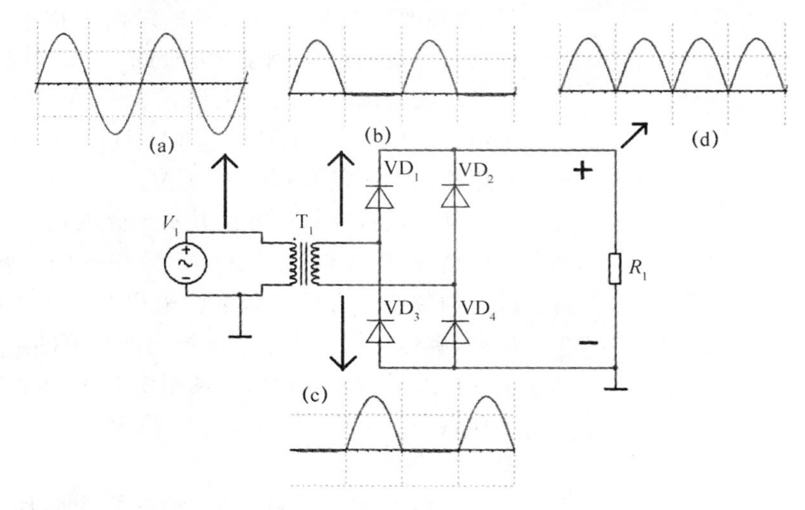

图 1.27　二极管桥式整流电路

因为桥式整流应用量非常大，所以市场上有专门的二极管整流桥堆供应，整流桥堆中包括了连接好的四个整流二极管，并且多数都可以安装散热片，照片和电路符号，如图 1.28 所示。整流桥堆在应用时，标"～"的为输入端，连接交流电；标"＋"的为正极输出端；标"－"的为负极输出端。

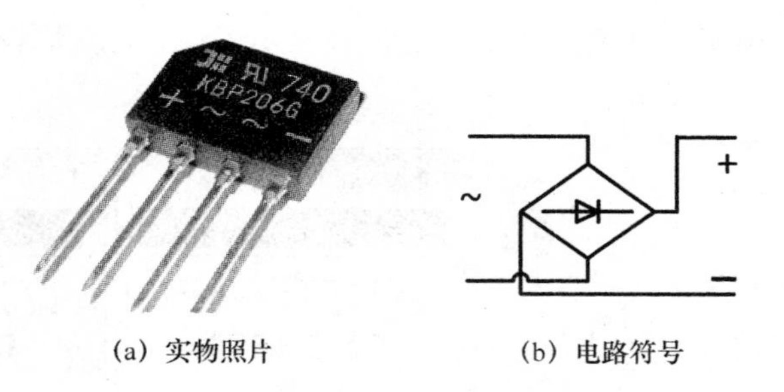

(a) 实物照片　　(b) 电路符号

图 1.28　二极管整流桥堆

电阻 R_1 两端的瞬时电压是变化的，其有效值不变，为

$$U_{R1} = 0.9\,U_{V1}$$

式中，U_{V1} 为变压器副边有效值。

二极管截止时承受的反向电压峰值为

$$U_{RM} = \sqrt{2}\,U_{V1} \approx 1.414\,U_{V1}$$

实际操作 2：桥式整流电路的仿真

1. 用 Multisim 软件绘制电路图

图 1.29 中各元器件参数与半波整流仿真(图 1.22)相同。

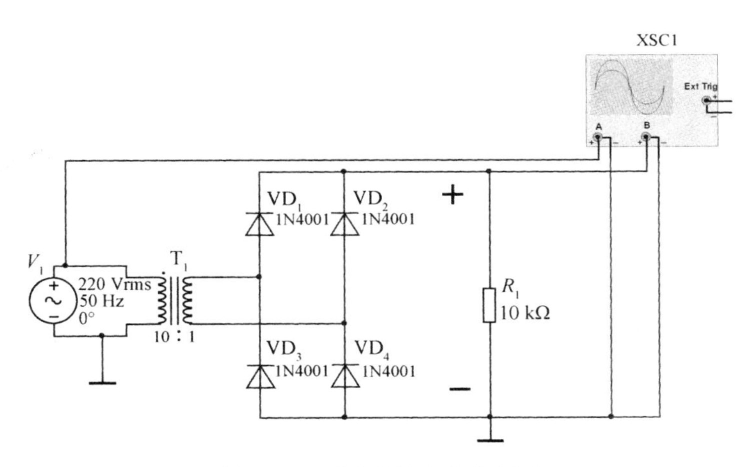

图 1.29　桥式整流电路仿真图

2. 读取示波器测量结果

图 1.30 中上面的波形为输入的交流 220 V，下面的波形为整流电路的输出。从图中可以读出输出信号的周期为 10.085 ms，幅值为 29.925 V。理论上，按照 220 V 交流电压经10∶1 变压器后得到 22 V 交流电，桥式整流后得到的幅值应该是

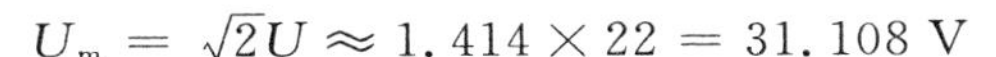

$$U_m = \sqrt{2}U \approx 1.414 \times 22 = 31.108\ \text{V}$$

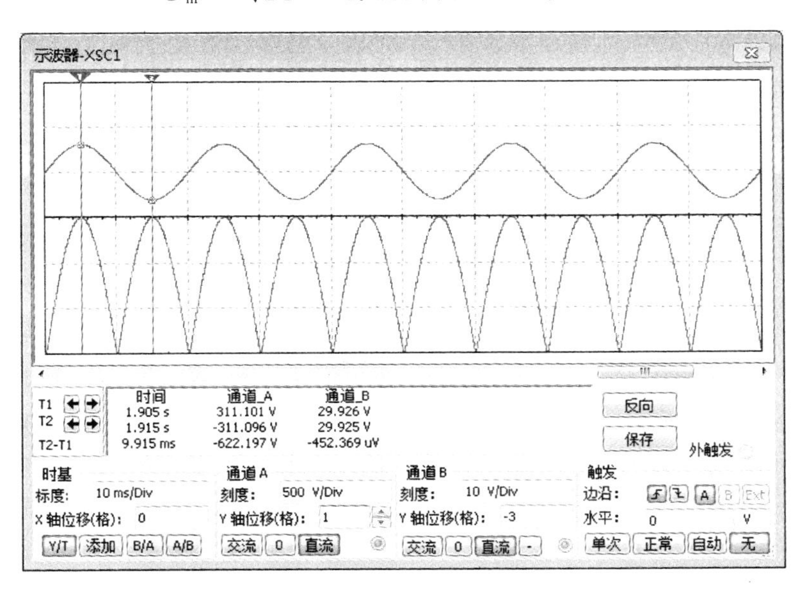

图 1.30　示波器界面

测量值比理论值小 1.183 V，这是因为输出经过了两个二极管，每个二极管有0.5～0.7 V 压降，所以测量结果是正确的。

3. 用万用表测量输出电压

将示波器去除，改为用万用表测量输出电压，如图 1.31 所示。图中，(a)为测量电路图；(b)为万用表直流电压挡测量结果；(c)为万用表交流电压挡测量结果。从图中可以看到桥式整流的直流分量比交流分量大很多。

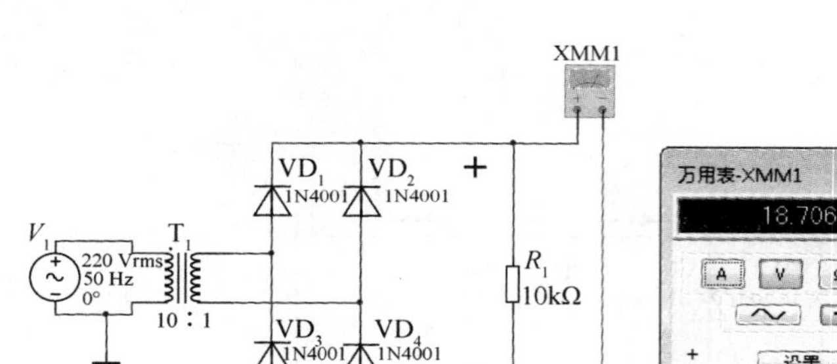

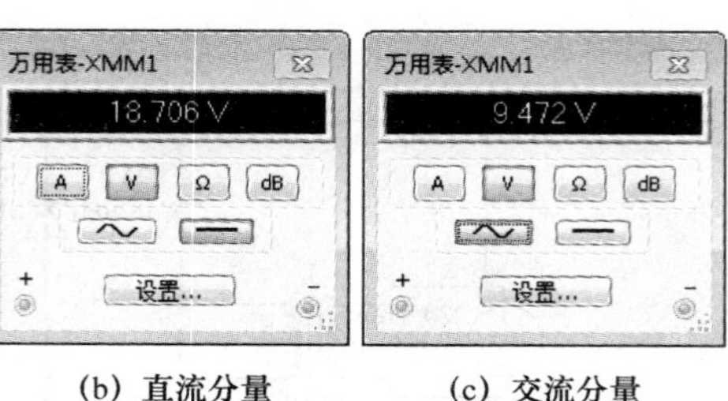

(a) 测量电路图　　(b) 直流分量　　(c) 交流分量

图 1.31　用万用表测量输出电压

1.4　滤波电路的应用

1.4.1　纹波系数和电容滤波

通过 1.3.2 节的实际操作 1 和实际操作 2 可以知道，交流电流经过整流之后会有很大的交流成分，半波整流的交流分量始终大于直流分量，这种广义的直流并不符合绝大多数的电子设备使用需求。广义的直流必须经过滤波环节减少交流分量，使其达到技术指标要求，才能供给电子设备。

直流电中的交流成分也称为纹波，纹波有很多危害，会在用电设备中产生不期望的谐波，降低电源的效率，有可能产生浪涌电压或电流，导致用电设备烧毁；干扰数字电路的逻辑关系，影响其正常工作；带来噪声干扰，使图像、音响设备不能正常工作等。

为了衡量电流中交流成分的多少，我们提出一个技术指标——波纹系数。波纹系数是在额定负载电流下，输出纹波电压的有效值 U_{rms} 与输出直流电压 U_o 之比，即

$$r=\frac{U_{rms}}{U_o}\times 100\%$$

抑制纹波、降低纹波系数的常见方法，有以下几种。

(1) 在成本、体积允许的情况下，尽可能采用全波或桥式整流电路；

(2) 加大滤波电路中电容容量，条件许可时，使用效果更好的 LC 滤波电路；

(3) 使用效果好的稳压电路，对纹波抑制要求很高的地方使用模拟线性稳压电源而不使用开关电源；

(4) 合理布线。

图 1.32 所示的是二极管半波整流后采用电容滤波的电路原理图，滤波的核心元件是 C_1，负载电阻是 R_1。一般来讲，滤波电容容量越大，滤波效果越好；负载电阻越大，滤波效果也越好，反之亦然。其实滤波效果取决于滤波电容 C_1 和负载 R_1 的乘积，一般取

$$RC\geqslant(3\sim5)\frac{T}{2}$$

式中，R 为线路串联总电阻；C 为并联总电容；RC 为时间常数，具有时间的量纲，在电阻单位为

欧姆、电容单位为法拉的情况下，乘积结果的单位为秒；T 为电压波动的周期，周期是频率的倒数。

我国电网一律采用 50 Hz 交流电，半波整流后仍然为 50 Hz，对应的周期是 0.02 s，则半波整流时公式为

$$RC \geqslant (0.03 \sim 0.05)$$

桥式整流时公式为

$$RC \geqslant (0.015 \sim 0.025)$$

实际在对电源滤波电容选择时可以尽量选择更大一些的，滤波效果会更好。需要注意的是太大的电容，尤其是大的电解电容对高频干扰的滤波效果不理想，为了对高频干扰滤波，经常需要再并联微法级或纳法级的瓷片电容，有时候还要增加磁环或磁珠。

电容滤波的效果，如图 1.33 所示。

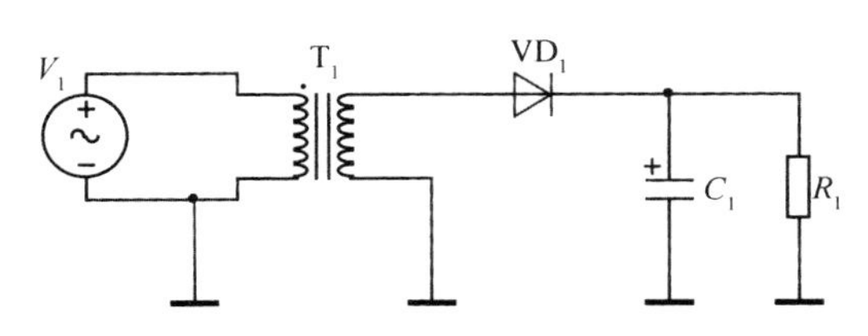

图 1.32　半波整流电容滤波电路

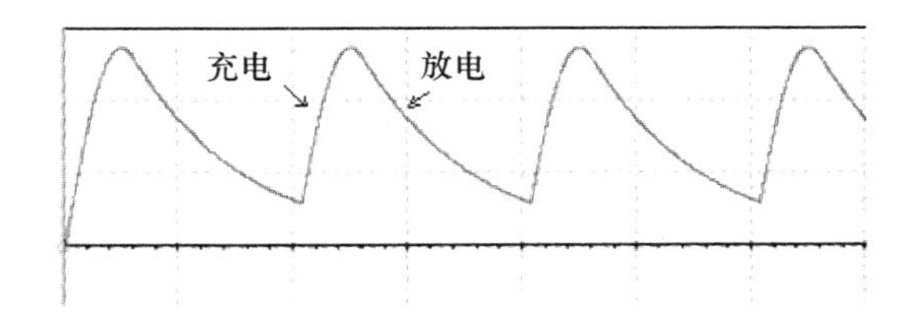

图 1.33　电容滤波效果

可以用能量的存储和释放来解释电容滤波现象。当通过整流二极管的电压高于电容原有电压时，电容充电，进行能量的存储，同时电压逐渐上升；当通过整流二极管的电压低于电容电压时，整流二极管截止，电容放电，原来存储的能量释放，随着时间的延迟，电压逐渐缓慢降低，直到下一个充电周期的到来。负载电阻的阻值越大，放电的电流越小，能量释放过程越漫长，如果电容和电阻都非常大的话，电压降低得非常缓慢。

在空载情况下，负载电阻相当于无穷大，输出电流为 0，则输出电压为滤波前的电压峰值。不管半波整流还是桥式整流电路，若整流之后电压有效值为 U_2、峰值为 U_m，则增加电容进行滤波后输出电压 U_o为

$$U_o = U_m = \sqrt{2}\,U_2 \approx 1.414\,U_2$$

带上负载后，随着输出电流的增加，交流分量占比增加，直流分量有所下降，通常在电流不太大的情况下，桥式整流电路可以按照下式进行估算：

$$U_o \approx 1.2\,U_2$$

半波整流电路滤波后输出电压略低一些：

$$U_o \approx (1 \sim 1.1)\,U_2$$

实际操作 1：电容滤波电路的仿真

(1) 用 Multisim 软件绘制电路图，如图 1.34 所示。

(2) 保持 R_1不变，改变 C_1大小，用示波器观察输出波形的变化；保持 C_1不变，改变 R_1大小，用示波器观察输出波形的变化。

(3) 将图 1.34 所示中的示波器换成万用表，测量纹波系数，如图 1.35 所示。分别改变 C_1和 R_1的大小进行测量，分析 C_1和 R_1大小对纹波系数的影响。

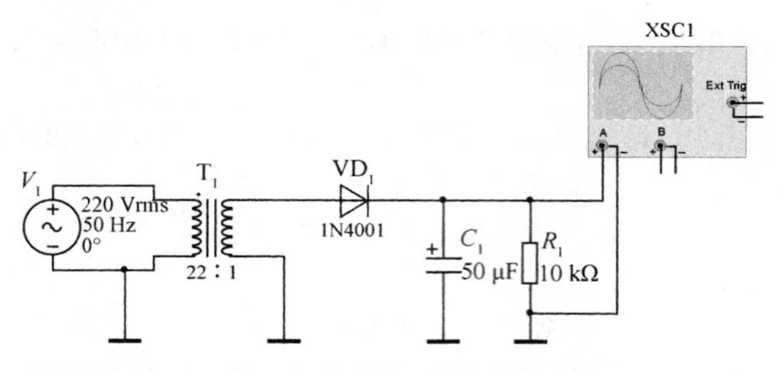

图 1.34 电容滤波电路

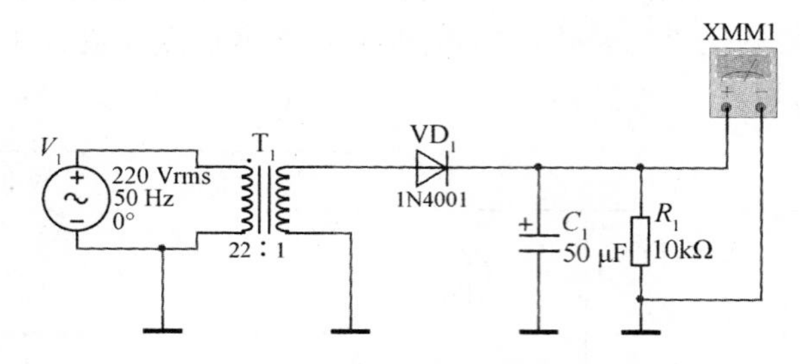

图 1.35 测量纹波系数

(4) 桥式整流的电容滤波电路,如图 1.36 所示,分别改变 R_1、C_1 的大小,用示波器观察波形变化;将示波器换成万用表,测量其波纹系数并与半波整流测量结果进行对比。

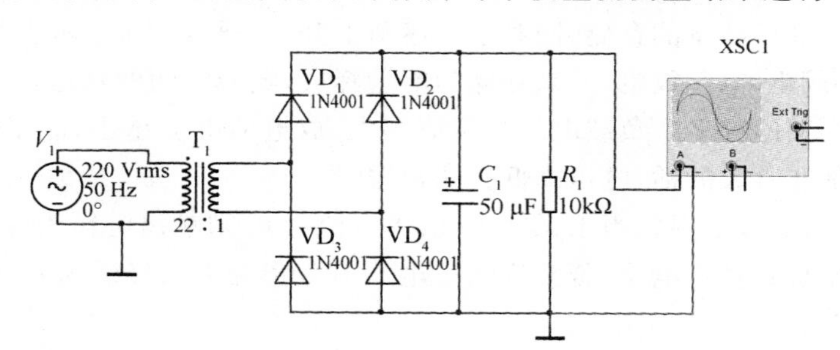

图 1.36 桥式整流的电容滤波

1.4.2 π 型滤波电路

电容利用储能、释能进行滤波,类似地,电感也能利用储能、释能进行滤波。电感滤波的优点是可以输出大电流,但是,在低频的时候,要想获得比较好的滤波效果,电感必须非常大才行,而电感通常都是用铜线绕制,大电感需要很多的铜材料,体积大、昂贵、重量大等缺点使得人们很少使用电感进行低频滤波。

电容滤波体积小、重量小、价格低,通常适用于较小电流的场合。将电容滤波和电感滤波相结合,构成 π 型滤波电路既可以获得更好的滤波效果,也可以同时获得比较大的输出电流。

π 型滤波电路结构,如图 1.37 所示。

电感滤波输出电压为

$$U_o \approx 0.9U_2$$

π 型滤波输出电压为

$$U_o \approx 1.2U_2$$

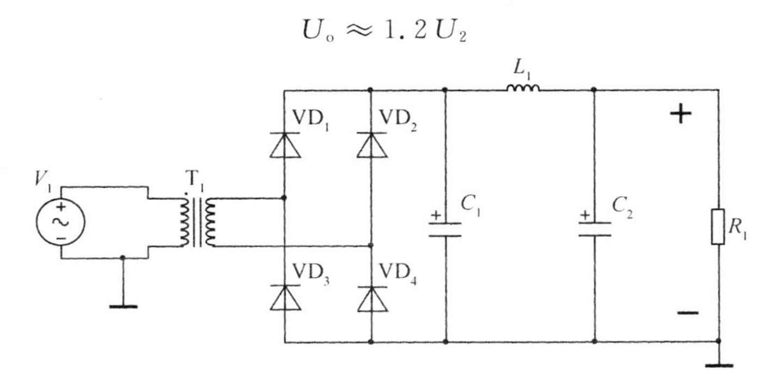

图 1.37　π 型滤波电路

在输出电流不大的情况下可以用电阻 R 代替电感 L_1，称为 RC π 型滤波。R 的阻值不能太大，一般几欧姆至几十欧姆，其优点是成本低，缺点是电阻要消耗一些能量，滤波效果不如LC π型电路，输出电压也略低一点。因为全部输出电流都流过这个电阻，所以这个电阻的功率要足够大，功率较大时可以考虑采用绕线电阻或水泥电阻，这两种类型的电阻都可以承受较大的功率。

实际操作 2：π 型滤波电路的仿真

(1) 用 Multisim 软件绘制电路图，如图 1.38 所示。

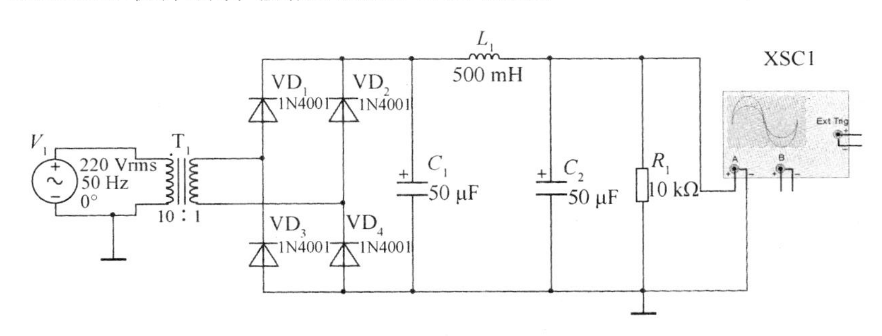

图 1.38　π 型滤波电路

(2) 分别改变电路中 R_1、C_1、C_2、L_1 等元件的数值大小，用示波器观察输出波形的变化。
(3) 用万用表替代示波器，测量电路的纹波系数。

1.5　特殊二极管

1.5.1　稳压二极管

稳压二极管又名齐纳二极管，简称稳压管，是一种工作于反向击穿区的二极管。稳压管是用特殊工艺制作的面接触型硅半导体二极管，这种管子的杂质浓度比较大，容易发生可逆的击穿(齐纳击穿)，其击穿时的电压基本上不随电流变化而变化，从而达到稳压的目的。

1. 稳压管的伏安特性和符号

稳压管的正向特性与普通二极管的类似，但它的反向特性比较特殊：当反向电压加到一定程度时，管子处于击穿状态，虽然通过较大的电流，却并不会损毁。这种击穿是可逆的，当去掉反向电压后，稳压管又恢复正常。从图 1.39 所示的反向击穿特性可以看出，稳压管反向击穿后，电流可以在相当大的范围内变化，但稳压管两端的电压变化很小。稳压管就是利用这一特性在电路中起到稳压作用的。

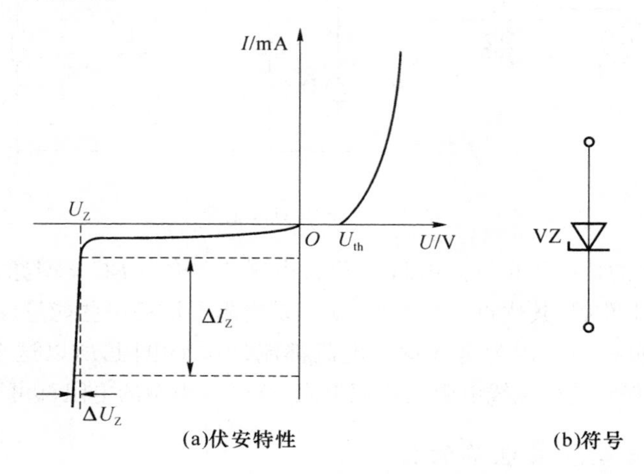

图 1.39　稳压二极管的伏安特性和符号

2. 稳压管的主要参数

(1) 稳定电压 U_Z

它是指当稳压管中的电流为规定值时，稳压管在电路中其两端产生的稳定电压值。由于制造工艺的原因，同一型号稳压管的稳定电压 U_Z 具有较大的离散性，如型号为 2CW11 的稳压管，稳压范围为 3.2～4.5 V 之间。但对某一个稳压管而言，其稳定电压 U_Z 是一定的。

(2) 稳定电流 I_Z

稳定电流是稳压管工作在稳压状态时，稳压管中流过的电流，它应处于最小稳定电流 $I_{Z\min}$ 和最大稳定电流 $I_{Z\max}$ 之间。若稳压管中流过的电流小于 $I_{Z\min}$，稳压管没有稳压作用；若稳压管中流过的电流大于 $I_{Z\max}$，稳压管会因过流而损坏。

(3) 耗散功率 P_M

它是指稳压管正常工作时允许的最大耗散功率。若使用中稳压管消耗的功率超过这个数值，管子会因过损耗而损坏。稳压管的耗散功率 P_M 可由稳定电压 U_Z 和最大稳定电流 $I_{Z\max}$ 决定。

3. 稳压管使用注意事项

(1) 使用稳压管时要加反向电压，只有当反向电压大于或等于 U_Z 时，管子工作在反向击穿区，才能起到稳压作用；若外加的电压值小于 U_Z，稳压二极管可看作普通二极管。

(2) 稳压管需配合限流电阻使用，以保证稳压管中流过的电流在规定的电流范围之内。

请思考：如果不加限流电阻，稳压管是否还能实现稳压？

4. 稳压管应用电路

例题 1-4　稳压管稳压电路如图 1.40 所示，若限流电阻 $R=1.6\ \text{k}\Omega$，$U_Z=12\ \text{V}$，$I_{Z\max}=18\ \text{mA}$，通过稳压管的电流 I_Z 等于多少？限流电阻的值是否合适？

解　稳压管处于反向工作状态，可得

$$I_Z=\frac{(20-12)\ \text{V}}{1.6\ \text{k}\Omega}=5\ \text{mA}$$

因为 $I_Z<I_{Z\max}$，所以限流电阻的值合适。

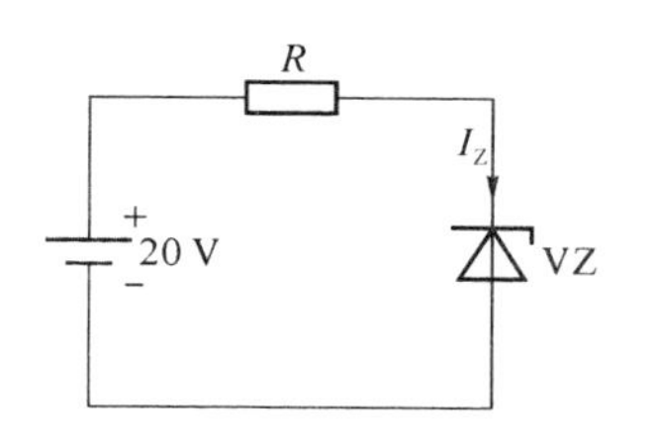

图 1.40　稳压二极管稳压电路

例题 1-5　稳压管限幅电路，如图 1.41 所示，输入电压 u_i 为振幅为 10 V 的正弦波，电路中使用两个稳压管对接，已知 $U_{Z1}=6\ \text{V}$，$U_{Z2}=3\ \text{V}$，稳压二极管的正向导通压降为0.7 V，试画出输出电压 u_o 的波形。

解　输出电压 u_o 的波形如图 1.41 所示，u_o 被限定在 $-6.7\sim+3.7$ V 之间。

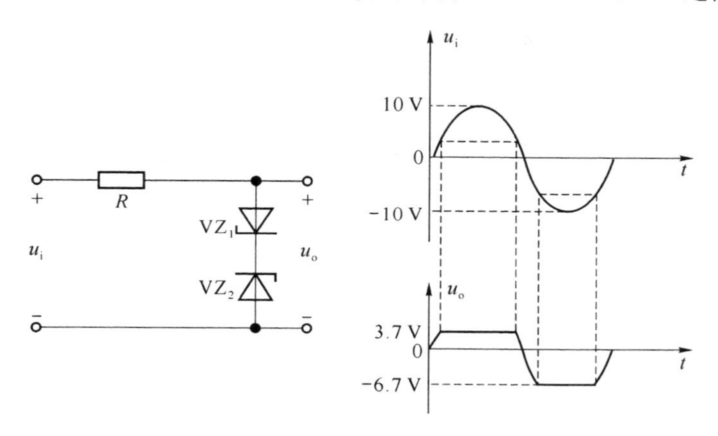

图 1.41　稳压二极管限幅电路

1.5.2　发光二极管

发光二极管是一种光发射器件，英文缩写是 LED，其外形和符号如图 1.42 所示。此类管子通常采用三、五价元素的化合物作为半导体材料，如铝(Al)、镓(Ga)、铟(In)、氮(N)、磷(P)、砷(As)等。发光二极管工作在正向导通状态，当导通电流足够大时，能把电能直接转换为光能。发光二极管在 20 世纪 60 年代被发明，目前已实现所有可见光色。发光二极管的发光颜色主要取决于所用半导体发光材料的种类，如砷化镓材料 LED 发红光，而磷化镓材料 LED 则发绿光。

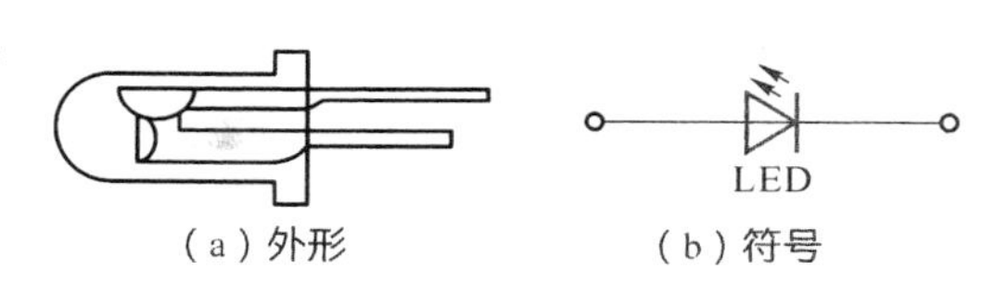

图 1.42　发光二极管的外形和符号

发光二极管工作时的导通电压比普通二极管大，随材料的不同而不同。普通绿、黄、红、橙色发光二极管工作电压约为 2 V；白色发光二极管的工作电压通常高于 2.4 V；蓝色发光二极管的工作电压一般高于 3.3 V。

请思考：发光二极管发光的条件是什么？

发光二极管的应用非常广泛，可用于各种电子产品的指示灯，还可以做成七段数码显示管。另外如道路交通标志灯、户外显示屏也常采用发光二极管。近年来，随着发光二极管功率的不断提高，在电子设备背光源、照明等领域也得到了大量应用。

1.5.3 光电二极管

光电二极管又称为光敏二极管，它是一种光接收器件，其 PN 结工作在反偏状态。它与发光二极管相反，可以将光能转换为电能，实现光电转换。

图 1.43 所示为光电二极管的符号和基本电路。它的管壳上有一个玻璃窗口，以便接收光照。当窗口受到光照时，形成反向电流 I_{RL}，通过回路中的电阻 R_L 就可得到电压信号，从而实现光电转换。光电二极管的反向电流与光照度呈正比，即受到的光照越强，反向电流越大。光电二极管的应用非常广泛，可用于光测量、光电控制等领域，如遥控接收器、光纤通信、激光头中都离不开光电二极管。另外，大面积的光电二极管可制成光电池，应用于光伏产业，是一种极有发展前途的绿色能源。

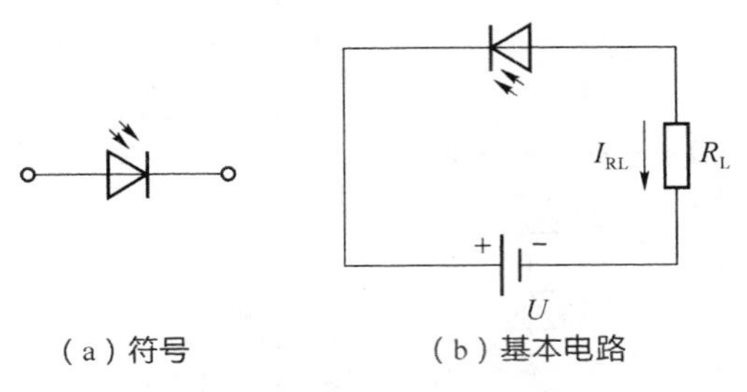

(a) 符号　　(b) 基本电路

图 1.43　光电二极管的符号和基本电路

1.5.4 变容二极管

图 1.44 所示为变容二极管的符号。此二极管是利用 PN 结的电容效应进行工作的，它工作在反向偏置状态。当外加的反偏电压变化时，其电容量也随着改变。

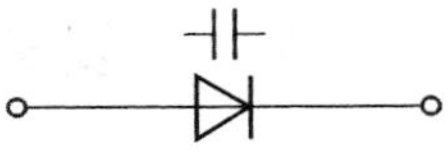

图 1.44　变容二极管的符号

请思考：为什么变容二极管的电容量会随着电压的改变而改变？

变容二极管可当作可变电容使用，主要用于高频电路中的电子调谐、调频、自动频率控制灯电路中，如高频电路中的变频器、手机中的本振电路都用到变容二极管。

1.6 集成稳压电路的特点与使用

1.6.1 固定稳压集成电路

对于直流电源来说，整流滤波电路虽然能够提供较为平滑的直流电流，但是由于电网电压波动或负载波动，其输出的电压经常不稳定，在很多要求较高的场合，还需要使用稳压电路稳

定输出电压，使输出电压的高低不随电网电压或负载发生波动。

现在常用的直流稳压电源电路主要分为线性稳压电源电路和开关稳压电源电路。线性稳压电源电路输出平滑，稳定性较好，干扰小，体积较大，自身功耗较大，效率低，带负载能力较差，一般用在电流较小和对干扰敏感的电路里。开关稳压电源体积小，输出功率较大，效率高，有高频干扰，价格较低，使用非常广泛。

直流稳压电源的集成电路价格低廉，能简化设计，易于调试，性能较好，所以应用非常多。线性稳压电源的集成电路一般分为可调稳压集成电路和固定稳压集成电路两大类。

三端稳压集成电路是常见的线性稳压集成电路，图 1.45 所示为三端稳压集成电路 7805 的实物图。常见的三端稳压集成电路分为 78 系列和 79 系列，它们都是固定稳压集成电路。其中，78 系列为正电源；79 系列为负电源，型号的后两位数字代表输出电压的幅度。例如，7805 的输出就是＋5 V，7912 的输出就是－12 V。78 系列和 79 系列通常要求输入电压比输出电压（绝对值）高 3 V 以上。

图 1.45　三端稳压集成电路 7805

1-输入端；2-接地端；3-输出端

图 1.46 所示为采用 7805 的电路原理图，图中 C_2、C_3 和 7805 构成了稳压电路，C_2 和 C_3 一般是零点几微法的小电容，主要用来防止集成电路 7805 自激振荡，C_2 的典型值是 0.33 μF，C_3 的典型值是 0.1 μF。C_1 是滤波电容，要求容量较大，一般几百微法，甚至更大。

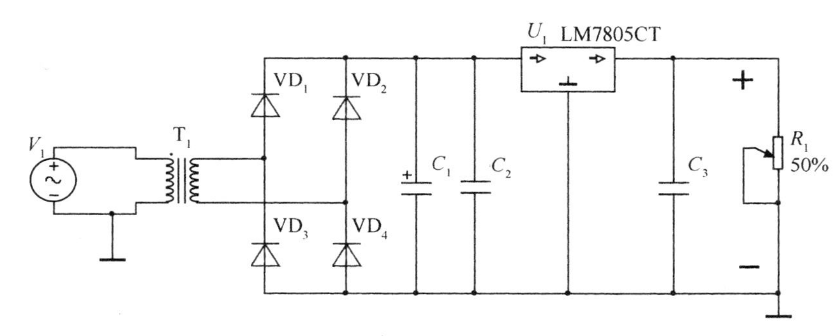

图 1.46　采用 7805 的稳压电路

79 系列是负电源，在使用上和 78 系列有所不同，图 1.47 所示是 79 系列的引脚排列图，其引脚排列与 78 系列不同：1 脚为接地端，2 脚为输入端，3 脚为输出端。

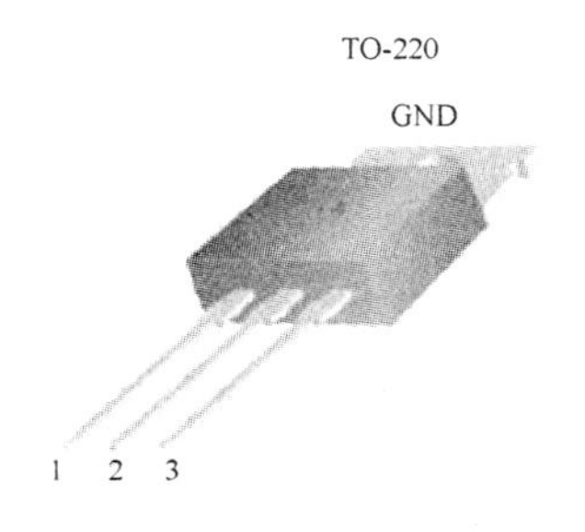

图 1.47　79 系列引脚排列图

1-接地端；2-输入端；3-输出端

图 1.48 所示是采用 7905 的稳压电路原理图，要注意到整流二极管 $VD_1 \sim VD_4$、滤波电容 C_1 和输出电压的极性方向都与图 1.46 所示中相反。

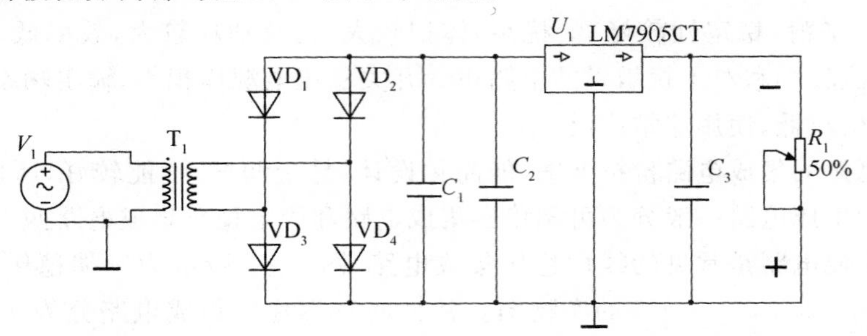

图 1.48　采用 7905 的稳压电路

1.6.2　可调稳压集成电路

有些三端稳压集成电路可以通过外接简单电路实现输出电压可调，比如 LM317、TL431 等。LM317 输出电压在1.2～37 V 范围内可调，能够输出 1.5 A 的电流，内部具有较好的保护电路，LM317 的引脚排列如图 1.49 所示。

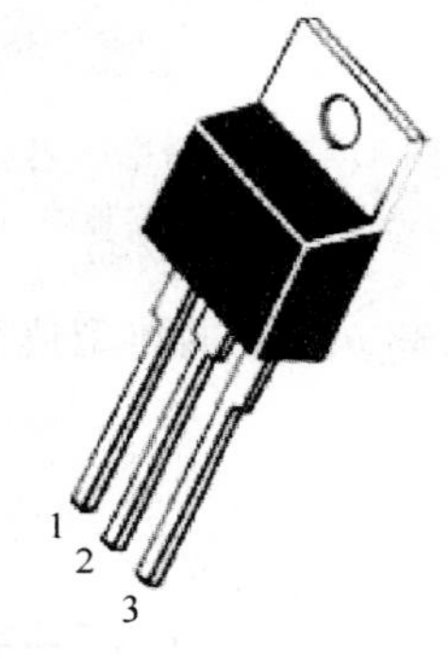

图 1.49　LM317 引脚排列图

1-调节端；2-输出端；3-输入端

图 1.50 所示为使用 LM317 的稳压电路原理图，图中电容 C_2 和 C_3、电阻 R_2、电位器 R_1 和集成电路 LM317 共同构成稳压电路。小电容 C_2 和 C_3 用来改善纹波和防止自激振荡，电阻 R_2 和电位器 R_1 构成电压调节电路，调节电位器 R_1 可以改变负载 R_3 两端的电压。

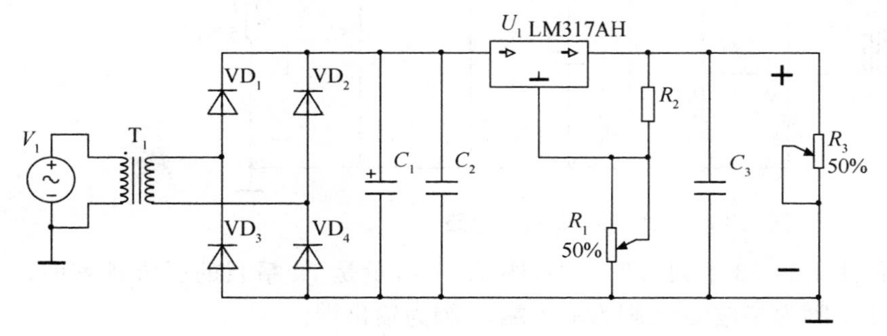

图 1.50　使用 LM317 的稳压电路

实际操作：稳压集成电路仿真

（1）用 Multisim 软件绘制电路图，如图 1.51 所示。改变负载 R_1 的大小，用示波器观察波形变化，用万用表测量纹波系数。改变交流电源 V_1 的电压大小，用示波器观察波形变化，用万用表测量纹波系数，并与前面的测量结果对比。调整时注意 LM7805 输入和输出电压差不能小于 3 V。

（2）用 Multisim 软件绘制电路图，如图 1.52 所示。改变负载 R_1 的大小，用示波器观察波形变化，用万用表测量纹波系数。改变交流电源 V_1 的电压大小，用示波器观察波形变化，用万用表测量纹波系数，并与前面的测量结果对比，调整时注意 7905 输入和输出电压差不能小于 3 V。

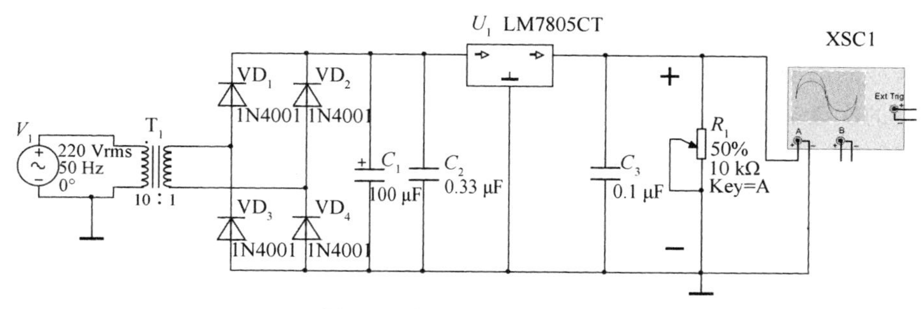

图 1.51 LM7805 稳压电路

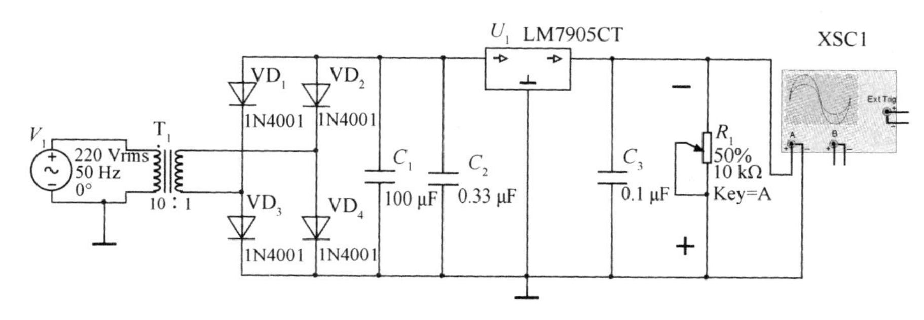

图 1.52 LM7905 稳压电路

(3) 用 Multisim 软件绘制电路图，如图 1.53 所示。改变负载 R_3 的大小，用示波器观察波形变化，用万用表测量纹波系数。改变交流电源 V_1 的电压大小，用示波器观察波形变化，用万用表测量纹波系数，并与前面的测量结果对比。改变调整电阻 R_1 的大小，用万用表测量 R_1 两端阻值和对应的输出直流电压，并进行记录。

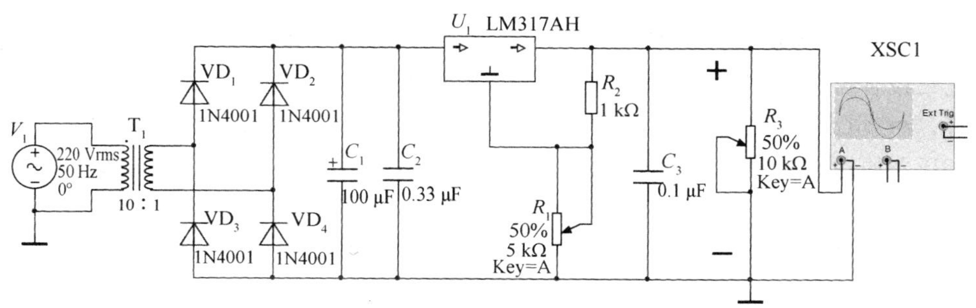

图 1.53 LM317 可调稳压电路

1.7 小功率直流稳压电源的制作与调试

1.7.1 可调式稳压电路的组成与分析

直流稳压电源主要由降压、整流、滤波和稳压几个部分组成，降压变压器需要考虑的主要因素有：次级线圈数量、次级输出电压、功率。次级线圈数量和输出直流电压的路数有关系，如果只有一路直流电压输出，就仅需一个次级线圈；如果有两路直流电压输出电压，但是这两路直流电压差不大，也可以只使用一个次级线圈；如果有多路电压差很大的直流输出，则应该选用多个次级线圈的变压器。

变压器的次级输出电压根据输出直流电压进行推算。因为220 V交流电可以有−10%～+7%的电压偏差，所以设计电路时必须考虑变压器初级线圈输入电压在198～235.4 V之间波动，输出都能满足技术指标要求。如果输出直流电压要求有12 V，则考虑7805之类的三端稳压集成电路两端3 V压降，并要求滤波电路的输出至少达到15 V，按照1.2倍的关系换算成变压器副边有效值就是12.5 V。变压器的匝数比应该是198/12.5=15.84，取整为15∶1。再按照15∶1的匝数比可以推出整流滤波后的直流电压值范围为15.84～18.83 V。

变压器的功率可以从负载的功率得到，按照项目要求，两路直流的负载功率分别为5 W和6 W，再加上稳压电路自身消耗的功率，变压器的功率选择12～15 W比较合适。在选择变压器功率的时候，一方面要考虑到很多情况负载并不是满载运行，本身是有余量的，所以变压器不用预留过大功率；另一方面，变压器偶尔短时少量超过额定功率并不会损坏；还要考虑某些特殊情况，比如误操作导致的短时间短路，变压器不应烧毁；还有，变压器功率余量过大会导致体积、重量、价格的大幅增加。所以，在选择变压器的时候应该充分考虑正常工作的最大功率，变压器的额定功率应略大于正常工作的最大功率。

通过前面的分析可以知道，对于本项目来说，由于+3～+12 V一路的三端稳压集成电路输入电压比较高，并不适合直接给7805供电，否则容易使7805过热，所以应该使用两个次级线圈的变压器。给7805供电的变压器线圈匝数比应为29∶1；给LM317供电的变压器线圈匝数比应为15∶1。

为减小纹波，采用桥式整流，整流二极管的选择非常重要。技术指标要求7805一路的直流电流为1 A，所以整流二极管的最大平均整流电流应不小于1 A，为应对干扰、误操作等特殊情况，选择器件型号时应留有至少10%的余量，如果条件允许可以选择2～3倍安全系数，所以7805一路选择2 A的整流二极管型号，0.5 A的LM317一路选择1 A的整流二极管型号。

整流二极管可能遇到的最高反向电压是必须考虑的一个问题，过高的反向电压会永久损坏二极管，导致电路故障。在正常工作时，二极管反向峰值电压由变压器次级输出电压的峰值决定。变压器原边有效值最高235.4 V，按照匝数比应为15∶1来计算出副边有效值最高为15.69 V，则幅值为22.19 V，即正常工作时二极管最高反向工作电压为22.19 V。为了应对各种不可预见的干扰（比如雷电导致的电网电压波动），在选择二极管型号时，通常将二极管最高反向工作电压提升一倍，所以本项目按照最高反向工作电压50 V选择二极管型号。7805一路的最高反向工作电压低于LM317这路，50 V是个很低的标准，所以也按照最高反向工作电压50 V选择二极管型号。

如果两路的技术指标差距甚大，某些参数要求过高，则符合要求的器件会特别昂贵，这时候减少昂贵器件的数量、降低设备成本就很重要。相反，在技术指标差距很小时，很多器件虽然型号不同，但是价格相同，这时候可以用高指标的型号替代低指标的型号，能够减少器件种类。

综上所述，7805一路的整流二极管的型号都选择1N5401，其最大平均整流电流为3 A，最高反向工作电压为50 V，LM317一路的整流二极管的型号选择1N4001，其最大平均整流电流为1 A，最高反向工作电压为50 V，满足技术指标要求。

由于工作电流不太大，因此滤波电路可以采用电容滤波。滤波电容一般选择铝电解电容，在高品质电路中一般选择钽电解电容，钽电解电容价格较高，性能较好。电解电容的耐压是容

易忽视的问题，电解电容的耐压应高过工作电压 1/3 以上，很多场合取工作电压的 1.5～2 倍，以防止过高的干扰电压导致电容失效。电解电容的工作电压应按照整流电路输出的峰值计算，LM317 一路应该按照下式计算：

$$U = \sqrt{2}\frac{U_{1\max}}{N} = \sqrt{2}\frac{235.4}{15} \approx 22\ \text{V}$$

式中，N 为变压器匝数比。

考虑到余量，可以选择耐压 35 V 或者 50 V 的电解电容。过高耐压值的电容会带来体积和价格的增加。7805 一路可以选择 25 V 耐压的电解电容。

电解电容的容量可以根据实际需要进行灵活选择，从几十微法到 1 000～2 000 μF 都可以考虑。一般负载动态范围大的需要选择大容量电容，大容量电容体积大，价格高。在这里选择 470 μF 的电容。

稳压电路就使用 LM7805 和 LM317 典型电路。

实际操作 1：直流稳压电路仿真测试

(1) 用 Multisim 软件绘制电路图，如图 1.54 所示。

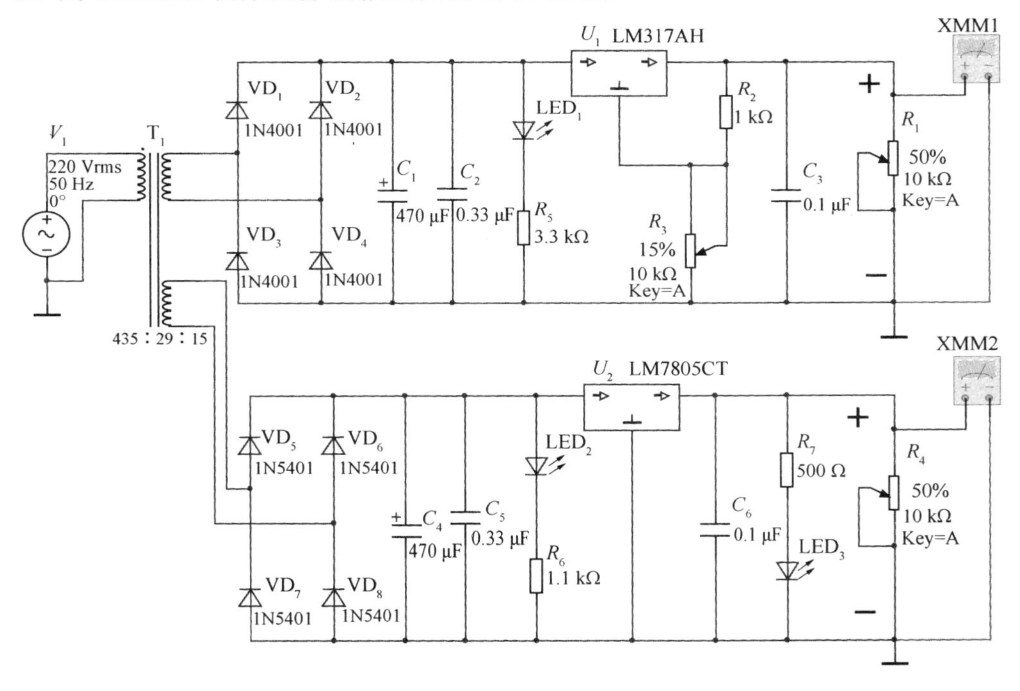

图 1.54　小功率直流稳压电源

(2) 调节电位器 R_3，用万用表测量输出电压，记录输出电压变动范围，并与设计指标对比。

(3) 调节负载电位器 R_1，测试输出波纹系数，并与设计指标对比。

(4) 测量负载电位器 R_4 两端电压，并与设计指标对比。

(5) 调节负载电位器 R_4，测试输出波纹系数，并与设计指标对比。

(6) 用示波器观察电路中各处波形。

(7) 仿照图 1.54 所示，用 LM7809 和 LM7909 设计一个双电源电路，绘制电路并进行仿真。

实际操作 2：小功率直流稳压电源电路的制作与调试

(1) 按照表 1.6 所列元器件和耗材进行装接准备工作，对元器件进行检查测试。

表 1.6　小功率直流稳压电源耗材清单

序号	标号	名称	型号	数量	备注
1	R_1、R_3、R_4	电位器	10 kΩ	3	
2	R_2	电阻	1 kΩ	1	
3	R_5	电阻	3.3 kΩ	1	
4	R_6	电阻	1.1 kΩ	1	
5	R_7	电阻	500 Ω	1	
6	C_1	电解电容	470 μF/35 V	1	
7	C_4	电解电容	470 μF/25 V	1	
8	C_2、C_5	瓷片电容	0.33 μF	2	
9	C_3、C_6	瓷片电容	0.1μF	2	
10	VD_1、VD_2、VD_3、VD_4	二极管	1N4001	4	
11	VD_5、VD_6、VD_7、VD_8	二极管	1N5401	4	
12	LED_1、LED_2	发光二极管	红	2	
13	LED_3	发光二极管	绿	1	
14	U_2	三端稳压	LM7805	1	集成电路
15	U_1	三端稳压	LM317	1	集成电路
16	T_1	变压器	220 V/15 V+8 V	1	12～15 W
17		电源插头		1	两脚
18		导线	多芯铜线		若干
19		绝缘胶带			若干
20		保险管	1 A	1	
21		保险管	0.5 A	1	
22		保险管座	与保险管相配	2	
23		万能板	单面三联孔	1	焊接用
24		散热片	带安装孔	2	稳压集成电路用

(2) 按照电路图安装、焊接元器件，剪去多余引脚，检查焊点，清除多余焊渣。

(3) 通电前检查有无短路情况，电路连接是否可靠，元器件有无错装、漏装现象。

(4) 通电检查，应密切注意观察指示灯是否点亮、有无糊味、有无冒烟、有无熔断器熔断等现象，一旦发现异常应立即断电，断电之后详细检查电路。

(5) 通电检查没问题后，进行参数测试，用万用表测量输出电压、输出电压调节范围、波纹系数等技术指标并记录，检查是否达到设计要求。用示波器观察各处信号波形，与仿真结果对

比。测试过程中 R_1 和 R_4 阻值不能调得过小，以免烧毁。测试过程中应注意观察有无元器件过热现象。

（6）稳压电源在实际使用中应拆除电位器 R_1 和 R_4。

（7）若实际负载功率较小，可以适当减小变压器功率，这样可以降低成本、减轻重量，提高便携性。

（8）若 LM7805 和 LM317 不加装散热片，则可能出现过热现象，不可触摸，以免烫伤，甚至可能达不到设计功率就烧毁器件，因此应按照数据手册安装指定大小的散热片。

（9）有条件的话，制作一个 ±9 V 的双电源。

1.8 半导体三极管

1.8.1 三极管的结构及符号

半导体三极管一般简称三极管或晶体管。它是通过一定的制作工艺，将两个 PN 结结合在一起的器件，两个 PN 结相互作用，不同于单个 PN 结的性能，使三极管成为一个具有控制电流作用的半导体器件。三极管可以用来放大微弱的信号和作为无触点开关器件。图 1.55 所示为三极管的结构示意图和符号。

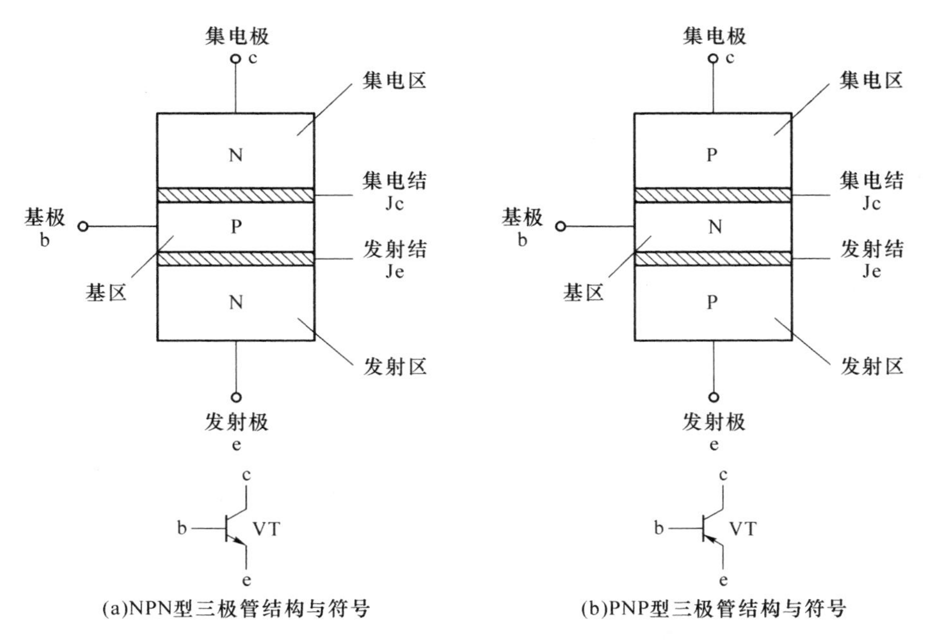

图 1.55 三极管的结构示意图和符号

从图中可见，三极管按照结构主要可以分成 NPN 型和 PNP 型两类，它们都具有 3 个电极（基极 b、集电极 c 和发射极 e）；与之对应的是三个区（基区、集电区和发射区）；有两个 PN 结（基区和发射区之间的 PN 结称为发射结 Je，基区和集电区之间的 PN 结称为集电结 Jc）。三极管符号中发射极上的箭头方向表示发射结正偏时电流的流向，NPN管的箭头向外，PNP管的箭头向内。

三极管按制造材料可分为硅三极管和锗三极管。从应用的角度讲，三极管还可以根据工作频率可分为高频管、低频管和开关管；根据工作功率可分为大功率管、中功率管和小功率管。常见的三极管外形如图1.56所示。

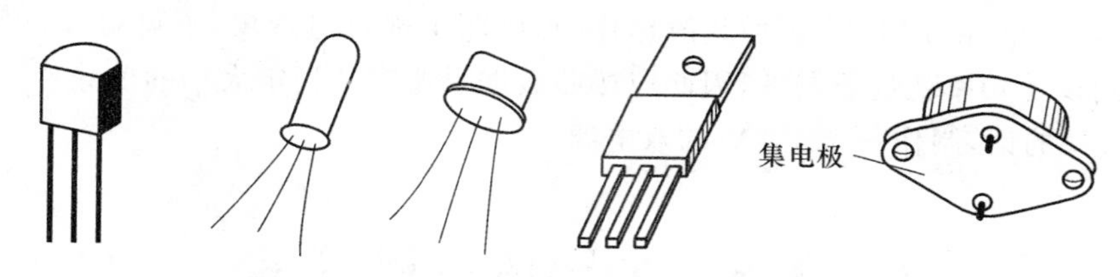

图1.56　常见的三极管外形

1.8.2　三极管的电流放大作用

三极管的基区通常做得很薄(几微米到几十微米)，且掺杂浓度低；发射区的杂质浓度则比较高；集电区的面积需要比发射区做得大。这是三极管实现电流放大的内部条件。三极管内部结构图如图1.57所示。

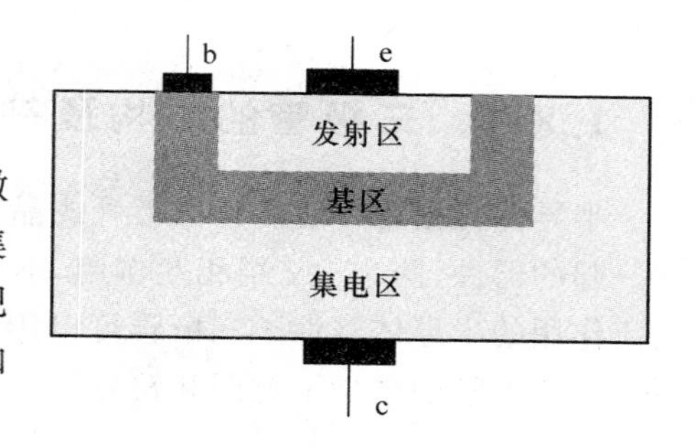

图1.57　三极管内部结构图

请思考：使用三极管时e和c能不能互换？

为了实现三极管的电流放大作用，还要给三极管各电极加上正确的电压。其发射结须加正向电压(正偏)，而集电结须加反向电压(反偏)，这是三极管实现电流放大的外部条件。

1. 三极管电流放大实验

这里通过实验来验证三极管的电流分配原则。实验电路如图1.58所示。在电路中给三极管的发射结加正向电压，集电结加反向电压，保证三极管能起到放大作用。改变可调电阻R_b的值，则基极电流I_B、集电极电流I_C和发射极电流I_E都发生变化，电流的方向如图1.58所示。测量结果如表1.7所示。

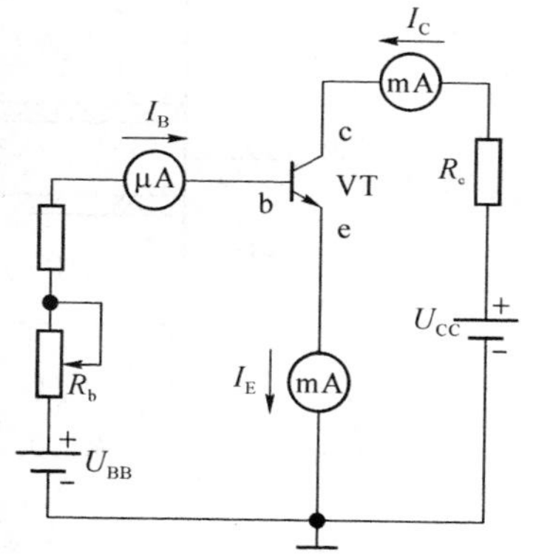

图1.58　三极管电流放大的实验电路

表1.7　三极管各电极电流的实验测量数据

基极电流 I_B/mA	0	0.010	0.020	0.040	0.060	0.080	0.100
集电极电流 I_C/mA	<0.001	0.495	0.995	1.990	2.990	3.995	4.965
发射极电流 I_E/mA	<0.001	0.505	1.015	2.030	3.050	4.075	5.065

由实验及测量结果可以得出以下结论。

(1) 实验数据中的每一列数据均满足关系：$I_E = I_B + I_C$，此结果符合基尔霍夫电流定律。

(2) 每一列数据都有 $I_C \gg I_B$，而且 I_C 和 I_B 的比值近似相等，约等于 50。

可见，三极管的集电极电流和基极电流之间满足一定的比例关系，此即三极管的电流放大作用。定义 $\frac{I_C}{I_B} = \bar{\beta}$。其中，$\bar{\beta}$ 称为三极管的直流电流放大系数。

(3) 对表 1.7 中任两列数据求 I_C 和 I_B 变化量的比值，结果仍然近似相等，约等于 50。

如比较第 3 列和第 4 列的数据可得

$$\frac{\Delta I_C}{\Delta I_B} = \frac{1.990 - 0.995}{0.040 - 0.020} = \frac{0.995}{0.020} = 49.75 \approx 50$$

由此可见，当三极管的基极电流有一个小的变化量(0.02 mA)时，在集电极上可以得到一个与基极电流成比例变化的较大电流(0.995 mA)。也就是说，三极管可以实现电流的放大及控制作用，因此通常称三极管为电流控制器件。定义 $\frac{\Delta I_C}{\Delta I_B} = \beta$。其中，$\beta$ 称为三极管的交流电流放大系数。

一般地，三极管的直流电流和交流电流放大系数的关系为 $\bar{\beta} \approx \beta$。

(4) 从表 1.7 中可知，当 $I_B = 0$(基极开路)时，集电极电流的值很小，称此电流为三极管的穿透电流 I_{CEO}。通常穿透电流 I_{CEO} 越小越好。

2. 三极管实现电流分配的过程

上述实验结论可以用载流子在三极管内部的运动规律来解释，下面以 NPN 型三极管为例做详细介绍。三极管内部载流子的传输与分配过程。如图 1.59 所示。

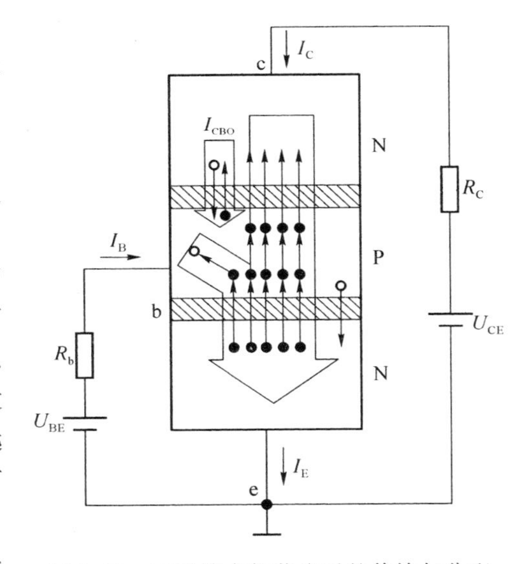

图 1.59　三极管内部载流子的传输与分配

(1) 发射区向基区发射自由电子，形成发射极电流 I_E。

由于发射结正向偏置，有利于多数载流子的扩散运动，发射区的多数载流子自由电子不断扩散到基区，并不断从电源补充电子，形成发射极电流 I_E。同时基区的多数载流子空穴也要扩散到发射区，但由于基区的掺杂浓度很低，空穴的浓度远远低于发射区自由电子的浓度，空穴电流很小，可以忽略不计。

(2) 自由电子在基区与空穴的复合形成基极电流 I_B。

由发射区扩散到基区的电子在发射结处浓度高，而在集电结处浓度低，形成浓度上的差别，因此自由电子在基区将向集电结方向继续扩散。在扩散的过程中，一小部分自由电子与基区的空穴相遇而复合，基区电源不断补充被复合掉的空穴，形成基极电流 I_B。

由于基区很薄，且杂质浓度低，自由电子在基区与空穴复合的比较少，大部分自由电子能够到达集电结附近。

(3) 集电区收集从发射区扩散过来的自由电子，形成集电极电流 I_C。

由于集电结反向偏置，可对多数载流子的扩散运动起阻挡作用，阻止集电区的多数载流子

（自由电子）和基区的多数载流子（空穴）向对方区域扩散，但可将从发射区扩散到基区并到达集电区边缘的自由电子拉入集电区，从而形成集电极电流 I_C。从发射区扩散到基区的自由电子，只有一小部分在基区与空穴复合掉，绝大部分被集电区收集。

另外，集电结反偏有利于少数载流子的漂移运动。集电区的少数载流子空穴漂移到基区，基区的少数载流子自由电子漂移到集电区，形成反向电流 I_{CBO}。I_{CBO}很小，受温度影响很大，常忽略不计。若不计反向电流 I_{CBO}，则有 $I_E=I_B+I_C$，即集电极电流与基极电流之和等于发射极电流。

PNP 管与 NPN 管的工作过程类似，它实现电流放大的外部条件同样是发射结正偏、集电结反偏，但所加的电压极性、产生的电流方向等与 NPN 管刚好相反。

3. 结论

（1）三极管实现电流放大的外部条件是：发射结正偏、集电结反偏。

（2）对三极管一般有 $\beta\gg 1$，且 $\bar{\beta}\approx\beta$。

（3）三极管的电流分配及放大关系式为

$$I_E=I_C+I_B$$

$$I_C=\beta I_B$$

例题 1-6 在图 1.30 所示的电路中，若测得 $I_B=0.025$ mA，取 $\beta=50$，试计算 I_C 和 I_E 的值。

解 $I_C=\beta I_B=50\times 0.025=1.25$ mA

$I_E=I_C+I_B=1.25+0.025=1.275$ mA

1.8.3 三极管的特性曲线及主要参数

1. 三极管的特性曲线

三极管的特性曲线反映了通过三极管的各电极的电流和各电极间电压的关系。它可以用专用的三极管特性图示仪进行显示，也可通过实验测量数据描点的方法得到。三极管常用的特性曲线有输入特性曲线和输出特性曲线两种，下面以 NPN 管为例分别介绍。

（1）输入特性曲线。在一定的集电极-发射极电压 U_{CE}下，三极管的基极电流 I_B与发射结电压 U_{BE}之间的关系曲线称为三极管的输入特性曲线。由图 1.60 中所示的三极管输入特性曲线中可以看出：

① 该输入特性是在 $U_{CE}\geqslant 1$ V 时的情况，三极管处于放大状态。当 $U_{CE}\geqslant 1$ V 时，对于每个不同的 U_{CE}值，三极管的输入特性基本保持不变。

② 三极管的输入特性曲线与二极管的正向特性类似，也有一段死区。只有发射结电压 U_{BE}达到导通电压时，三极管才完全进入放大状态。此时的三极管输入特性曲线很陡，U_{BE}稍有变化，I_B就变化很大。

（2）输出特性曲线。三极管的输出特性曲线是一组曲线。它是指在不同的基极电流 I_B下，三极管的集电极电流 I_C与集电极-发射极电压 U_{CE}之间的关系曲线，如图 1.61 所示。

由图 1.61 中可知，每一个不同的 I_B值都对应着一条 I_C-U_{CE}曲线。在曲线的起始部分，I_C随 U_{CE}的增大迅速上升；当 U_{CE}达到一定的值后，I_C不再随 U_{CE}的变化而变化，基本维持恒定。由于此时曲线几乎与横坐标平行，表示三极管具有恒流的特性。在图 1.61 中可以把三极管的输出特性曲线分为三个工作区域，分别是截止区、放大区和饱和区。

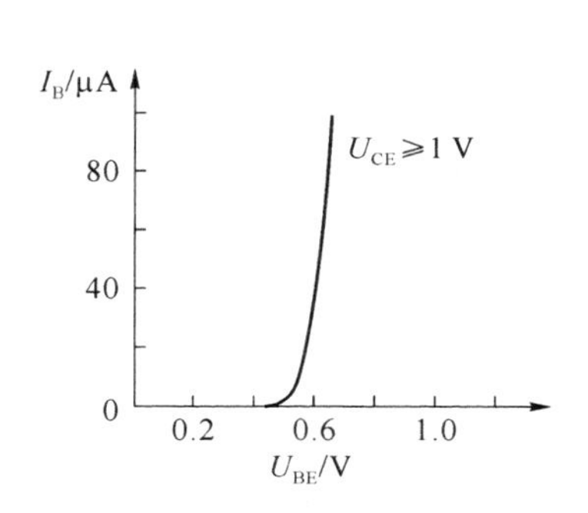

图 1.60　三极管的输入特性曲线

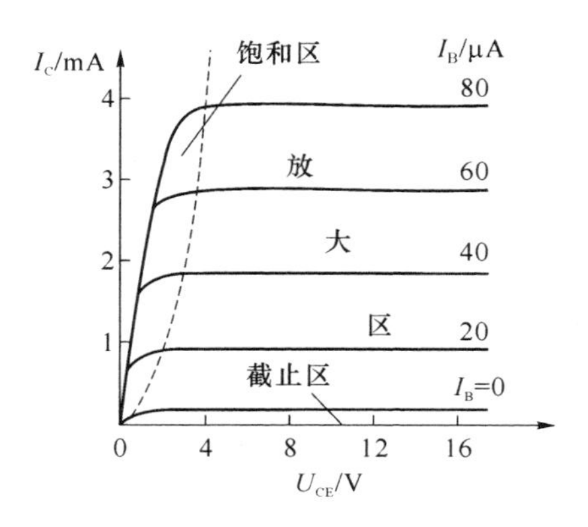

图 1.61　三极管的输出特性曲线

① 放大区。输出特性曲线后段平坦的区域称为放大区。此时三极管工作在放大状态，具有以下特点。

a. 三极管的发射结正向偏置，集电结反向偏置；

b. 此时满足关系 $I_C=\beta I_B$；

c. 对 NPN 型的三极管有电位关系 $U_C>U_B>U_E$，PNP 型三极管与之相反；

d. 对 NPN 型硅三极管有发射结电压 $U_{BE}\approx0.7$ V，锗三极管有 $U_{BE}\approx0.3$ V。

② 截止区。在三极管的输出特性中，$I_B=0$ 的曲线下方与横坐标轴之间的区域称为截止区。此时的 I_C 数值很小，几乎为 0，有 $I_C=I_{CEO}$（穿透电流）。三极管工作在截止状态时，具有以下特点。

a. 此时发射结和集电结均反向偏置；

b. I_B 和 I_C 都近似为 0；

c. 三极管的集电极和发射极之间几乎没有电流通过，可看成是断开的状态。

③ 饱和区。输出特性曲线迅速上升的区域称为饱和区。三极管工作在饱和状态时具有如下特点。

a. 三极管的发射结和集电结均正向偏置；

b. 三极管的电流放大能力达到饱和而下降，通常有 $I_C<\beta I_B$；

c. U_{CE} 的值很小，称为三极管的饱和压降，用 U_{CES} 表示，一般硅三极管的 U_{CES} 约为 0.3 V，锗三极管的 U_{CES} 约为 0.1 V；

d. 三极管的集电极和发射极近似短接，三极管类似于一个开关导通。

三极管在电路中可作为放大器件或开关器件。前者需要工作在放大区，后者需要在截止和饱和状态之间不断切换。

例题 1-7　一个工作在放大状态中的三极管，已经测得其 3 个引脚的电位分别为①3.5 V、②6.6 V和③2.8 V。试问此三极管是什么类型？3 个引脚分别对应管子的什么电极？

解　管子工作在放大区，有 6.6 V>3.5 V>2.8 V，由于 3.5 V−2.8 V=0.7 V，可判断引脚①和③分别为硅管的基极和发射极，剩下的②端是三极管的集电极，又根据 $U_C>U_B>U_E$ 可推断出它是 NPN 型。

2. 三极管的主要参数

(1) 共发射极电流放大系数 $\bar{\beta}$ 和 β。它是指将发射极作为公共端，从基极输入信号，从集电极输出信号的此种接法下的电流放大系数。

在共发射极接法下，三极管集电极静态(无交流信号输入时)电流与基极静态电流的比值 $\bar{\beta}$ 称为共发射极直流电流放大系数，即 $\bar{\beta}=\frac{I_C}{I_B}$。

在交流工作状态下，三极管集电极电流变化量与基极电流变化量的比值 β 称为共发射极交流电流放大系数，即 $\beta=\frac{\Delta I_C}{\Delta I_B}$。

一般有 $\bar{\beta}\approx\beta$，对于不同的三极管，其值从几十倍到几百倍不等。

(2) 极间反向电流和穿透电流参数。

① 集电极基极间的反向饱和电流 I_{CBO}。它是集电结反偏时的反向电流，因此 I_{CO} 对温度十分敏感。通常硅管的 I_{CBO} 比较小，为纳安数量级；锗管的 I_{CBO} 较大，为微安数量级。

② 集电极发射极间的穿透电流 I_{CEO}。它是指基极开路($I_B=0$)时，集电极到发射极间的穿透电流，有 $I_{CEO}\approx(1+\beta)I_{CBO}$。

I_{CBO} 和 I_{CEO} 都会随温度的升高而增大，它们都是衡量三极管温度特性的一个重要参数，其值越小，三极管的热稳定性越好。由于硅三极管的反向电流小，因此使用较多。

(3) 极限参数。

① 集电极最大允许电流 I_{CM}。三极管正常工作时，集电极电流 I_C 应小于 I_{CM}，否则管子的性能下降，甚至会因过流而损坏，如图 1.62 所示。

② 反向击穿电压。三极管的反向击穿电压主要指 $U_{(BR)CEO}$，即基极开路时，集电极与发射极之间允许的最大反向电压，它的数值较大，一般为几十伏到几百伏，如图 1.62 所示。

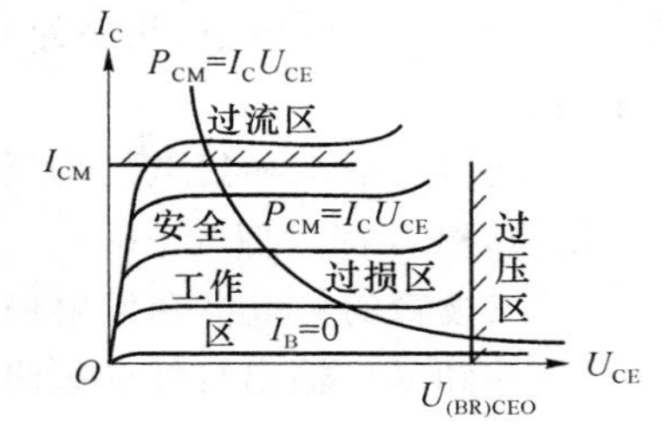

图 1.62 三极管的安全工作区

除此之外，三极管的反向击穿电压还有以下两种。

- $U_{(BR)EBO}$：集电极开路时，发射极与基极之间允许的最大反向电压。
- $U_{(BR)CBO}$：发射极开路时，集电极与基极之间允许的最大反向电压。

选择三极管时，要保证反向击穿电压大于工作电压的两倍以上。

③ 集电极最大允许功率损耗 P_{CM}。它表示集电结上允许功率损耗 $P_C=I_CU_{CE}$ 的最大值，若功率过高，三极管有烧坏的危险。图 1.62 所示中的曲线 $P_{CM}=I_CU_{CE}$ 是三极管的允许功率损耗线。

P_{CM} 与三极管的散热条件、最高允许结温密切相关。通常将 $P_{CM}\leqslant1$ W 的三极管称为小功率管；将 1 W$<P_{CM}<$5 W 的三极管称为中功率管；将 $P_{CM}\geqslant$5 W 的三极管称为大功率管。

综上所述，在图 1.62 中，由过流线、过压线、过损线所围起来的区域表示三极管的安全工作区。

3. 温度对三极管特性的影响

三极管是一种对温度十分敏感的器件，随温度的变化，三极管的性能参数会发生改变。

实验表明，随温度的升高，三极管的输入特性具有负的温度特性(约为 −2 mV/℃)，即在相同的基极电流 I_B 下，U_{BE} 的值会随温度的升高而减小，这一点与二极管的正向温度特性类似，如图 1.63 所示。

对于三极管的输出特性，由于温度升高会导致电流的增大，因此各条曲线之间的间隔会随温度的升高而拉宽，温度每升高 1 ℃，β 值约增大 1%，如图 1.64 所示。

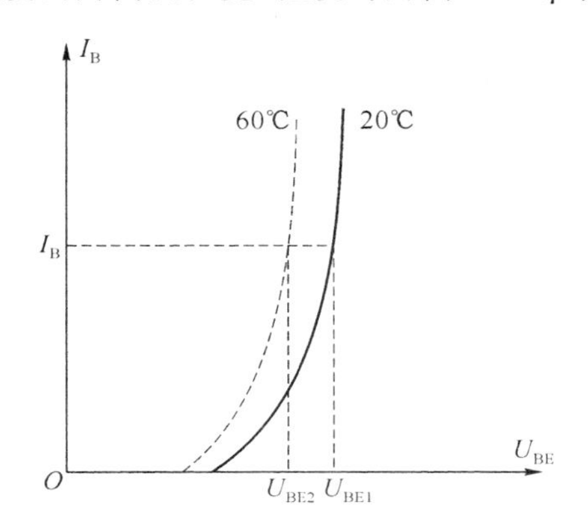

图 1.63　温度对三极管输入特性的影响

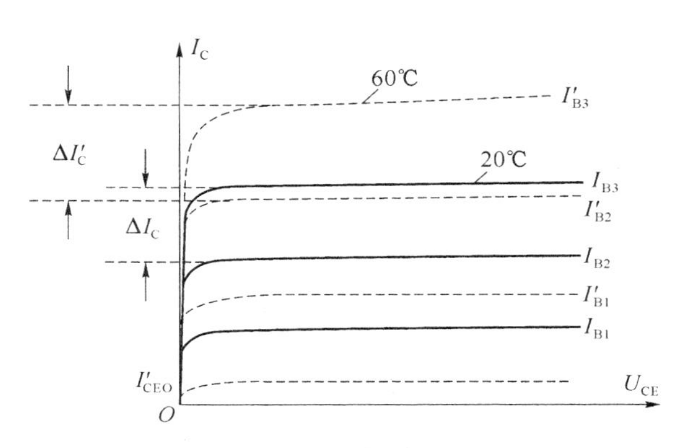

图 1.64　温度对三极管输出特性的影响

另外，三极管的反向电流也会随温度的升高而增大，温度每升高 1℃，反向饱和电流将增加一倍。

例题 1-8　某三极管的 $P_{CM}=100$ mW，$I_{CM}=20$ mA，$U_{(BR)CEO}=15$ V。试问在下列几种情况下，哪种是正常工作？①$U_{CE}=3$ V，$I_C=10$ mA；②$U_{CE}=2$ V，$I_C=40$ mA；③$U_{CE}=6$ V，$I_C=20$ mA。

解　① 因为 $U_{CE}<0.5U_{(BR)CEO}$，$I_C<I_{CM}$，$P_C=I_CU_{CE}=30$ mW$<P_{CM}$，所以是正常工作。

② 因为 $I_C>I_{CM}$，因此不是正常工作。

③ 虽然 $U_{CE}<0.5U_{(BR)CEO}$，$I_C<I_{CM}$，但 $P_C=I_CU_{CE}=120$ mW$>P_{CM}$，因此不是正常工作。

1.9　三极管的识别与检测

1.9.1　三极管

1. 三极管简介

三极管的发明是电子技术发展史上的重要里程碑，有了三极管才有了真正意义上的基于元器件的放大。最早出现的电子器件是真空电子器件，看上去像灯泡，外壳是透明玻璃，里面有发光发热的电极，体积很大，很费电，被称为真空三极管或电子三极管(Triode)。随着半导体技术的出现和发展，绝大多数真空电子器件都被逐渐淘汰了，新出现的三极管称为半导体三极管，也称双极型三极管，一般简称为三极管(BJT)。

三极管是实现用微弱电流控制大电流的器件，可以用来放大电流信号，是电子电路的核心器件。三极管在结构上具有两个相距很近的 PN 结，两个 PN 结把整块半导体分成三部分，中间部分是基区，两侧部分是发射区和集电区，排列方式有 PNP 和 NPN 两种，两种结构对应两种电路符号，结构示意图和电路符号如图 1.65 所示。

图中的 B 为基极、C 为集电极、E 为发射极。和二极管类似，符号中的箭头方向是从 P 型半导体指向 N 型半导体，代表了工作电流的方向。三个引脚的字母可以大写，也可以小写，一

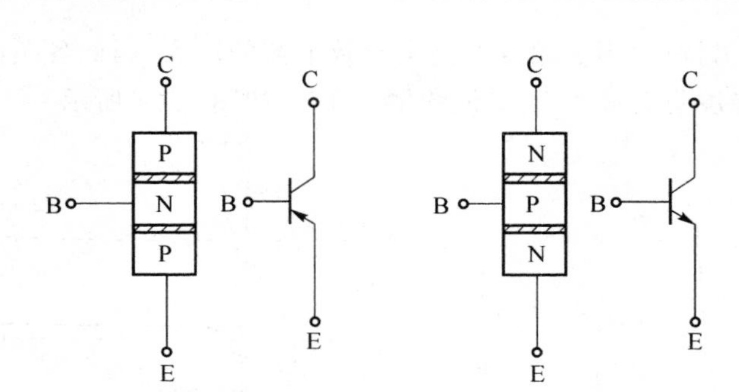

图 1.65　两种三极管的结构示意图和电路符号

般在大写电压或电流字母时，大写引脚的下标表示直流量，如 U_E、I_E，小写下标表示交流有效值，如 U_e、I_e；在小写电压或电流字母时，大写下标表示总瞬时值(包含直流分量和交流分量)，如 u_E、i_E，小写下标表示交流分量的瞬时值，如 u_e、i_e。

如果将三极管看作一个节点，根据电路知识可知，三极管三个引脚的电流和为 0，即

$$i_E = i_B + i_C$$

对于三极管来说，这个公式是普遍适用的。

三极管分类方式很多，除了按结构分为 NPN 和 PNP 两种之外；还可按材质分有硅管和锗管两种；按功能分有开关管、功率管、达林顿管和光敏管等；按功率分有小功率管、中功率管和大功率管等；按工作频率分有低频管和高频管等；按结构工艺分有插件三极管和贴片三极管等。

2. 三极管的伏安特性曲线

在使用三极管时，输入信号总是加在基极和发射极之间，描述输入信号电压和电流关系的特性曲线称为输入伏安特性曲线，简称为输入特性曲线。

三极管的输入特性曲线如图 1.66 所示，u_{CE}对输入特性有影响，当 $u_{CE}=0$ 时，输入特性与二极管一样，i_B随着 u_{BE}的增大快速增大，成指数关系，硅管导通压降为 0.5～0.7 V，锗管导通压降为 0.1～0.3 V。当 u_{CE} 增大时，特性曲线向右移动，导通电压有所增大，曲线样子差别不大。

三极管的输出伏安特性曲线是指集电极和发射极之间的电压和电流的关系，如图 1.67 所示，三极管的输出特性受基极电流 I_B的影响非常大，从图中可以看出，不同 I_B对应不同的曲线。因为 I_B可以取一定区间之内的无穷多数值，所以特性曲线是无法完美画出来的，只能取一些典型值进行示意。

根据三极管输出特性曲线的特点，可以将其划分为三个区：截止区、放大区和饱和区。当 $I_B=0$ 时为截止区。在截止区内，i_C随 u_{CE}的增大而略有增加，但是总的来说电流非常小，经常可以忽略不计，这时候三极管的三个引脚电流全为 0。

在放大区，i_C随 u_{CE}的增大略有增加，但是增加得不明显，很多时候可忽略这个增加值。在放大区 i_C 非常大，是 i_B的若干倍，这个倍数一般被称作共发射极交流电流放大系数，常用 β 表示：

$$\beta = \frac{\Delta I_C}{\Delta I_B}$$

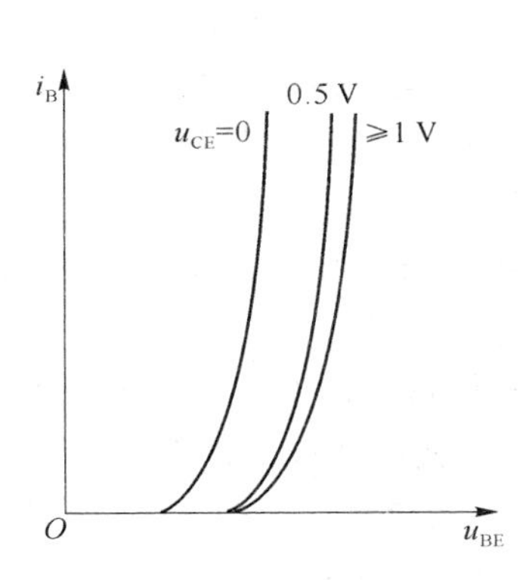

图 1.66 三极管输入特性曲线

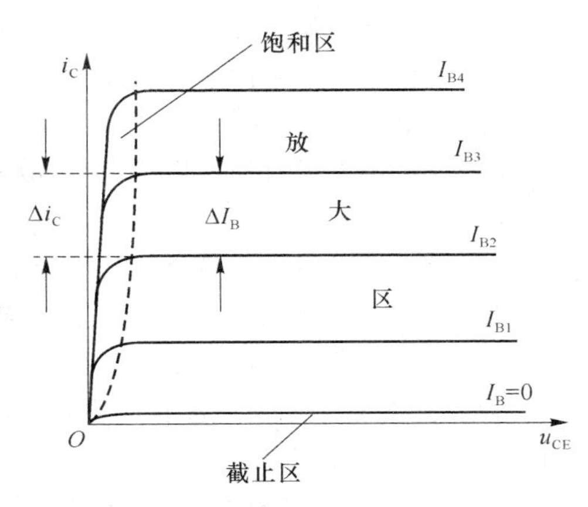

图 1.67 三极管输出特性曲线

β是三极管的一个重要参数,大小与数据手册里的h_{FE}相同。β的范围一般是几十到几百,量纲为1。在放大区,β比较稳定,在i_C和u_{CE}变化不大的时候,可以认为β基本不变,这是用三极管进行小信号放大时将β作为常数的前提条件。需要注意的是,在放大区不同的位置,β的大小有所不同,并不是固定值。也就是说,对于大信号放大而言,β并不是常数。若承认电流放大系数β在整个图1.67中不同位置的数值不同,则公式

$$i_C = \beta i_B$$

在整个输出特性曲线范围内都是成立的。

在饱和区,i_C的增大速度跟不上i_B的速度。也就是说,在饱和区的电流放大系数比较小。在深度饱和的时候,三极管的电流放大作用显得也非常小。如果基极电位过高(NPN管),那么三极管的电流会变得像两个二极管的一样。当然,一般基极电位总是低于集电极电位的(NPN管)。在饱和时,U_{CE}很小,通常用U_{CES}表示饱和管压降,一般小功率三极管有:

$$U_{CES} < 0.4\ \text{V}$$

估算时常取$U_{CES}=0.3$ V。

3. 三极管的主要参数

描述三极管电流放大能力的参数除了共发射极电流放大系数β,还有共基极交流放大系数α:

$$\alpha = \frac{\Delta I_C}{\Delta I_E}$$

α和β之间的关系为

$$\alpha = \frac{\beta}{1+\beta}$$

需要说明的是,三极管的直流放大系数和交流放大系数大小近似相等。在计算时,交流放大系数和直流放大系数都可以使用α、β进行计算。

特征频率f_T是反映三极管中两个PN结的电容效应对放大性能影响的参数。当信号的频率增高到一定程度后,PN结电容效应逐渐显露,电流放大系数会逐渐下降,频率越高,β越小。f_T是指β下降到1时的频率。也就是说,f_T等同于三极管的增益带宽积。

集-基反向饱和电流I_{CBO}是指发射极开路、在集电极与基极之间加上一定的反向电压时,

所产生的反向电流。在一定温度下，I_{CBO}是一个常量。随着温度的升高，I_{CBO}将增大，它是三极管工作不稳定的主要因素。在相同环境温度下，硅管的 I_{CBO} 比锗管的 I_{CBO} 小得多。

穿透电流 I_{CEO} 是指基极开路、集电极与发射极之间加一定反向电压时的集电极电流。该电流好像从集电极直通发射极一样，故称为穿透电流。I_{CEO} 和 I_{CBO} 一样，也是衡量三极管热稳定性的重要参数。

三极管的极限参数是指容易导致三极管损坏、失效的参数。其主要有集电极最大允许功率损耗 P_{CM}、集电极最大电流 I_{CM} 和反向击穿电压。

集电极最大允许功率损耗取决于三极管的温度和散热条件，硅管的上限温度约为 150 ℃，锗管约为 70 ℃。如果三极管产生热量的速度超过散热的速度，就会造成温度升高，当温度升高到上限温度时，三极管就会损坏。因为集电极功率 P_C 直接代表热量产生的速度，所以，在使用三极管时，不仅要考虑 P_{CM}，同时还要考虑散热是否良好。其中的关键在于三极管工作时的实际最高温度一定要低于上限温度。

三极管的电流放大系数 β 与集电极电流 I_C 有关，在很大的 I_C 变化范围内，β 基本不变，但是当 I_C 大于 I_{CM} 后，β 将明显下降。I_C 大于 I_{CM} 并不会直接导致三极管损坏，但是容易导致 P_{CM} 过大造成三极管损坏。

反向击穿主要是指三极管内部的 PN 结被过高的反向电压击穿，因为三极管内部有两个 PN 结，三个引脚，所以衡量反向击穿的电压参数比较多，有集电极开路时的射-基极间反向击穿电压 $U_{(BR)EBO}$、发射极开路时的集-基极间反向击穿电压 $U_{(BR)CBO}$、基极开路时的集电极-发射极间反向击穿电压 $U_{(BR)CEO}$ 等，其中 $U_{(BR)CEO}$ 的数值比较小。

由极限参数确定的三极管安全工作区，如图 1.68 所示。

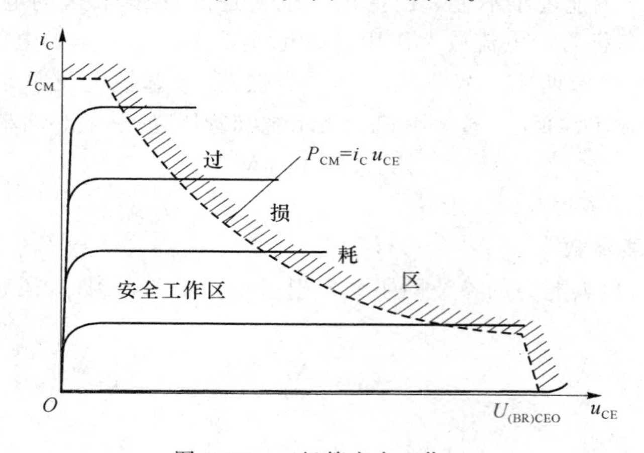

图 1.68 三极管安全工作区

实际操作：三极管的识别与检测

1. 三极管型号

中国、美国、日本和欧洲各地对三极管型号的命名各有不同，命名方式繁多，具体型号的参数需查阅数据手册。中国的半导体器件型号由五部分(场效应器件、半导体特殊器件、复合管、PIN 型管、激光器件的型号命名只有第三、四、五部分)组成。

第一部分：用数字表示半导体器件有效电极数目：2 表示二极管，3 表示三极管。

第二部分:用汉语拼音字母表示半导体器件的材料和极性。表示二极管时,A 为 N 型锗材料,B 为 P 型锗材料,C 为 N 型硅材料,D 为 P 型硅材料;表示三极管时,A 为 PNP 型锗材料,B 为 NPN 型锗材料,C 为 PNP 型硅材料,D 为 NPN 型硅材料。

第三部分:用汉语拼音字母表示半导体器件的类型。P 为普通管,V 为微波管,W 为稳压管,C 为参量管,Z 为整流管,L 为整流堆,S 为隧道管,N 为阻尼管,U 为光电器件,K 为开关管,X 为低频小功率管($f<3$ MHz,$P_C<1$ W),G 为高频小功率管($f>3$ MHz,$P_C<1$ W),D 为低频大功率管($f<3$ MHz,$P_C>1$ W),A 为高频大功率管($f>3$ MHz,$P_C>1$ W),T 为半导体晶闸管(可控整流器),Y 为体效应器件,B 为雪崩管,J 为阶跃恢复管,CS 为场效应管,BT 为半导体特殊器件,FH 为复合管,PIN 为 PIN 型管,JG 为激光器件。

第四部分:用数字表示序号。

第五部分:用汉语拼音字母表示规格号。例如,3DG18 表示 NPN 型硅材料高频三极管。

2. 三极管外观

三极管根据功能和功率的不同有多种外观,小功率三极管常采用塑封的方法,外形如同被切平一面的圆柱,有三个引脚,外形如图 1.69(a)所示。切平的一面标有型号,面对标有型号的平面,从左往右,引脚排列为 1、2、3 的顺序,引脚排列序号如图 1.69(b)所示。需要注意的是,具体哪个序号对应哪个极是需要查找数据手册或者实际测试的,没有统一的规律。90 系列三极管是按照引脚序号对应 E、B、C 的顺序排列的,与图 1.69(b)相同。

(a) 外形

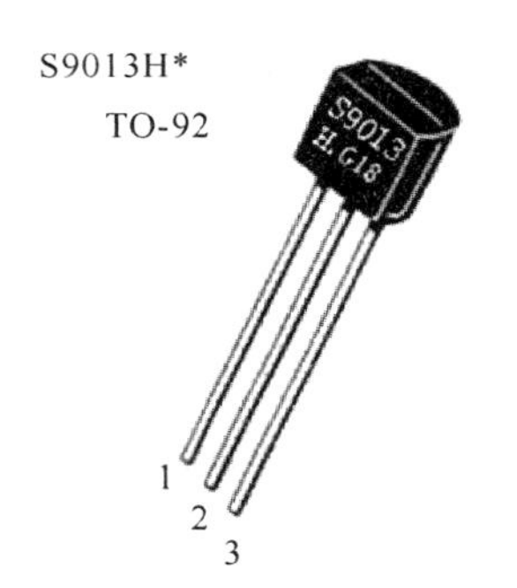

(b) 引脚排列序号

1-发射极(E);2-基极(B);3-集电极(C)

图 1.69　小功率塑封三极管

中功率的三极管常采用带散热片的塑封方式,如图 1.70 所示。中功率塑封管的引脚比较粗,后边有金属片,金属片上的圆孔为安装孔,用于将三极管固定在散热片上。在工作功率很小时,中功率塑封管可以单独使用而不必加装散热片,但是,要达到额定功率,就必须按照数据手册的要求安装规定大小的散热片。中功率塑封管的型号也标注在正面的塑料上,目视标注的型号时,引脚号的排列也是从左往右分别为 1、2、3。

大功率三极管通常采用金属壳,型号标注在金属壳上,如图 1.71 所示。这种大功率金属壳三极管的外壳就是集电极 C,所以只有 B 和 E 两个针状引脚。金属壳便于散热,同时金属壳上面还有用于安装散热片的圆孔。这种大功率三极管都是需要配备散热片使用的,在有些大功率场合,需要的散热片比较大,为节省体积和减轻重量,往往将大功率三极管用螺丝直接固定在设备的金属外壳上,利用设备的金属外壳散热。

表贴三极管通常功率很小，体积也很小，标注在塑封外壳上的型号往往需要用放大镜才能看清楚，外观如图 1.72 所示。表贴三极管只有一个引脚的那侧是集电极。

图 1.70　中功率塑封管

图 1.71　大功率金属壳三极管

图 1.72　表贴三极管

3. 用万用表检测三极管

用万用表检测三极管首先应该注意万用表是数字万用表还是指针式的模拟万用表，这两种万用表的表笔连接内部电池的方式不同，数字万用表的红表笔连接的是内部电池的正极，指针式模拟万用表的红表笔连接的是内部电池的负极，正好相反。由于数字万用表已经普及应用，本书以数字万用表为例进行检测三极管的说明。

用万用表检测三极管主要有两种场景，一种是设备调试或维修时怀疑某三极管损坏，在线路板上进行初步检测，一种是对拆下来的或者尚未安装的三极管进行检测。在线路板上的检测以测量三极管内部两个 PN 结是否还具有单向导电性为主，如果两个 PN 结都有单向导电性，可以初步排除损坏的怀疑，如果有 PN 结失去了单向导电性，那么需要将三极管拆卸进行进一步检测。对于拆下来的三极管，除了测试 PN 结是否具有单向导电性外，还可以利用万用表的 h_{FE} 挡位来进一步测量三极管电流放大系数 β。

用万用表测试三极管时，首先将万用表打到二极管挡位，用万用表的红表笔接触三极管的某一个引脚，而用万用表另外的那支表笔分别去测试其余的引脚，有导通压降则说明红表笔接的是 P 型半导体，而此时黑表笔接的是 N 型半导体。直到测试出三个引脚连接的分别是 P 型半导体还是 N 型半导体，就可以知道三极管是 NPN 还是 PNP 结构了。

如果三极管的黑表笔接其中一个引脚，而用红表笔测其他两个引脚都导通有电压显示，那么此三极管为 PNP 三极管，且黑表笔所接的脚为三极管的基极 B。在用上述方法测试时，其中万用表的红表笔接其中一个脚的电压稍高，那么此脚为三极管的发射极 E，剩下的电压偏低的那个引脚为集电极 C。

如果三极管的红表笔接其中一个引脚，而用黑表笔测其他两个引脚都导通有电压显示，那么此三极管为 NPN 三极管，且红表笔所接的脚为三极管的基极 B。在用上述方法测试时，其中万用表的黑表笔接其中一个脚的电压稍高，那么此脚为三极管的发射极 E，剩下的电压偏低的那个引脚为集电极 C。

用万用表二极管挡位直接测量三极管的集电极和发射极，两者是不通的。

很多数字万用表都有 h_{FE} 挡位，可以用来帮助判断引脚是集电极 C 还是发射极 E。在用万用表二极管挡位确定了三极管的基极和管型后，将三极管的基极按照基极的位置和管型插入

到三极管测量孔中,其他两个引脚插入到余下的三个测量孔中的任意两个,观察显示屏上数据的大小,交换位置后再测量一下,观察显示屏数值的大小,反复测量四次,对比观察。以所测的数值最大的一次为准,该数值近似等于三极管的电流放大系数 β,此时对应插孔标示的字母即是三极管的实际电极名称。

需要说明的是,用万用表检测三极管具有很大的局限性,不能很好地测试三极管的伏安特性曲线,用三极管特性图示仪可以较好地实现三极管伏安特性曲线的测量。

4. 用三极管图示仪检测三极管

三极管特性图示仪简称为三极管图示仪,可用来测定三极管的共集电极、共基极、共发射极的输入特性、输出特性、转换特性、α 和 β 参数特性;可测定各种反向饱和电流 I_{CBO}、I_{CEO}、I_{EBO} 和各种击穿电压等;还可以测定二极管、稳压管、晶闸管、场效应管的伏安特性,用途广泛。

三极管图示仪外观,如图 1.73 所示。

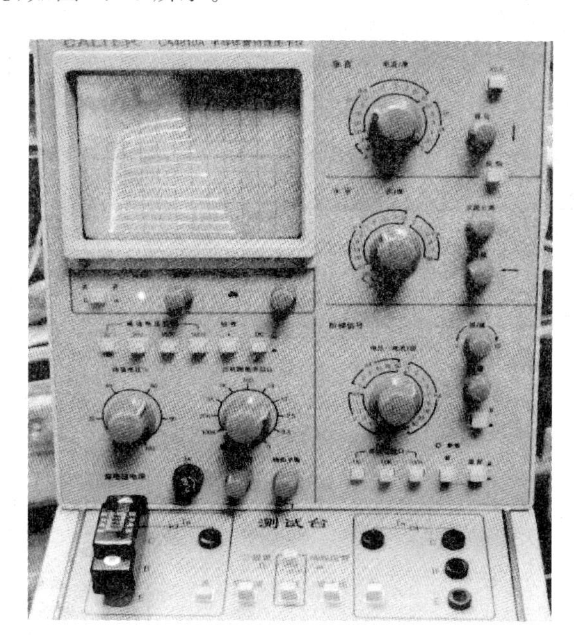

图 1.73　三极管图示仪外观

使用三极管图示仪时,应打开电源开关预热 10 min,然后进行测试。

测试前,先通过"辉度"调节旋钮把仪器显示屏中的光线亮度调至适当状态,但不宜过亮;通过"聚焦"和"辅助聚焦"旋钮尽量把光线调至细小、清晰,以提高读值时的准确性;通过上下和左右移动旋钮把光线调到屏幕最底水平线的中间位置,且与最底线重合,以方便测试时读值。

按照待测三极管的测试条件要求,结合仪器面板的相关旋钮、按键,设定好相关测试条件。把待测三极管对应极性地插到测试夹具上的端口,测试三极管输出特性曲线时,仪器显示类似图 1.74所示的图形。

因为三极管的电流放大系数 β 约等于 I_C/I_B,所以必须要读出 I_C 值和 I_B 值后才能计算出放大倍数,而仪器面板上的"电流/度"旋钮所设定的就是 I_C 每格的值,"电流-电压/级"旋钮设定的就是 I_B 每级的值。I_C 值是看图形的纵坐标格数来读取的,I_B 值则是看波形的级数来读取的,假设以图 1.74 所示测试波形为例:"电流/度"旋钮设定的值是 10 mA,"电流-电压/级"旋钮设定的值是 1 mA，通过上图波形可看出，波形所占据的纵坐标格数是 3.4 格，波形的级数是 2 级，因此放大倍数计算如下。

$$\beta \approx I_C/I_B = (10\ \text{mA} \times 3.4\ \text{格}) \div (1\ \text{mA} \times 2\ \text{级}) = 34\ \text{mA} \div 2\ \text{mA} = 17$$

测试时需要注意：待测管不要插错引脚，以免损坏器件。另外，测试时如果所加电压和电流过大，也可能损坏被测器件。

仿真软件中也有类似三极管图示仪的设备，称为Ⅳ分析仪，测试电路如图 1.75 所示，Ⅳ分析仪显示界面如图 1.76 所示。

从Ⅳ分析仪读取数据计算 β 值时，应借助鼠标。先将鼠标移动到需要测量 β 值的位置，右击鼠标，选择“选择光迹”，如图 1.77 所示。

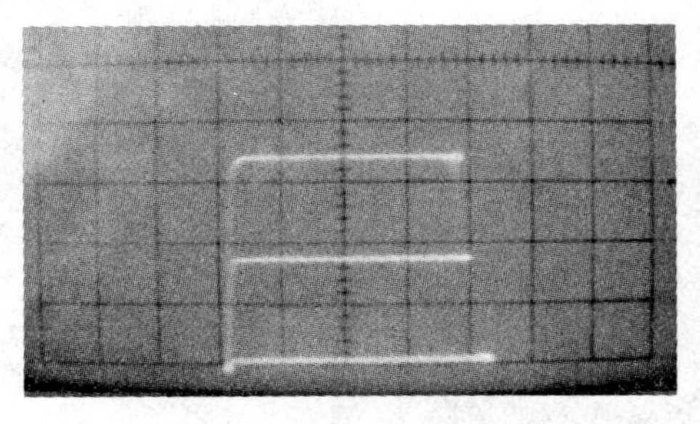

图 1.74　三极管图示仪显示的三极管输出特性曲线

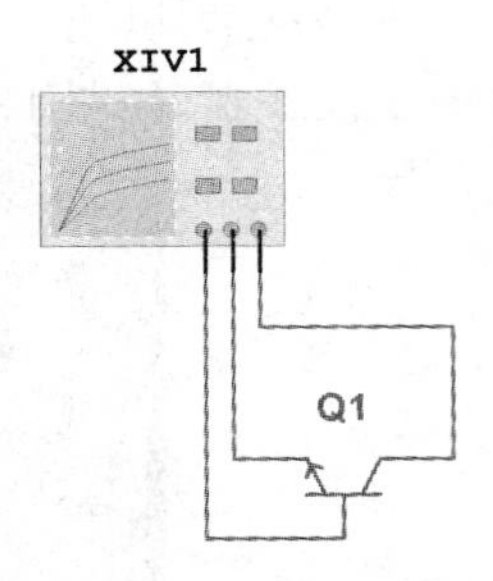

图 1.75　仿真软件测试三极管伏安特性曲线

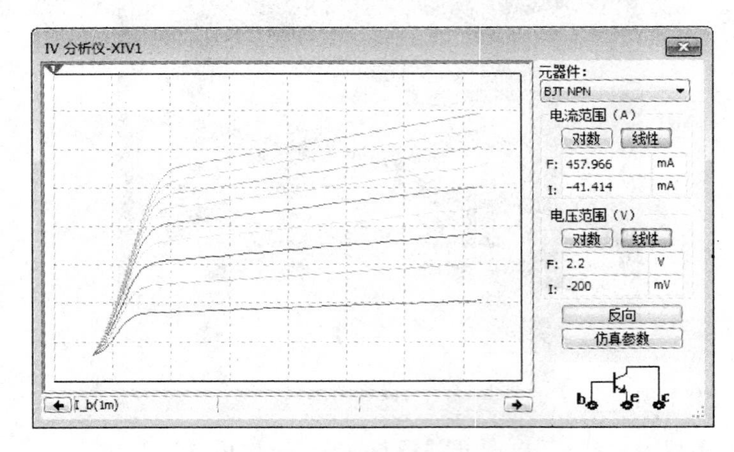

图 1.76　Ⅳ分析仪显示界面

然后在弹出的选择框中选择对应的光迹，I_b 后面括号中的数值为光迹所对应的电流 i_B 大小，记为 i_{B1}，如图 1.78 所示。

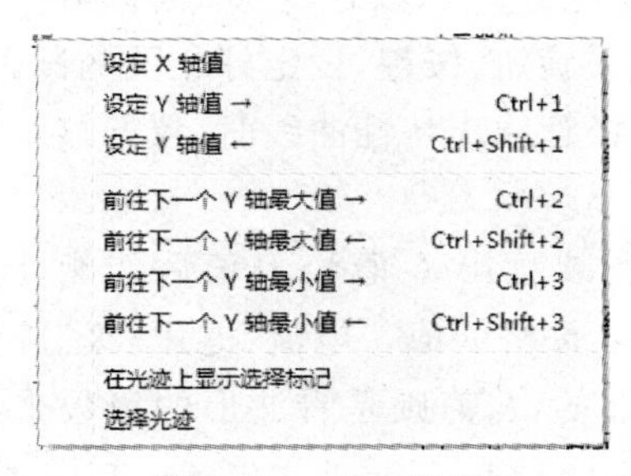

图 1.77　右击鼠标

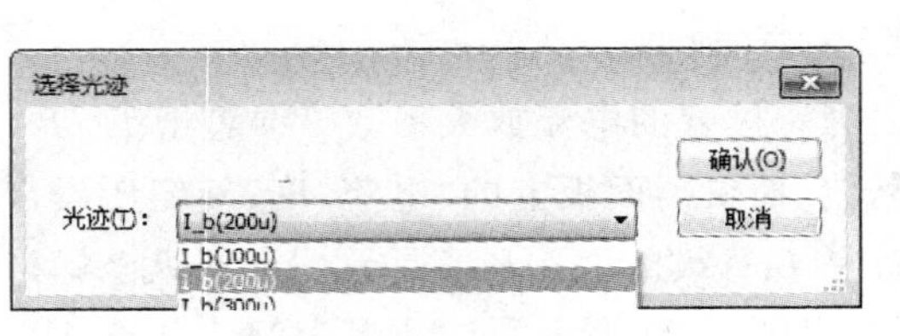

图 1.78　进行光迹选择

读出此时 i_C 的数值，记为 i_{C1}。然后改变光迹再测量一次，分别记为 i_{B2} 和 i_{C2}，用公式

$$\beta = \left| \frac{i_{C1} - i_{C2}}{i_{B1} - i_{B2}} \right|$$

计算，即可得 β 值。

用Ⅳ分析仪也可以测试三极管输入伏安特性曲线，测试方法与二极管一样，也需要设置合适的参数，如图 1.79 所示。

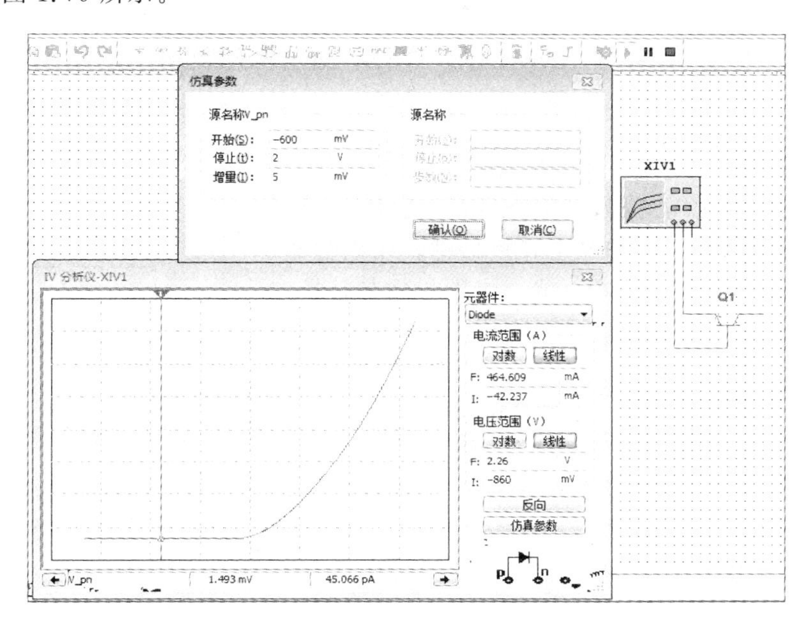

图 1.79　Ⅳ分析仪测试输入特性

1.10　特殊三极管

1.10.1　光电三极管

光电三极管也称光敏三极管，它的电流受外部光照控制，是一种半导体光电器件。光电三极管是一种相当于在三极管的基极和集电极之间接入一个光电二极管的三极管，光电二极管的电流相当于三极管的基极电流。因为具有电流放大作用，光电三极管比光电二极管灵敏得多，在集电极可以输出很大的光电流。

光电三极管有塑封、金属封装（顶部为玻璃镜窗口）、陶瓷、树脂等多种封装结构，引脚可分为两脚型和三脚型。一般两个引脚的光电三极管，引脚分别为集电极和发射极，而光窗口则为基极。图 1.80 所示为光电三极管的等效电路、符号和外形。

在无光照射时，光电三极管处于截止状态，无电信号输出。当光信号照射光电三极管的基极时，光电三极管导通，首先通过光电二极管实现光电转换，再经由三极管实现光电流的放大，从发射极或集电极输出放大后的电信号。

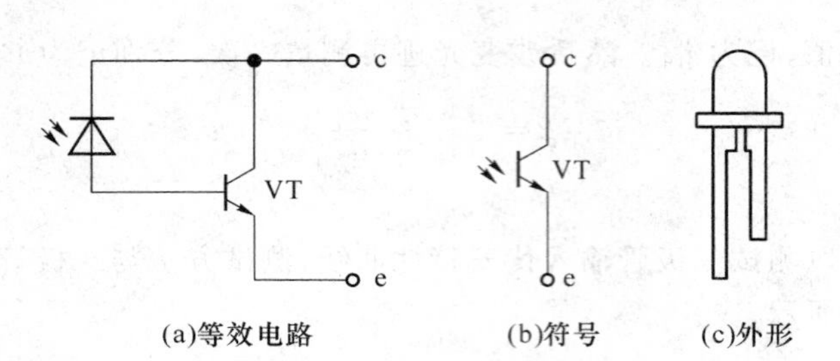

图 1.80 光电三极管的等效电路、符号和外形

1.10.2 光耦合器

光耦合器也称光电隔离器,简称光耦,是把发光二极管和光电三极管组合在一起的光电转换器件。光耦合器以光为媒介传输电信号,实现电—光—电的传输与转换。它对输入、输出电信号有良好的隔离作用,在各种电路中得到广泛的应用。图 1.81 所示为光耦合器的一般符号。

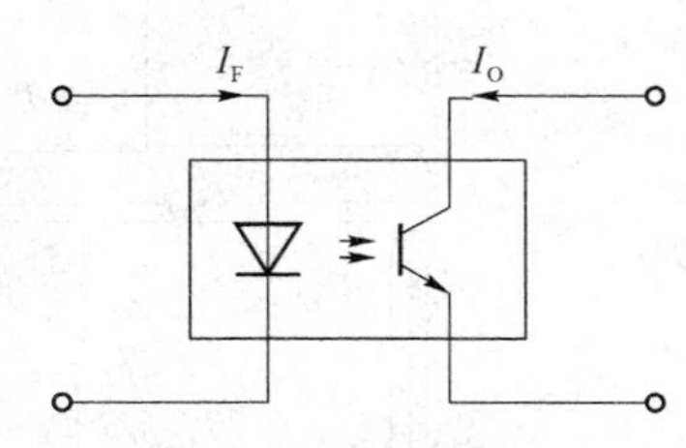

图 1.81 光耦合器的一般符号

光耦合器一般由光的发射、光的接收及信号放大三部分组成。输入的电信号驱动发光二极管,使之发出一定波长的光,被光探测器接收而产生光电流,再经过进一步放大后输出。在光耦合器应用电路的输入回路和输出回路各自独立,不共地。因此,光耦合器的抗干扰能力强,广泛应用于检测和控制系统中的光电隔离方面。

1.10.3 复合管

在实际应用中,如果三极管的放大倍数不够,可考虑使用复合管。复合管也称达林顿管,是由两个或两个以上的三极管按照一定的连接方式组成的等效三极管。

复合管的特点是放大倍数非常高,实际应用中采用复合管结构,可以改变放大电路的某些性能,来满足不同的需要。复合管可在高灵敏的放大电路中放大非常微小的信号,使输出电流尽可能大,以满足负载的要求,如功率放大器和稳压电源等电路。

1. 复合管的连接原则

复合管可以由同类型的管子复合而成,也可以由不同类型的管子复合连接,具体的连接方法有多种,但需要遵循以下原则。

(1) 为防止单管的功率过大,需要把小功率管放在前面,大功率管放在后面;

(2) 连接时要保证每管都工作在放大区域,以实现放大功能;

(3) 连接时要保证每管的电流通路,后一极的基极与前一极的集电极/发射极相连时,连接处的电流方向需保证相同,图 1.82 所示为 4 种常见的复合管结构示意。

2. 复合管的特点

(1) 复合管的管型与组成复合管的第一个三极管的管型相同。如果第一个管子为 NPN 型,则复合管的管型也为 NPN 型;若第一个管子为 PNP 型,则复合管的管型也为 PNP 型。

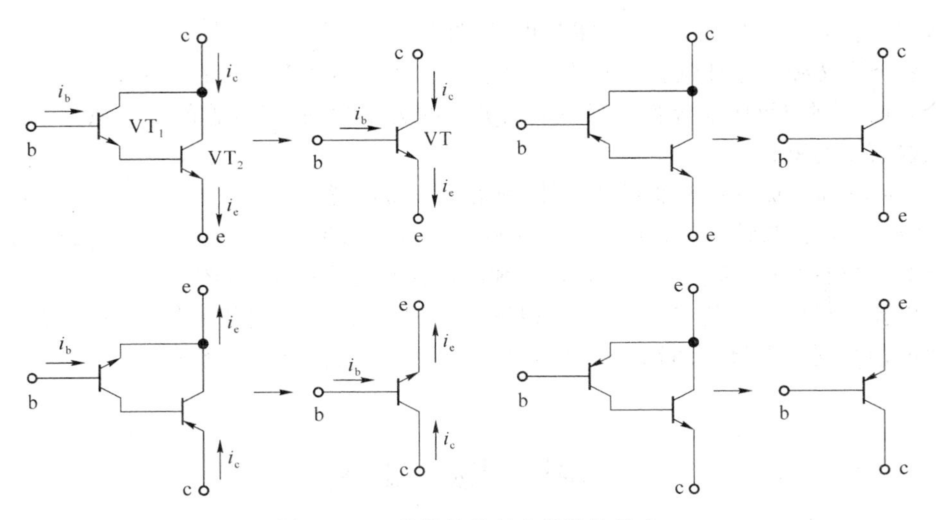

图 1.82 4 种常见的复合管结构示意

(2) 由复合管的连接方式,可计算出复合管的电流放大倍数 β 近似为组成该复合管的各三极管电流放大倍数的乘积,即

$$\beta \approx \beta_1 \beta_2 \beta_3 \cdots$$

本章小结

(1) 半导体材料中有两种载流子:带负电的自由电子和带正电的空穴。在纯净半导体中掺入不同的杂质,可以得到 N 型半导体和 P 型半导体。N 型半导体中多子是自由电子,P 型半导体中多子是空穴。

(2) PN 结具有单向导电性:正向偏置导通,反向偏置截止。

(3) 二极管是由一个 PN 结封装而成的,同样具有单向导电性。其特性可以用伏安特性和一系列参数来描述。伏安特性有正向特性、反向特性及反向击穿特性。正向特性中有死区电压,硅二极管的死区电压约为 0.5 V,锗二极管约为 0.1 V。反向特性中有反向电流,反向电流越小,单向导电性越好,反向电流受温度影响大。反向击穿特性有反向击穿电压,二极管正常工作时其反向电压不能超过此值。

(4) 二极管可用于限幅、稳压、开关等电路。稳压二极管稳压时,要工作在反向击穿区。稳压二极管的主要参数有稳定电压、稳定工作电流、耗散功率等。应用稳压管时,一定要配合限流电阻使用。

(5) 三极管由两个 PN 结构成。工作时,有两种载流子参与导电,因此又称为双极型三极管。三极管是一种电流控制电流型的器件,改变基极电流就可以控制集电极电流。三极管实现电流放大和控制的内部条件是基区做得很薄且掺杂浓度低,发射区的杂质浓度较高,集电区的面积较大;外部条件是发射结要正向偏置,集电结反向偏置。三极管的特性可用输入特性曲线和输出特性曲线来描述;其性能可以用一系列参数如电流放大系数、反向电流、极限参数等来表征。三极管有 3 个工作区:饱和区、放大区和截止区。在饱和区,发射结和集电结均正偏;

在放大区，发射结正偏，集电结反偏；在截止区，两个结均反偏。

(6) 复合管又称为达林顿管。其连接的基本规律为小功率管放在前面，大功率管放在后面。复合管的类型与组成复合管的第一个三极管的类型相同；复合管的 β 近似为组成该复合管的各三极管 β 的乘积。

(7) 二极管和三极管均是非线性器件，对温度非常敏感。

(8) 场效应管分为结型场效应管和绝缘栅场效应管两种。工作时只有一种载流子参与导电，因此称为单极性三极管。场效应管是一种电压控制电流型器件，改变其栅源电压就可以改变其漏极电流。场效应管的特性可用转移特性曲线和输出特性曲线来描述，其性能可以用一系列参数如饱和漏极电流、夹断电压、开启电压、低频跨导、耗散功率等来表征。

习 题 1

1-1 填空题。

(1) 半导体具有________性、________性和________性。

(2) 温度________将使半导体的导电能力大大增加。

(3) 半导体中有两种载流子，一种是________，另一种是________。

(4) 杂质半导体按导电类型分为________和________。

(5) N 型半导体多子是________；P 型半导体多子是________。

(6) PN 结的基本特点是具有______性，PN 结正向偏置时______，反向偏置时______。

(7) 二极管正、反向电阻相差越________越好。

(8) 用在电路中的整流二极管，主要考虑两个参数________和________，选择时应适当留有余地。

(9) 稳压二极管在稳压时，应工作在其伏安特性的________区。

(10) 三极管是一种________控制器件；而场效应管是一种________控制器件。

(11) 三极管具有电流放大作用的外部条件是：发射结________偏置；集电结________偏置。

(12) 三极管起放大作用时的内部要求是：基区________________________；发射区________________________；集电区________________________。

(13) 三极管的输出特性分为三个区域，即________区、________区和________区。

(14) 三极管在放大区的特点是当基极电流固定时，其________电流基本不变，体现了三极管的________特性。

(15) 在放大区，对 NPN 型的三极管有电位关系：U_C________U_B________U_E；而对 PNP 型的管子，有电位关系：U_C________U_B________U_E。

(16) 根据结构不同，场效应管分为两大类，________和________场效应管。

(17) 为实现场效应管栅源电压对漏极电流的控制作用，结型场效应管在工作时，栅源之间的 PN 结必须________偏置。N 沟道结型场效应管的 U_{GS}不能________0，P 沟道结型场效应管的 U_{GS}不能________0。

(18) 场效应管的参数________反映了场效应管栅源电压对漏极电流的控制及放大作用。

(19) 场效应管与三极管相比较,其特点是输入电阻________,热稳定性________。

(20) 复合管的类型与组成复合管的________三极管的类型相同。

1-2 选择题。

(1) 本征半导体中,自由电子和空穴的数目________。

A. 相等　B. 自由电子比空穴的数目多　C. 自由电子比空穴的数目少

(2) P型半导体中的空穴数目多于自由电子,则P型半导体呈现的电性为________。

A. 负电　B. 正电　C. 电中性

(3) 在纯净半导体中掺入微量3价元素形成的是________型半导体。

A. P　B. N　C. PN　D. 电子导电

(4) 纯净半导体中掺入微量5价元素形成的是________型半导体。

A. P　B. N　C. PN　D. 空穴导电

(5) 二极管的反向饱和电流主要与________有关。

A. 反向电压的大小　B. 环境温度

C. 制作时间　D. 掺入杂质的浓度

(6) 二极管的伏安特性曲线反映的是二极管________的关系曲线。

A. U_D-I_D　B. U_D-R_D　C. I_D-R_D　D. f-I_D

(7) 用指针式万用表测量二极管的极性,将红、黑表笔分别接二极管的两个电极,若测得的电阻很小(几千欧以下),则黑表笔所接电极为二极管的________。

A. 正极　B. 负极　C. 无法确定

(8) 下列器件中,________不属于特殊二极管。

A. 稳压管　B. 整流管　C. 发光管　D. 光电管

(9) 稳压二极管稳压,利用的是稳压二极管的________。

A. 正向特性　B. 反向特性　C. 反向击穿特性

(10) 稳压管的稳定电压U_Z是指其________。

A. 反向偏置电压　B. 正向导通电压

C. 死区电压　D. 反向击穿电压

(11) 光电二极管有光线照射时,反向电流________。

A. 减少　B. 增大

C. 基本不变　D. 无法确定

(12) 稳压二极管稳压,利用的是稳压二极管的________。

A. 正向特性　B. 反向特性　C. 反向击穿特性

(13) 测得电路中一个NPN型三极管的3个电极电位分别为$U_C=6$ V,$U_B=3$ V,$U_E=2.3$ V,则可判定该三极管工作在________。

A. 截止区　B. 饱和区　C. 放大区

(14) 三极管的电流放大系数β,随温度的升高会________。

A. 减小　B. 增大　C. 不变

(15) 三极管的主要特征是具有________作用。

A. 电压放大　B. 单向导电　C. 电流放大　D. 电流与电压放大

(16) 三极管处于放大状态时,________。

A. 发射结正偏,集电结反偏　B. 发射结正偏,集电结正偏

C. 发射结反偏,集电结反偏　D. 发射结反偏,集电结正偏

(17) NPN 三极管工作在放大状态时,其两个结的偏置为________。

A. $U_{BE}>0, U_{BE}<U_{CE}$　B. $U_{BE}<0, U_{BE}<U_{CE}$

C. $U_{BE}>0, U_{BE}>U_{CE}$　D. $U_{BE}<0, U_{CE}>0$

(18) 对于 PNP 型三极管,为实现电流放大,各极电位必须满足________。

A. $U_C>U_B>U_E$　B. $U_C<U_B<U_E$

C. $U_B>U_C>U_E$　D. $U_B<U_C<U_E$

(19) 对于 NPN 型三极管,为实现电流放大,各极电位必须满足________。

A. $U_C>U_B>U_E$　B. $U_C<U_B<U_E$

C. $U_B>U_C>U_E$　D. $U_B<U_C<U_E$

(20) 场效应管三个电极中,用 D 表示的电极称为________。

A. 栅极　B. 源极　C. 基极　D. 漏极

1-3　判断题。

(1) 二极管外加正向电压时呈现很大的电阻,外加反向电压时呈现很小的电阻。　(　　)

(2) 普通二极管在电路中正常工作时,其所承受的反向电压应小于二极管的反向击穿电压,否则会使二极管击穿损坏。　(　　)

(3) 三极管工作在饱和状态时,发射结和集电结均正向偏置;工作在截止状态时,两个结均反向偏置。　(　　)

(4) 场效应管的抗干扰能力比三极管差。　(　　)

(5) 三极管工作时有两种载流子参与导电,因此称为双极型器件;而场效应管工作时只有一种载流子参与导电,因此称为单极型器件。　(　　)

(6) 有些场效应管的源极和漏极可以互换。　(　　)

1-4　图 1.83 所示为二极管构成的各电路,设二极管为硅二极管。

(1) 判定各电路中二极管的工作状态;

(2) 试求各电路的输出电压 U_o。

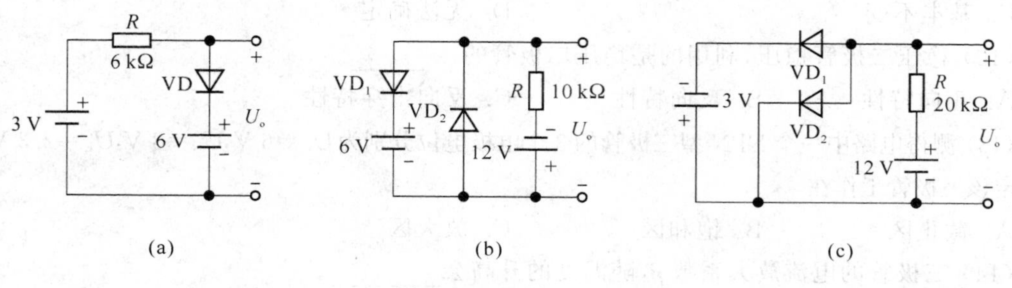

图 1.83　习题 1-4 图

1-5　如图 1.84 所示，设变压器副边电压 u_2 的峰值为 10 V，试对应 u_2 的波形画出输出电压 u_o 的波形，假设二极管为硅二极管。

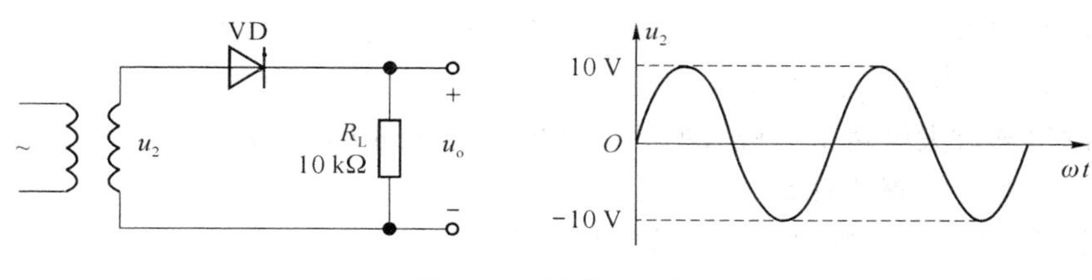

图 1.84　习题 1-5 图

1-6　如图 1.85 所示，当输入电压为 $u_i=5\sin\omega t$ V 时，试对应输入电压 u_i 画出输出电压 u_o 的波形（设二极管为硅二极管）。

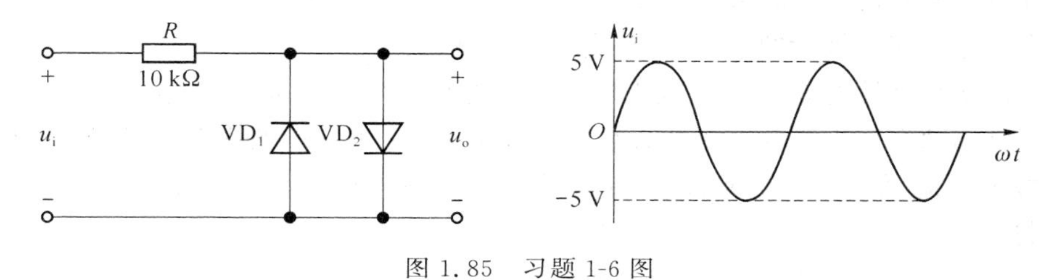

图 1.85　习题 1-6 图

1-7　稳压管二极管为硅管，其稳压电路，如图 1.86 所示，已知稳压管的稳定电压为 $U_z=8$ V，当输入电压为 $u_i=15\sin\omega t$ V 时，试对应输入电压 u_i 画出输出电压 u_o 的波形。

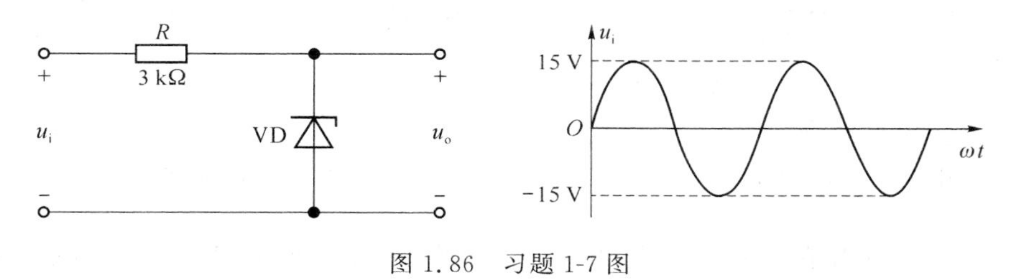

图 1.86　习题 1-7 图

1-8　如图 1.87 所示，双向限幅电路中的二极管是理想元件，输入电压 u_i 从 0 V 变到 100 V。试画出电路的电压传输特性（$u_o \sim u_i$ 关系的曲线）。

1-9　如图 1.88 所示，稳压管稳压电路，当输入直流电压 u_i 为 20～22 V 时，输出电压 U_o 为 12 V，输出电流 I_o 为 5～15 mA。

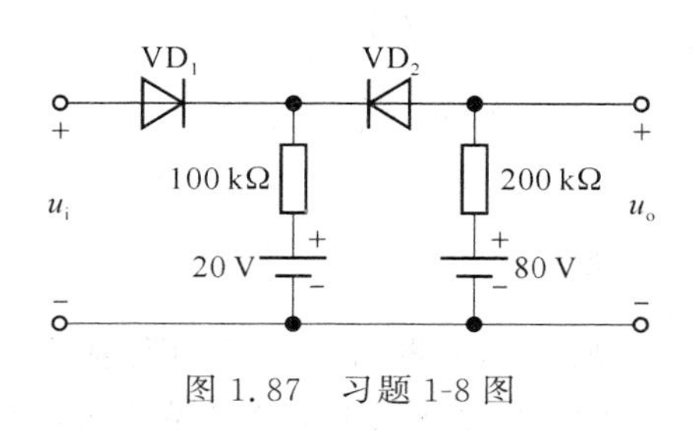

图 1.87　习题 1-8 图

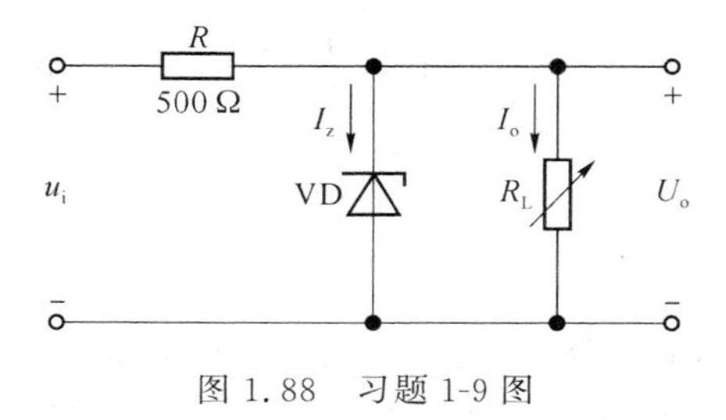

图 1.88　习题 1-9 图

（1）试计算流过稳压管的最大电流。

（2）试计算稳压管上的最大功耗。

（3）选取合适的稳压管型号。

1-10　两个双极型三极管：A 管的 $\beta=200$，$I_{CEO}=200\ \mu A$；B 管的 $\beta=50$，$I_{CEO}=50\ \mu A$，其他参数相同，应选用哪一个？为什么？

1-11　测得某放大电路中三极管的 3 个电极电位分别为①3.1 V、②6.8 V、③2.4 V。

（1）试判定此三极管的管型。

（2）分析①、②和③分别对应三极管的哪个电极？

（3）此三极管用的是硅材料还是锗材料？

1-12　图 1.89 所示为某放大三极管的电流流向和数值。

（1）此三极管是 NPN 型，还是 PNP 型？

（2）计算三极管的电流放大系数 β。

（3）引脚①对应三极管的发射极、集电极还是基极？

1-13　已知三极管的 $\beta=60$，在放大电路中测得 $I_C=8$ mA，求 I_B，I_E。

1-14　已知两个三极管的电流放大系数 β 分别为 50 和 100，现测得放大电路中这两个管子两个电极的电流，如图 1.90 所示。分别求另一电极的电流，标出其实际方向，并在圆圈中画出管子的符号。

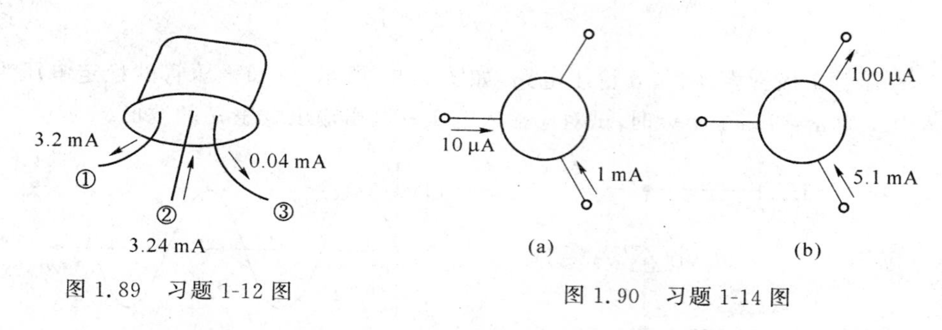

图 1.89　习题 1-12 图

图 1.90　习题 1-14 图

1-15　三极管工作在放大状态时，测得三个三极管的直流电位如图 1.91 所示。试判断各管子的引脚、管型和半导体材料。

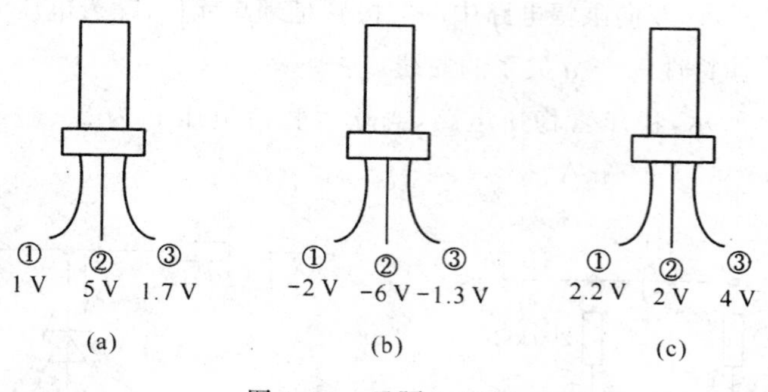

图 1.91　习题 1-15 图

1-16　三极管的每个电极对地的电位，如图 1.92 所示，试判断各三极管的发射结、集电结分别处于何种偏置状态？三极管处于何种工作状态？（NPN 型为硅管，PNP 型为锗管）。

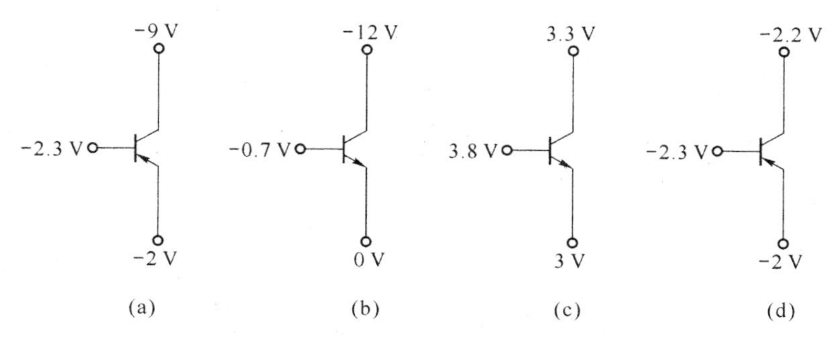

图 1.92　习题 1-16 图

1-17　测得电路中三极管的各极电位如图 1.93 所示，试判定各个三极管分别工作在截止、放大还是饱和状态？

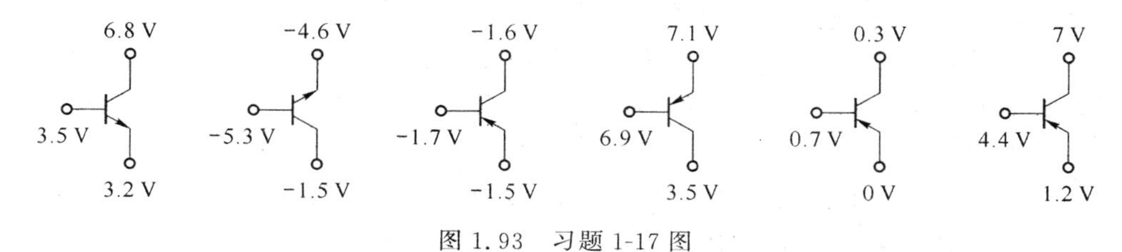

图 1.93　习题 1-17 图

1-18　图 1.94 所示为某场效应管输出特性，试求：

(1) 管子是什么类型的场效应管？

(2) 此场效应管的夹断电压约为多少？

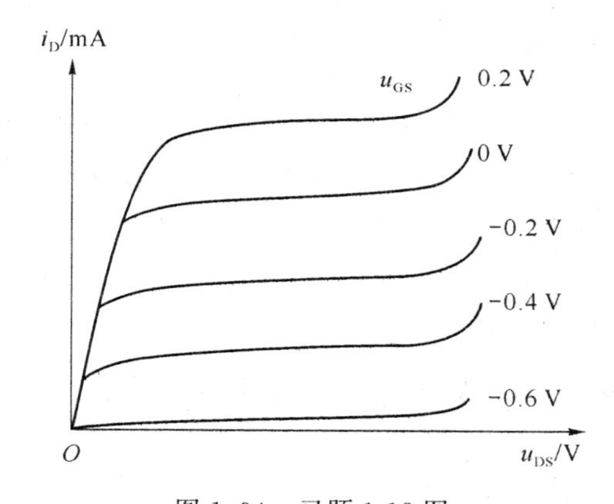

图 1.94　习题 1-18 图

1-19　一个结型场效应管的饱和漏极电流 I_{DSS} 为 4 mA，夹断电压 U_P 为－2.4 V。

(1) 试定性画出其转移特性。

(2) 此场效应管是 N 沟道管还是 P 沟道管？

第 2 章

放大电路及应用

本章导读：放大电路是模拟电子技术应用中最基本的内容，是构成各类模拟电子电路的基础。放大电路的主要功能是将电路中的小信号放大，以满足负载的需要。本章以基本共发射极放大电路为例，介绍放大电路的基本形式、组成、工作原理、性能指标以及常用的分析方法。由此引出其他形式的基本放大电路，如工作点稳定电路、共集电极电路、共基极电路等。并进一步介绍多极放大电路的基本原理、耦合方式、分析方法和放大电路的频率响应等内容。还介绍了另一种常用的基本放大电路——差动放大电路以及零点漂移的概念。实训内容包括：共发射极放大电路调测；静态工作点稳定电路调测；恒流源式差动放大电路调测；共集电极放大电路调测；两级阻容耦合放大电路调测；两级阻容耦合放大电路频率响应调测。

本章基本要求：掌握各种基本放大电路的构成及特点以及静态工作点的求解方法；会用微变等效电路分析法求解电压放大倍数、输入电阻和输出电阻；理解非线性失真的概念，会用图解分析法进行分析；掌握工作点稳定电路稳定工作点的原理；了解零点漂移的概念以及差动放大电路的工作原理；掌握通过实验电路对各类基本放大电路的静态和动态参数的调测方法；掌握多极放大电路的几种耦合方式及特点；理解放大电路频率响应以及上、下限频率和通频带的含义。

2.1 放大电路概述

2.1.1 放大电路的组成和工作原理

1. 放大电路的组成

共发射极放大电路简称共射放大电路，是最基本、使用较普遍的放大电路。这里以NPN型共射放大电路为例讨论放大电路的基本组成和工作原理。

图2.1所示为NPN型基本共射极放大电路的原理性电路示意，电路中各元件的作用如下。

(1) 三极管。三极管是放大电路的核心器件，利用它的电流放大作用来实现信号的放大。

(2) 交流输入信号 u_i 和输出信号 u_o。放大电路放大的是输入信号 u_i，它从放大电路的输入端(信号源)输入电路，经过电路的放大，产生输出信号 u_o，通过输出端提供给负载或下一级电路。

(3) 基极回路电源 U_{BB} 和基极偏置电阻 R_b。它们的作用是保证三极管的发射结正向偏置，并提供适当的偏置电流 I_B。R_b 的阻值通常较大，为几十千欧到几百千欧。

(4) 集电极直流电源 U_{CC}。U_{CC} 为集电极回路电源，一般在几伏到几十伏之间。它保证了三极管的集电结处于反偏状态。另外，U_{CC} 还为输出信号提供能量，是整个电路的能量来源。

(5) 集电极负载电阻 R_c。R_c 的作用是将三极管集电极电流的变化转为电压的变化输出，从而实现电压的放大。

(6) 隔直耦合电容 C_1 和 C_2。电路中 C_1 和 C_2 一般是几微法(μF)到几十微法的电解电容器。其作用是隔离直流电源产生直流电量，并通过信号源产生交流信号。

在实际的电路中，通常只使用一个直流电源。因此常把原理电路中的电源 U_{BB} 省去，将基极偏置电阻 R_b 直接接到电源 U_{CC} 上。即三极管的基极和集电极共用一个电源。图 2.2 所示为单电源 NPN 共射极放大电路示意。

另外，在放大电路中，通常把交流输入端 u_i、输出端 u_o 和直流电源 U_{CC} 的共同端点称为"地"，用"⊥"表示，作为零电位参考点(不一定真正接地)。这样电路中各点的电位指的就是该点与参考点之间的电压值。在画电路时，为了简化，常常省去直流电源的符号，只标出电源对"地"的电压数值和极性；输入、输出电压也可以用类似的方法表示，其中的"＋""－"分别表示各电压对"地"的参考方向，如图 2.2 所示。

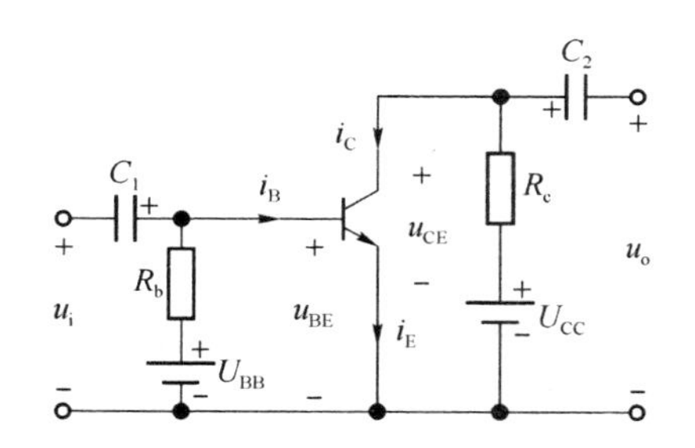

图 2.1　NPN 型基本共射极放大电路的原理性电路示意

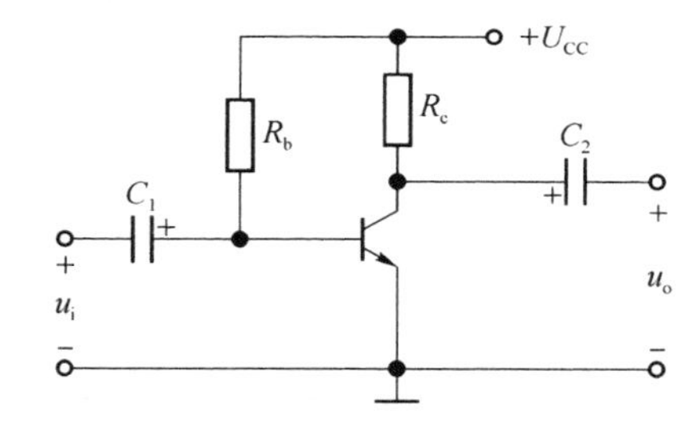

图 2.2　简化后的单电源共射极放大电路示意

2. 电压、电流符号的规定

图 2.2 所示的放大电路中既有直流电源 U_{CC}，又有交流信号 u_i，因此电路中的各个电量都包含直流量和交流量两部分。为了分析的方便，各分量的符号规定如下。

(1) 直流分量：用大写字母和大写下标表示，如 I_B 表示三极管基极的直流电流。

(2) 交流分量：用小写字母和小写下标表示，如 i_b 表示三极管基极的交流电流。

(3) 瞬时值：用小写字母和大写下标表示，它是直流分量和交流分量之和，如 i_B 表示三极管基极的瞬时电流值，有 $i_B=I_B+i_b$。

(4) 交流有效值：用大写字母和小写下标表示，如 I_b 表示三极管基极交流电流的有效值。

(5) 交流峰值:用交流有效值符号再增加小写 m 下标表示,如 I_{bm}表示三极管基极交流电流的峰值。

3. 放大电路实现信号放大的过程

当放大的交流信号 u_i加到放大电路的输入端,经 C_1交流耦合,输入信号 u_i加到三极管的发射结上。u_i的变化会引起基极电流 i_b的变化。因为三极管工作在放大状态,有 $i_c=\beta i_b$,即 i_b的变化会引起 i_c做相应的变化。i_c的变化通过电阻 R_c产生压降,最终转为电压的变化经 C_2交流耦合传送出去形成输出信号 u_o。

图 2.3 所示为放大电路实现信号放大的工作过程,其中每个坐标轴中阴影部分是输入交流信号 u_i的变化引起的三极管各电极电流和电压的变化量,即交流分量;而 I_{BQ}、I_{CQ}、U_{CEQ}是直流电源 U_{CC}为三极管所提供的各电极的直流电流和电压,即直流分量。

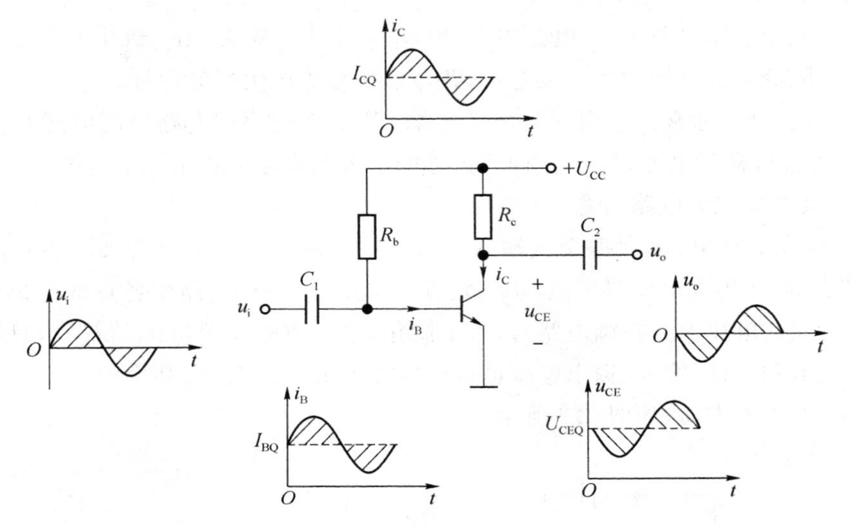

图 2.3 放大电路实现信号放大的工作过程

从电路图 2.3 可知,u_{CE}经 C_2耦合(隔直通交)之后得到输出电压 u_o,因此 u_o就是 u_{CE}的交流分量。由电压关系得 $u_{CE}=U_{CC}-i_cR_c$,则 $u_o=-i_cR_c=-\beta i_bR_c$,可见通过三极管的电流放大作用,输出电压可以为输入电压的许多倍,从而达到电压信号放大的目的。式中的负号代表经过电路的放大,输出信号和输入信号的相位相反。

假定输入电压 u_i为 50 mV 的正弦波,它引起的基极电流变化量 $i_b=20\ \mu A$,设三极管的 β为 100,集电极负载电阻 R_c为 2 kΩ,则有 $u_o=-i_cR_c=-\beta i_bR_c=-4$ V,即电压放大倍数为 80。可见共射放大电路是利用三极管的基极电流 i_B对集电极电流 i_C的控制作用来实现电压信号的放大,即用一个小的变化量去控制实现一个较大的变化量。

放大电路放大的实质是实现小信号对大信号的控制和转换作用。在这个过程中,被放大的是输入的交流信号 u_i;从能量的角度来说,电路中的直流电源 U_{CC}在放大过程中为输出信号 u_o提供能量。

4. 放大电路的组成原则

三极管具有放大、截止、饱和 3 种工作状态。在放大电路中,三极管实现的是其放大作用,因此必须工作在放大状态。以下是放大电路的组成原则。

(1) 发射结正偏，集电结反偏：外加直流电源 U_{CC} 的极性必须保证三极管的发射结正偏，集电结反偏。

(2) 要有交流输入回路：输入电压 u_i 要能引起三极管的基极电流 i_B 产生相应的变化。

(3) 要有交流输出回路：三极管集电极电流 i_C 的变化要尽可能地转为输出电压 u_o 的变化。

(4) 要有合适的静态工作点 Q：直流电源 U_{CC} 要为三极管提供合适的静态工作电流 I_{BQ}、I_{CQ} 和电压 U_{CEQ}，即电路要有一个合适的静态工作点 Q。

例题 2-1　如图 2.4 所示的放大电路，电路能否实现对正弦交流信号的正常放大？

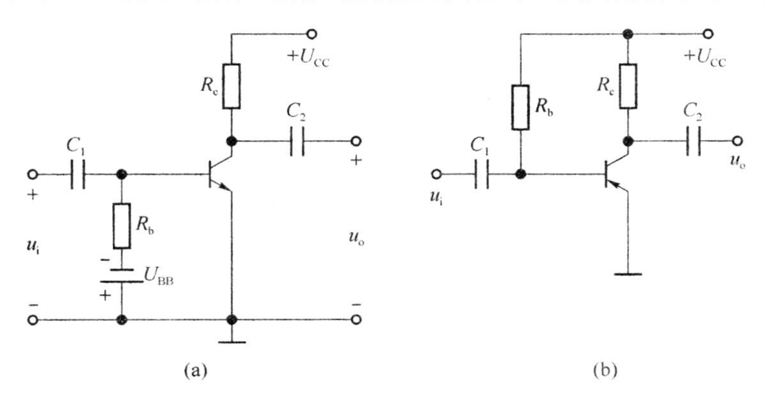

图 2.4　例题 2-1 电路

解　图 2.4(a)所示为 NPN 型共射放大电路。基极电源 U_{BB} 使得三极管的发射结反偏，三极管未能工作在放大区，因此电路不能对交流信号实现正常的放大。

图 2.4(b)所示为由 PNP 型三极管构成的放大电路。电路中电源 U_{CC} 的极性使三极管的发射结反偏、集电结正偏。因此该电路也不能对交流信号实现正常的放大。如果把电源 U_{CC} 的极性反过来，就可以实现对交流信号的正常放大。

2.1.2　放大电路的主要性能指标

1. 放大倍数 A_u、A_i

放大倍数是衡量放大电路对信号放大能力的主要技术参数，包括电压放大倍数 A_u 和电流放大倍数 A_i。

(1) 电压放大倍数 A_u

它是指放大电路输出电压与输入电压的比值，表示为

$$A_u = \frac{u_o}{u_i}$$

在单级放大电路中，A_u 为几十倍；在多级放大电路中，其值可以很大($10 \sim 10^6$)。工程上为了表示的方便，常用分贝(dB)来表示电压放大倍数，称为增益，即

$$|A_u|(\text{dB}) = 20\lg|A_u|(\text{dB})$$

例题 2-2　①如果一个放大电路的电压放大倍数为 100 倍，用分贝作单位，其电压增益为多少分贝？②若一个放大电路的电压增益为 60 dB，此放大电路的电压放大倍数为多少？

解　① 放大电路的电压增益为 40 dB。

② 放大电路的电压放大倍数为 1 000 倍。

(2) 电流放大倍数 A_i

它是指放大电路输出电流与输入电流的比值,表示为

$$A_i=\frac{i_o}{i_i}$$

2. 输入电阻 R_i

放大电路可以在信号的输入端等效成一个电阻,称为输入电阻 R_i,它等于输入电压和输入电流的比值,即

$$R_i=\frac{u_i}{i_i}$$

如图 2.5 所示,输入电阻也可以看成是信号源的负载电阻,若信号源的电压为 u_S,信号源内阻为 R_S,则实际加到放大电路上的输入电压值为 $u_i=\frac{R_i}{R_i+R_S}u_S$。因此,在信号源不变的情况下,输入电阻 R_i越大,放大电路从信号源得到的输入电压 u_i就越大。

3. 输出电阻 R_o

从放大电路的输出端看进去,放大电路内部相当于存在一个内阻为 R_o、电压大小为 u'_o的电压源,当负载电阻 R_L变化时,输出电压 u_o也相应变化,即此内阻即为放大电路的输出电阻 R_o,如图 2.6 所示。

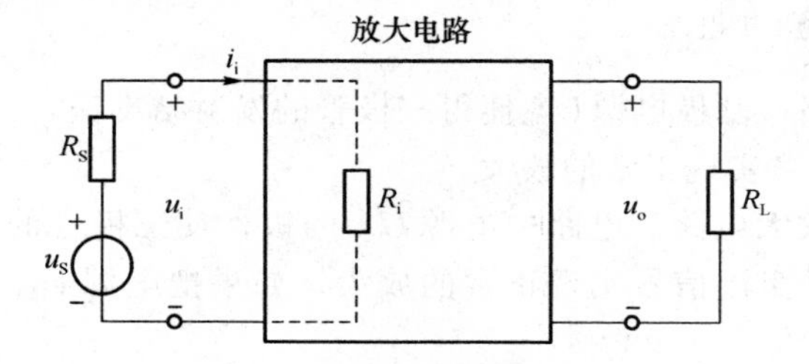

图 2.5　放大电路的输入电阻

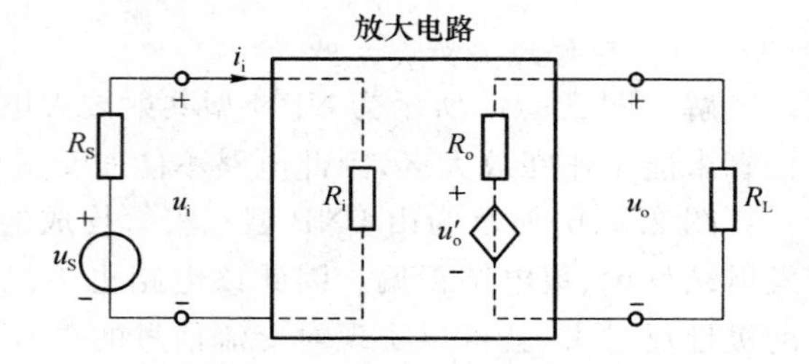

图 2.6　放大电路的输出电阻

R_o的计算有两种方法。

(1) 计算法(加压求流法):

$$R_o=\frac{u_t}{i_t}\bigg|_{\substack{u_S=0\\R_L=\infty}}$$

令负载开路($R_L=\infty$),信号源短路($u_S=0$),假设在放大电路的输出端加一测试电压 u_t,可计算出相应产生的电流值 i_t,两者的比值即为放大电路的输出电阻。图 2.7 所示为用计算法求解 R_o的等效电路图。

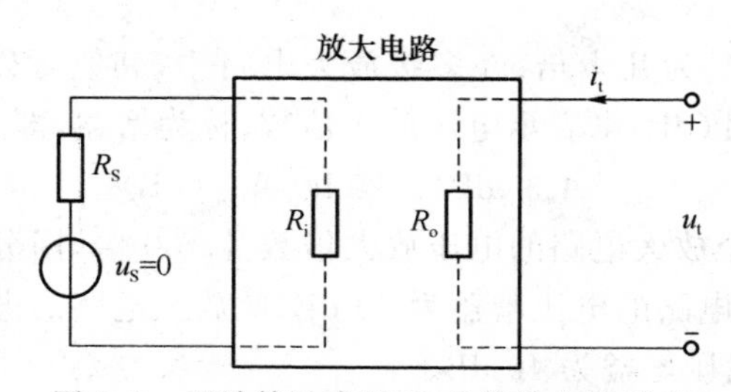

图 2.7　用计算法求解 R_o的等效电路示意

(2) 实验法。在实验中测定 R_o时，可以先断开负载，测出负载开路时的输出电压 u_o'；再测出有负载时的输出电压 u_o，结合负载 R_L的大小，计算出 R_o的值。

$$R_o=\left(\frac{u_o'}{u_o}-1\right)R_L$$

在放大电路中，输出电阻 R_o的大小决定了放大电路的带负载能力。R_o越小，放大电路的带负载能力越强，即放大电路的输出电压 u_o受负载的影响越小。

2.2　共发射极放大电路

三极管有 3 个电极，它在组成放大电路时便有 3 种连接方式，即放大电路的 3 种组态：共发射极、共集电极和共基极，如图 2.8 所示。

图 2.8(a)所示为从基极输入信号，从集电极输出信号，发射极作为输入信号和输出信号的公共端，即共发射极放大电路。

图 2.8(b)所示为从基极输入信号，从发射极输出信号，集电极作为输入信号和输出信号的公共端，即共集电极放大电路。

图 2.8(c)所示为从发射极输入信号，从集电极输出信号，基极作为输入信号和输出信号的公共端，即共基极放大电路。

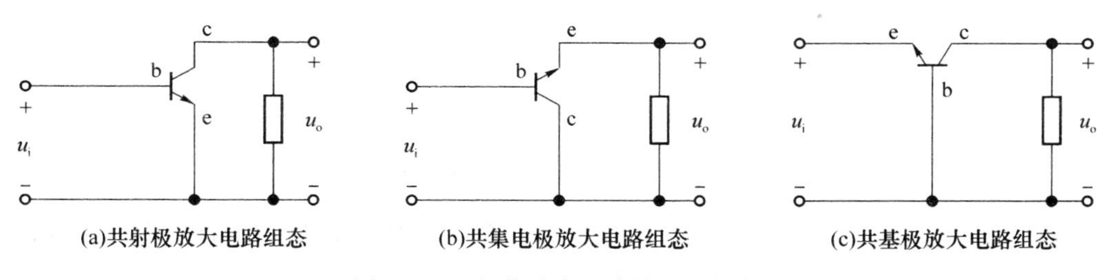

图 2.8　三极管放大电路的 3 种组态

本节继续以共发射极放大电路为例，介绍放大电路的一般分析方法。

2.2.1　共射放大电路

1. 共射放大电路的电路结构

共射放大电路是共发射极放大电路的简称，是三极管最重要的应用电路，既能放大信号电压，也能放大信号电流，信号的总功率能得到很大的提升。

共射放大电路如图 2.9 所示，图中电容 C_1和 C_2是隔离电容，用于防止直流电流流入信号源或者负载，电阻 R_1和 R_2为直流偏置电阻，用于确定三极管在输出特性曲线中的位置。

在电源电压不变的情况下，基极偏置电阻 R_1越大，I_B越小，三极管工作状态越靠近截止区；反之，则靠近饱和区。一般小信号放大时，I_B在微安到毫安的范围。集电极偏置电阻 R_2主要影响 u_{CE}的大小。一般而言，R_2越大，u_{CE}越小，越靠近饱和区。

2. 共射放大电路的分析方法

在三极管中有输入信号的交流量和电源的直流量两种分量混合，直接分析比较困难。在交流信号很小的情况下，在放大区局部小范围内，三极管特性曲线线性度较好，采用线性化分析方法能简化分析。线性化的分析可以采用叠加定理，分别分析交流信号源和直流电源单独作用时的效果，最终将两者的结果相叠加，就是交流信号源和直流电源共同作用的结果。

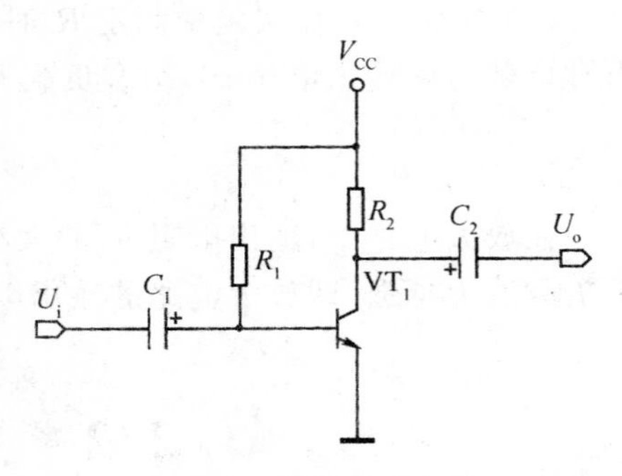

图 2.9　共射放大电路

因此，线性化分析的时候，可以将总电路图分别绘制出直流通路和交流通路两个电路图，直流通路仅考虑直流电源的作用，计算出的电压和电流被称为静态工作点，在表达式中一般加下标字母 Q；交流通路仅考虑交流信号源的作用，计算出的结果就是输出的交流信号电压、电流和放大倍数。静态工作点在总输出中占据中心位置，稳定不变，交流信号围绕着静态工作点发生波动变化，叠加定理的运用效果，如图 2.10 所示。

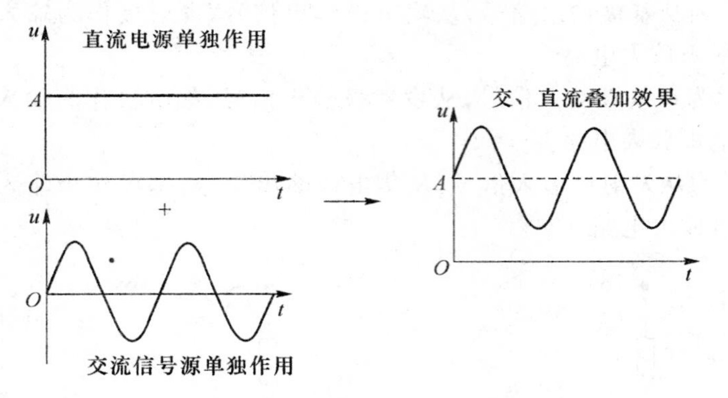

图 2.10　叠加定理的运用效果

包含信号源和负载的完整的共射放大电路，如图 2.11 所示，图中 V_1 为交流信号源，R_L 为负载电阻。在绘制直流通路时，所有电容都被视作断路(开路)，电感被视作短路，交流电流源被视作断路，交流电压源被视作短路。如果电感和交流电压源内有电阻，就需要保留电阻。其直流等效电路示意，如图 2.12 所示。

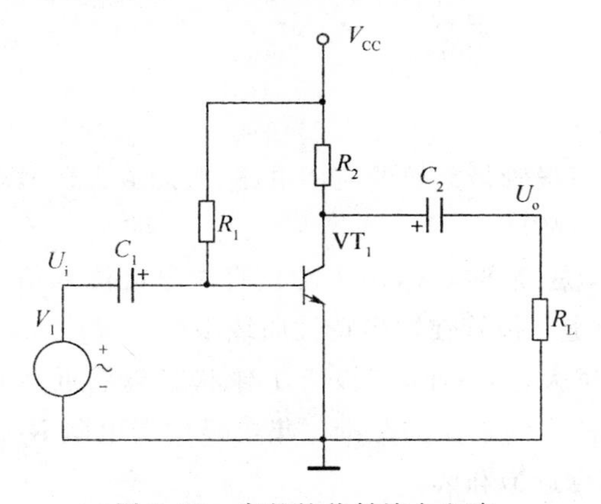

图 2.11　完整的共射放大电路

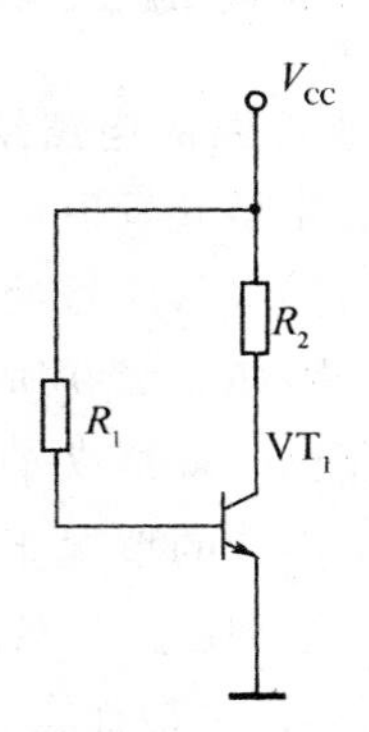

图 2.12　直流等效电路示意

直流等效电路非常简单，基极支路等于电阻 R_1 与三极管内部 PN 结串联，三极管内部 PN 结可以按照二极管计算，硅管导通时压降基本稳定在 0.5～0.7 V，这样基极电流为

$$I_{BQ}=\frac{V_{CC}-0.7}{R_1}$$

式中，用下标 Q 表示静态工作点。

集电极电流为

$$I_{CQ}=\beta I_{BQ}$$

集电极和发射极之间的电压为

$$U_{CEQ}=V_{CC}-I_{CQ}R_2$$

在绘制交流通路时，所有大电容都被视作短路，大电感被视作断路，直流电流源被视作断路，直流电压源被视作短路，凡是两端电压恒定的器件都被视作短路。例如，稳压状态的稳压管也需要视为短路。如果电容和电感大小恰巧在工作频率具有一定阻抗，就需要保留。交流等效电路示意，如图 2.13 所示。

整理后的交流等效电路，如图 2.14 所示。

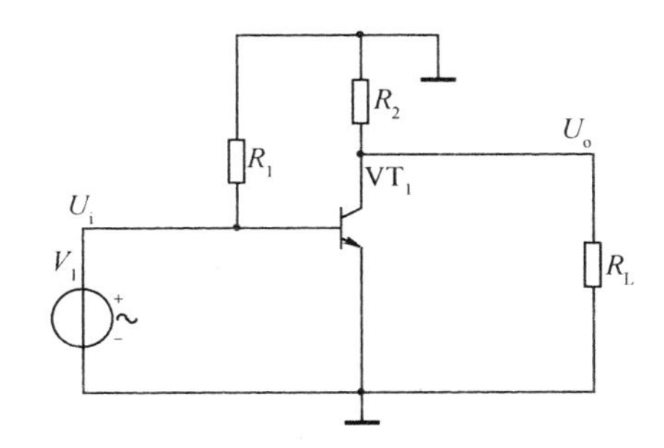

图 2.13　交流等效电路示意

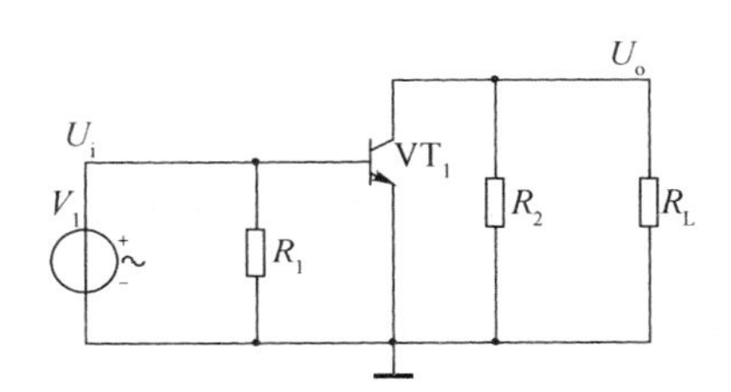

图 2.14　整理后的交流等效电路

分别绘制直流等效电路和交流等效电路将有利于后续的分析计算。对于小信号，尤其是频率较高的小信号比较适合使用微变等效法进行计算，对于低频大信号更适合使用图解法进行分析。

3. 微变等效法

微变等效法是在信号特别小的情况下，三极管满足线性工作条件，对三极管进行等效变换，以便于分析电路的工作原理。对三极管等效变换的方法有很多种，在频率不太高的场合常采用简化 h 参数法。简化的 h 参数法将三极管基极和发射极之间等效为一个电阻 r_{be}，流过 r_{be} 的电流为 i_b，将集电极和发射极之间等效为一个受控电流源 βi_b，基极和集电极之间等效开路，如图 2.15 所示。

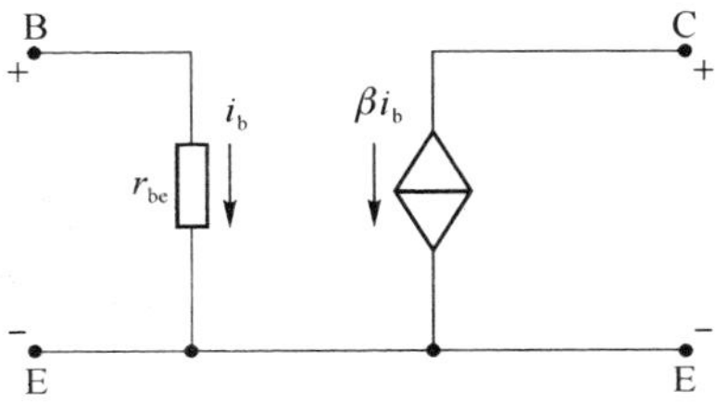

图 2.15　三极管简化 h 参数模型

在图 2.15 所示中，r_{be} 为三极管基极和发射极之间的等效动态电阻。在常温下，其计算公式可简化为

$$r_{be}=300+(1+\beta)\frac{26\ \text{mV}}{I_{EQ}}\ \Omega$$

式中，I_{EQ} 是三极管发射极的直流电流，代入公式的时候需要以毫安为单位，计算出的 r_{be} 单位是欧姆。

在图 2.14 所示中，三极管用微变等效模型代替后，得到共射放大电路的微变等效电路，如图 2.16所示。

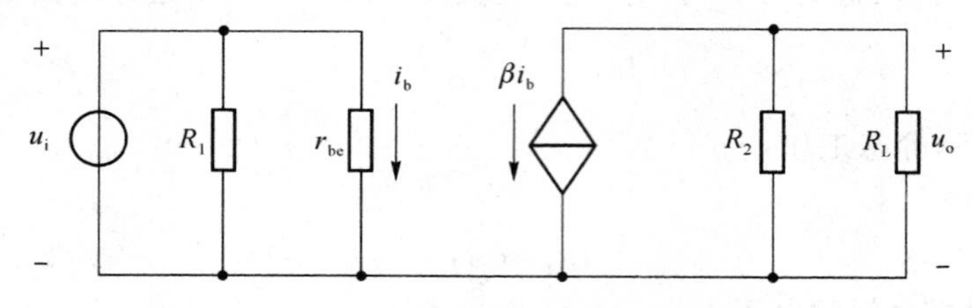

图 2.16　共射放大电路的微变等效电路

该电路输入信号有

$$u_i = r_{be} i_b$$

输出信号有

$$u_o = -\beta i_b R'_L$$

式中，R'_L为 R_2 和 R_L 的并联等效电阻

$$R'_L = \frac{R_2 R_L}{R_2 + R_L}$$

所以

$$A_u = \frac{u_o}{u_i} = -\beta \frac{R'_L}{r_{be}}$$

因为 r_{be} 中包括直流量 I_{EQ}，所以该放大倍数大小与直流量有关。式中的负号表示输出信号与输入信号反相。

由于

$$I_{CQ} = \beta I_{BQ}$$
$$I_{EQ} = I_{BQ} + I_{CQ}$$

所以

$$I_{EQ} = (1+\beta) I_{BQ}$$

在计算电压放大倍数时，需要先计算直流 I_{BQ}，得到 I_{EQ}后才能计算 r_{be}，最后才能计算出电压放大倍数。

该电路的输入电阻等于 R_1 和 r_{be} 并联，约等于 r_{be}。输出电阻等于 R_2。

共射放大电路的输入信号波形和输出信号波形对比如图 2.17 所示。图中上面的波形为输入信号波形，下面的波形为输出信号波形，两者反相，输出比输入大约 50 倍。

共射放大电路的电流放大倍数也很大，集电极电流是基极电流的 β 倍，由集电极电阻和负载电阻进行分流，如果集电极电阻等于负载电阻，那么电流放大倍数能达到 β 的一半，负载阻值比集电极电阻小得越多，分得的电流越多，电流放大倍数也就越大。

结合电流放大倍数和电压放大倍数可知，共射放大电路的功率放大倍数还是很大的。

4. 图解法

图解法的思想根源和微变等效法的思想根源是相同的，即电路中的电压和电流既要满足电路回路方程（基尔霍夫电压定律、电流定律），又要满足元器件自身的特性方程，两种方法都是对这两个方程的联立求解。不同的是，微变等效是用计算的方法，图解法用的是绘图的方法。微变等效法用于小信号放大，图解法既能用于小信号放大，也能用于大信号放大。

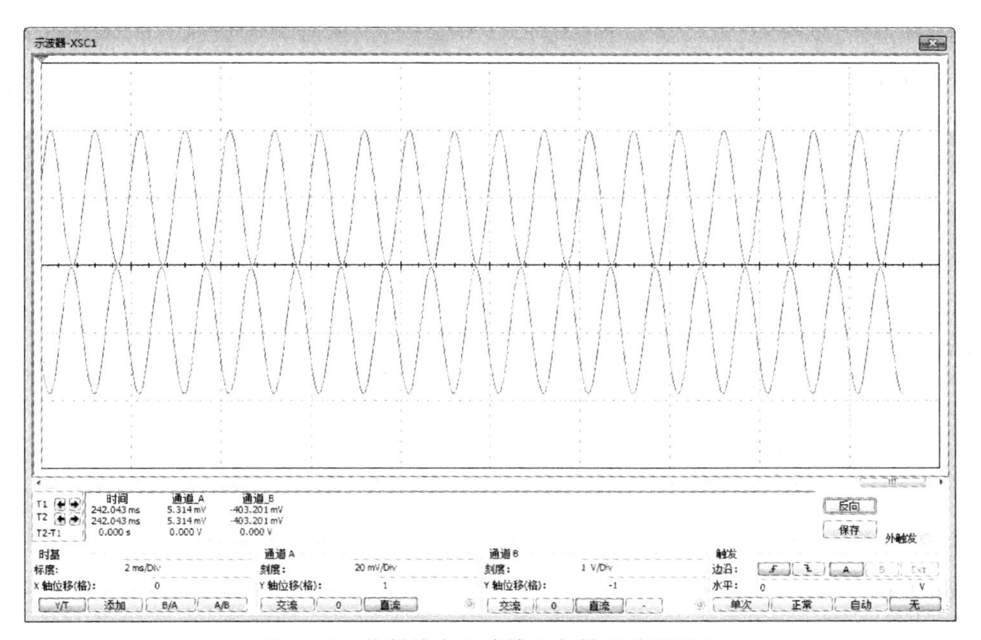

图 2.17　共射放大电路输入与输出波形对比

计算的方法优点是精确，前提是有很好的数学模型对实际情况进行拟合，有时候很难得到精准的数学模型，就难以采用计算的方法。比如，三极管在输出特性曲线不同的位置具有不同的电流放大系数，信号幅度很大时，信号在一个周期内电流放大系数就会变化很多，而这种电流放大系数的变化难以用数学模型精确描述。计算机辅助设计极大地减轻了计算工作量，使得很多复杂的数学模型被运用到电路计算中，扩展了计算方法的应用范围。

绘图的方法精度不高，精度依赖于原始数据和作图工具，优点是比较直观，常用于定性分析。

图解法先写出输入方程，将输入方程绘制到输入特性曲线图中去，取两条曲线的交叉点，即为输入静态工作点 I_{BQ} 和 U_{BEQ}，也就是回路方程和器件特性方程的联立解。根据输入特性曲线交叉点的电流 I_{BQ}，找到输出特性曲线，在输出特性曲线图中绘制输出回路的回路方程，求两者的交叉点，即为输出静态工作点 I_{CQ} 和 U_{CEQ}。

以图 2.18 为例，输入回路方程

$$V_{CC} = I_{BQ} R_1 + U_{BEQ}$$

该方程为一条直线，只需求出其在横坐标轴和纵坐标的交点，再用直线连接即可。

令 $U_{BEQ} = 0$ 可得

$$I_{BQ} = \frac{V_{CC}}{R_1}$$

令 $I_{BQ} = 0$ 可得

$$U_{BEQ} = V_{CC}$$

绘制的该直线如图 2.18 中输入回路负载线所示。输入回路负载线与三极管输入伏安特性曲线的交点 Q 即为静态工作点，对应的 U_{BEQ} 和 I_{BQ} 即为此时三极管中的直流电压和直流电流。电源电压 V_{CC} 变化时将导致负载线位置变化，Q 点将沿三极管特性曲线随之移动。

仍以图 2.18 为例，输出回路方程

$$V_{CC} = I_{CQ} R_2 + U_{CEQ}$$

该方程也是一条直线，绘制方法与输入回路方程一样，绘制在三极管输出特性曲线图中，如图 2.19 中直流负载线所示。输出负载线与 I_{BQ} 对应的三极管输出伏安特性曲线的交点 Q 即为输出静态工作点，对应的 U_{CEQ} 和 I_{CQ} 即为此时三极管中的直流电压和直流电流。

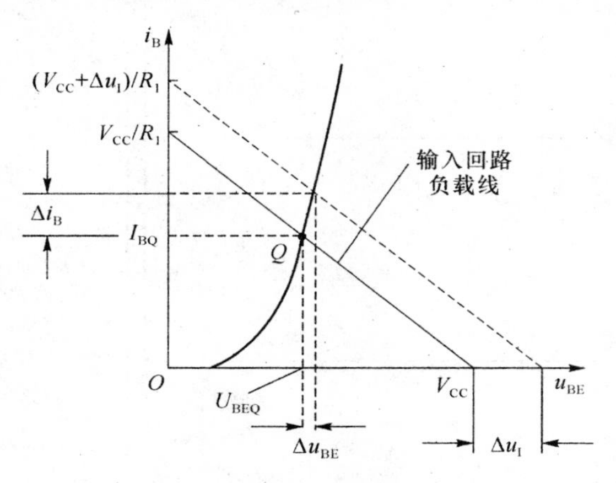

图 2.18　求解输入静态工作点

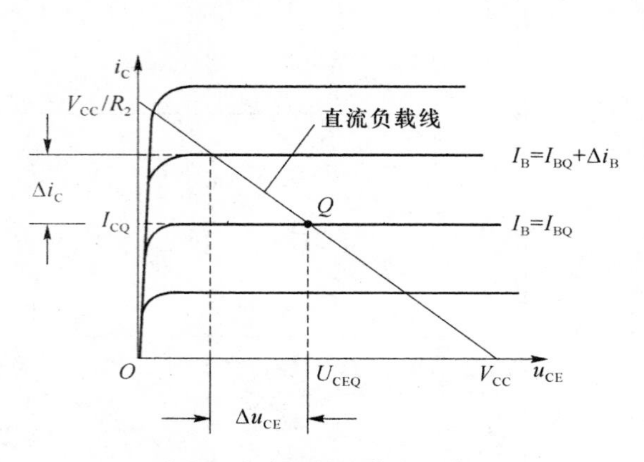

图 2.19　求解输出静态工作点

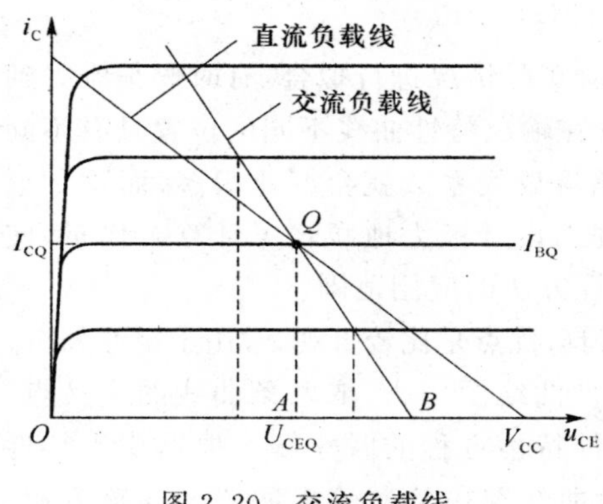

图 2.20　交流负载线

直流通路分析完毕后就要分析交流通路了。交流信号源的电压加在三极管基极与发射极之间，随着信号电压瞬时幅度的变化，电流按照三极管输入特性曲线在 Q 点附近变化。

输出端复杂一些，交流负载与直流负载不同，直流负载只有 R_2 一个电阻，直流负载线的斜率为 $-1/R_2$，而交流负载由 R_2 和 R_L 并联作为负载电阻，交流负载线的斜率为 $-1/R_L'$，因此，交流负载线要更陡峭一些，同时，交流负载线显然也要过 Q 点，绘制出的交流负载线如图 2.20 所示。随着输入信号瞬时值的大小变化，输出的交流信号随之沿着交流负载线在静态工作点附近变化。

交流信号的动态分析如图 2.21 所示，其中(a)为输入分析，(b)为输出分析。

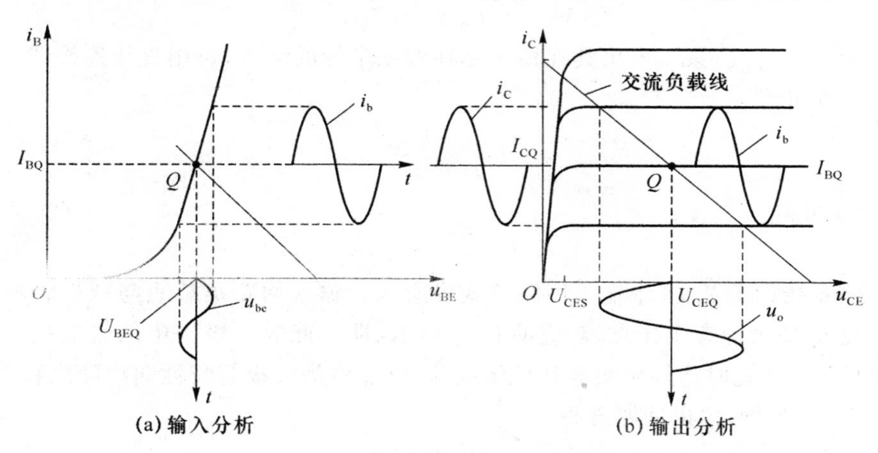

图 2.21　交流信号的动态分析

用图解法便于定性分析大信号情况下的失真情况，如图 2.22 所示。静态工作点过于靠近饱和区将容易造成输出信号波形底部失真，称为饱和失真；静态工作点过于靠近截止区将容易造成输出信号顶部失真，称为截止失真。若静态工作点距离截止区和饱和区等距离，则将得到最大的不失真动态范围。

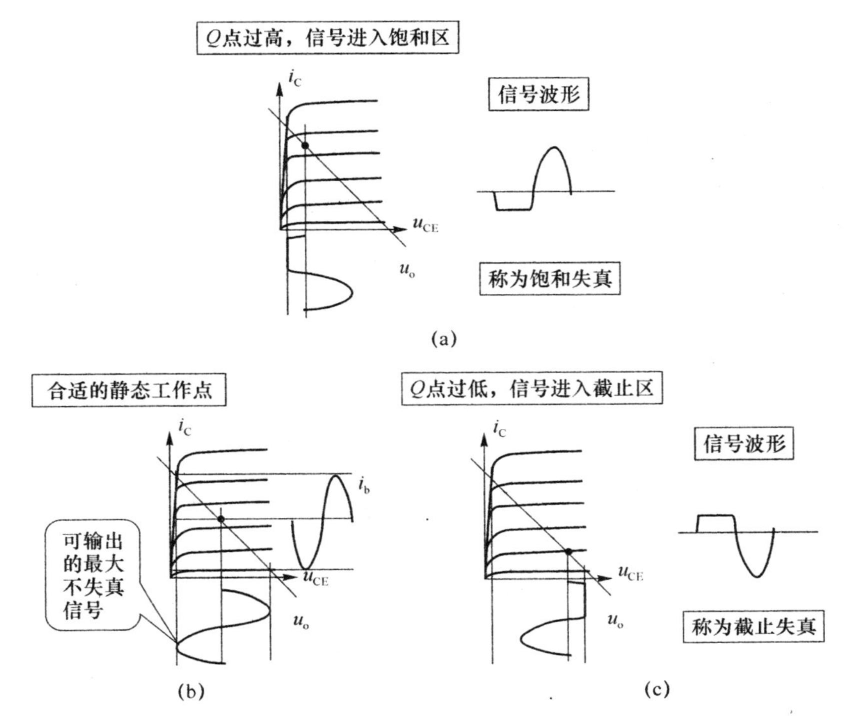

图 2.22　失真分析

5. 稳定静态工作点的共射放大电路

温度变化对三极管的工作状态有比较大的影响，如图 2.23 所示，温度升高会引起三极管参数的变化（I_{CEO}↑，β↑，U_{BE}↓），最终导致 I_C 升高。因为电路工作时三极管会发热，所以，即使静态工作点选得很好，也会因温度 T↑→I_{CQ}↑→Q 点上移→饱和失真。

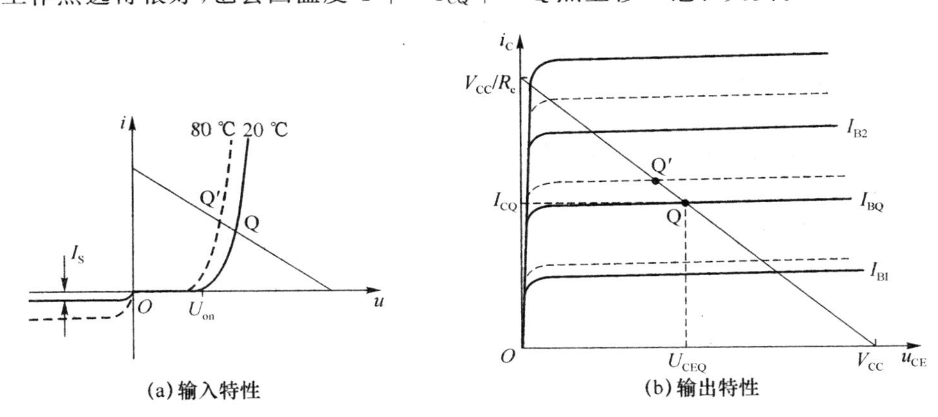

图 2.23　温度上升对静态工作点的影响

稳定静态工作点常采用直流负反馈的方法，电路如图 2.24 所示。

在图 2.24 所示中，V_1为信号源，R_S为信号源内阻；C_1和 C_2为耦合电容，为交流信号提供通路，阻断直流电流；R_{b1}、R_{b2}、R_c和 R_e构成三极管的直流偏置电路，使三极管工作在合适的静态工作点；C_e为旁路电容，C_e与 R_e并联，C_e的交流阻抗远小于 R_e，使交流电流和直流电流分两路走，交流信号从三极管发射极通过 C_e流入接地点，避免交流信号流经 R_e，R_e上只有直流电流；R_L为负载。

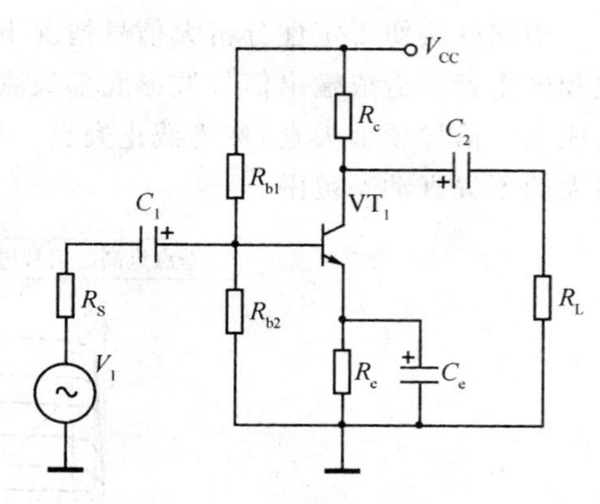

图 2.24　稳定静态工作点的共射放大电路

图 2.24 的直流等效电路如图 2.25(a)所示，交流等效电路如图 2.25(b)所示。

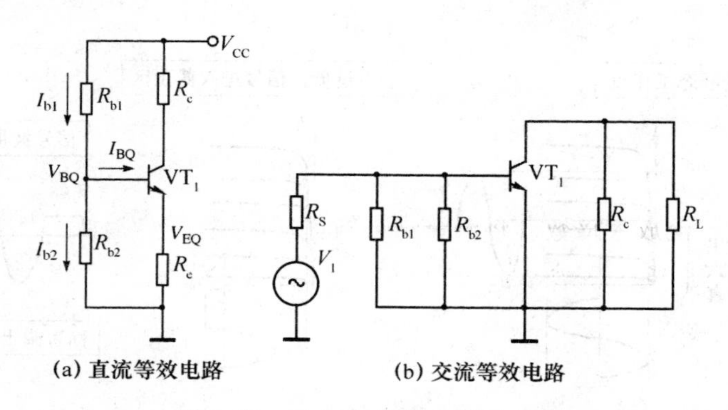

图 2.25　图 2.24 所示的等效电路

在直流等效电路中

$$I_{b1} = I_{BQ} + I_{b2}$$

通常，I_{BQ}很小，可忽略不计；V_{BQ}相当于 R_{b1}和 R_{b2}串联分压，即

$$V_{BQ} = \frac{R_{b2}}{R_{b1} + R_{b2}} V_{CC}$$

由于电阻很少受温度影响，所以 V_{BQ}基本不受温度影响，比较稳定。

当温度升高导致 I_{BQ}、I_{CQ}和 I_{EQ}增大时，会导致 V_{EQ}升高，由于 V_{BQ}稳定，所以 V_{EQ}升高直接导致三极管 U_{BEQ}降低，从而减小了 I_{BQ}，由于 I_{CQ}和 I_{BQ}呈正比关系，所以 I_{CQ}也得到了降低，实现了负反馈，降低了温度对静态工作点的影响。

R_e是负反馈的采样元件，该负反馈为直流电流串联负反馈。交流信号不经过 R_e，所以该负反馈对交流信号不起作用。

实际操作 1：共射放大电路的仿真

(1) 用 Multisim 软件绘制电路图，如图 2.26 所示。图中 V_1和 R_S可以用函数发生器代替。

(2) 将运行仿真，用示波器观察波形，比较输出波形与输入波形的关系。用万用表或示波器测量电路的电压放大倍数。

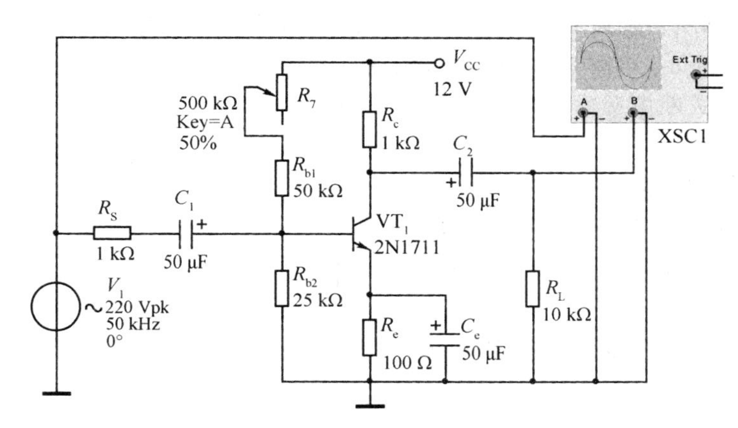

图 2.26　共射放大电路仿真

(3) 调整电位器 R_7，观察波形变化，测量电压放大倍数。

(4) 在电容 C_1 和三极管基极之间串联万用表，同时在电容 C_2 和负载 R_L 之间也串联万用表，将这两个万用表都打到交流电流挡，分别测量输入信号电流和负载上的输出信号电流，并计算电流放大倍数。

(5) 将 R_c 改为 5 kΩ，R_L 改为 1 kΩ，再次调整电位器 R_7，使电压放大倍数尽量大，测量电压放大倍数，同时测量电流放大倍数。将测量结果与前面的测量结果对比。

(6) 增大输入信号，观察失真情况，改变各电阻的阻值，观察各电阻对失真的影响。

(7) 改变电源电压，观察电源电压对放大电路的影响。

(8) 用波特测试仪测量系统带宽。

2.2.2　实验项目二：共射放大电路调测

1. 实验目的

(1) 熟悉电子元器件和模拟电路实验箱；

(2) 掌握放大电路静态工作点的调试方法及其对放大电路性能的影响；

(3) 学习测量放大电路 Q 点、A_u 的方法，了解共射放大电路的特性；

(4) 学习共射放大电路的动态性能。

2. 实验设备

(1) 数字双踪示波器；

(2) 数字万用表；

(3) 信号发生器；

(4) TPE-A5 Ⅱ 型模拟电路实验箱。

3. 预习要求

(1) 共射放大电路的工作原理；

(2) 共射放大电路静态和动态的测量方法。

4. 实验内容及步骤

(1) 装接电路与简单测量。装接电路原理示意如图 2.27 所示。如三极管为 9013，放大倍数 β 一般在 150 以上。

① 用万用表判断实验箱上三极管 VT 的极性及其好坏，电解电容 C 的极性及其好坏。

② 按图 2.27 所示，连接电路（注意：接线前先测量 +12 V 电源，关断电源后再连线），将 R_P 的阻值调到最大位置。

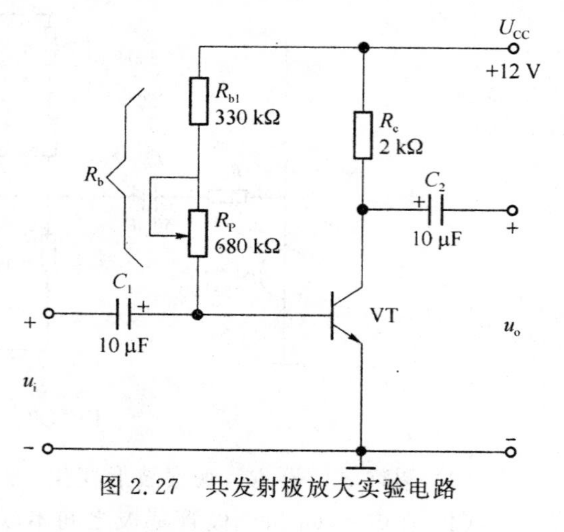

图 2.27 共发射极放大实验电路

（2）静态测量与调整。

① 接线完毕仔细检查，确认无误后接通电源。调节电位器 R_P 的值，使 $U_{CEQ}=U_{CC}/2$（用万用表测量）。

② 关断电源，用万用表测量出 $R_{b1}+R_P$，分别计算出 I_{BQ}，I_{CQ}，即

$$I_{BQ}=\frac{U_{CC}-U_{BEQ}}{R_b}$$

$$I_{CQ}=\beta I_{BQ}=\frac{U_{CC}-U_{CEQ}}{R_c}=\frac{U_{CC}}{2R_c}$$

注意：I_{BQ} 和 I_{CQ} 一般可用间接测量法计算得出，即通过用万用表测 U_{CEQ} 和 U_{BEQ}，根据 R_c 和 R_b 的值计算出 I_{BQ} 和 I_{CQ}。此法虽不直观，但操作较简单。

③ 计算并填写记录表，如表 2.1 所示。

表 2.1 静态测量数据记录

测量值				计算结果		
U_{BEQ}/V	U_{CEQ}/V	R_b/kΩ	R_c/kΩ	I_{BQ}/μA	I_{CQ}/mA	β

（3）动态测量与调整。

① 按图 2.27 所示连接电路。

② 用信号发生器产生频率为 1 kHz、幅值为 10 mV 的正弦波 u_i，并用示波器测量。

③ 将信号发生器产生的信号接至放大电路的输入端，用示波器观察 u_i 和 u_o 波形，并比较幅值和相位。

④ 信号源频率不变，逐渐加大 u_i 幅度，观察 u_o 不失真时的最大值并填写记录表，如表 2.2 所示。分析图 2.27 的交流等效电路模型，由下述几个公式进行计算：

$$r_{be}\approx 200+(1+\beta)\frac{26\ \text{mV}}{I_{EQ}},\quad A_u=-\beta\frac{R_L /\!/ R_c}{r_{be}},\quad R_i=R_b /\!/ r_{be},\quad R_o=R_c$$

表 2.2 动态测量数据记录

给定参数		实测		实测计算	估算
R_c/kΩ	R_L/kΩ	u_i/mV	u_o/V	A_u	A_u
2	∞	10			
2	2.2	10			

⑤ $u_i=10$ mV，$R_c=5.1$ kΩ，不加 R_L 时，如电位器 R_P 调节范围不够，可改变 R_{b1}，增大或减小 R_P，观察 u_o 波形变化，若失真，以致观察不明显，则可增大 u_i 的幅值（>10 mV），并重测，将

测量结果填写入记录表中，如表 2.3 所示。

表 2.3　失真波形数据记录

R_P	U_b	U_c	U_e	输出波形情况
最大				完全截止，无输出
合适				无失真波形
最小				饱和失真(波形下半周切割失真)

5. 实验报告要求

(1) 绘出实验原理电路图，标明实验的元件参数。

(2) 注明所完成的实验内容，简述相应的基本结论。

(3) 选择在实验中感受最深的一个实验内容，完成共射放大电路调测实验报告，如表 2.4 所示，并从实验中得出基本结论。

表 2.4　模拟电子技术实验报告三：共射放大电路调测

<table>
<tr><td colspan="2">实验地点</td><td colspan="2"></td><td>时间</td><td></td><td>实验成绩</td><td></td></tr>
<tr><td>班级</td><td></td><td>姓名</td><td></td><td>学号</td><td></td><td>同组姓名</td><td></td></tr>
<tr><td colspan="2">实验目的</td><td colspan="6"></td></tr>
<tr><td colspan="2">实验设备</td><td colspan="6"></td></tr>
<tr><td colspan="2" rowspan="2">实验内容</td><td colspan="6">1. 画出实验电路原理图</td></tr>
<tr><td colspan="6"></td></tr>
</table>

续 表

实验内容

2. 静态测量与调整

$U_{CEQ}=U_{CC}/2$ 时，分别计算出 I_{BQ}，I_{CQ}。

测量值				计算结果		
U_{BEQ}/V	U_{CEQ}/V	U_{BEQ}/V	U_{CEQ}/V	U_{BEQ}/V	U_{CEQ}/V	U_{BEQ}/V

3. 动态测量与调整

给定参数		实测		实测计算	估算
R_c	R_L	u_i/mV	u_o/V	A_u	A_u
2 kΩ	∞	10			
2 kΩ	2.2 kΩ	10			

4. 失真波形测量

R_P	U_b	U_c	U_e	输出波形情况
最大				完全截止，无输出
合适				无失真波形
最小				饱和失真(波形下半周切割失真)

5. 画出截止失真和饱和失真波形

实验过程中遇到的问题及解决方法

实验体会与总结

指导教师评语

2.3　静态工作点稳定电路

前面的分析表明 Q 点的选取非常重要，它直接影响放大电路的工作性能。若 Q 点选取不合理，会造成非线性失真、减小动态输出幅度 U_{om} 等情况。选取合适的 Q 点并保持其稳定是放大电路正常工作的前提。

2.3.1　温度变化对静态工作点的影响

影响静态工作点 Q 的因素有很多，如电源波动、偏置电阻的变化、管子的更换、元件的老化等，不过最主要的影响则是环境温度的变化。三极管是一个对温度非常敏感的器件，随温度的变化，三极管参数会受到影响，具体表现在以下几个方面。

1. 温度升高，三极管的电流放大系数增大

实验表明，随温度升高，β 上升。温度每升高 10℃，β 增大 0.5%～1%。

2. 温度升高，在相同基极电流 I_B 的情况下，U_{BE} 减小

三极管的输入端具有负的温度特性。温度每升高 1℃，U_{BE} 大约减小 2.2 mV。

3. 温度升高，三极管的反向电流增大

温度升高时，反向电流 I_{CBO}、I_{CEO} 增大。温度每升高 10℃，I_{CBO} 和 I_{CEO} 就增大约 1 倍。

当环境温度变化时，以上各参量都会随着变化，导致电路的 Q 点不稳定。在前面介绍的固定偏置电路中，电路结构简单，但是 Q 点受温度的影响比较大，稳定性较差，因此实际应用中较少使用，通常选用的是静态工作点稳定电路。

2.3.2　静态工作点稳定电路的组成及工作过程

1. 静态工作点稳定电路的组成

图 2.28 所示为工作点稳定电路。电路中 R_{b1}、R_{b2} 分别为上、下偏置电阻，取代固定偏置电路中的 R_b；R_e 为发射极电阻；C_e 是射极旁路电容，通交流，隔直流。其余元件和固定偏置电路一样。

三极管的基极偏置电压 U_B 由 R_{b1}、R_{b2} 分压提供，此电路又称为分压偏置式静态工作点稳定电路。

2. 静态工作点稳定电路的工作过程

(1) 基极偏置电压 U_B 的稳定。在图 2.28 所示电路中，一般有 $I_1 \gg I_{BQ}$，R_{b1} 和 R_{b2} 可近似看成是串联，在静态时：

$$U_B \approx \frac{R_{b2}}{R_{b1}+R_{b2}} U_{CC}$$

由此可见，当 U_{CC}、R_{b1}、R_{b2} 确定后，U_B 也就基本确定，不受温度影响。

(2) 若温度上升，使三极管的集电极电流 I_C 增大，则发射极电流 I_E 也增大，I_E 在发射极电阻 R_e 上产生的压降 $U_E = I_E R_e$ 增大。

(3) 由于 U_B 基本不变，U_E 增大，三极管发射结电压 $U_{BE} = U_B - U_E$ 减小，从而使基极电流 I_B 减小，又导致 I_C 减小。最终使 I_C 基本稳定，达到稳定 Q 点的目的。其工作过程可描述为

$$\text{温度 } T\uparrow \to I_C\uparrow \to I_E\uparrow \to U_E\uparrow \to U_{BE}\downarrow \to I_B\downarrow \to I_C\downarrow$$

这里利用输出电流 I_C 的变化，通过电阻 R_e 上的压降 U_E 送回到三极管的基极和发射极回路来控制电压 U_{BE}，从而又来牵制输出电流 I_C 的措施称为反馈。这种反馈使输出信号 I_C 减弱，因此又称负反馈（有关反馈的概念详见本书第 3 章）。

分压偏置式放大电路具有稳定 Q 点的作用，在实际电路中应用广泛。通常为保证 Q 点的稳定，要求电路的 $I_1 \gg I_{BQ}$。一般对于硅材料的三极管，$I_1=(5\sim10)I_{BQ}$。

2.3.3 静态工作点稳定电路的分析

1. 静态工作点 Q 的计算

图 2.29 所示为分压偏置式静态工作点稳定电路的直流通路，由此直流通路可计算其静态工作点 Q 的值。

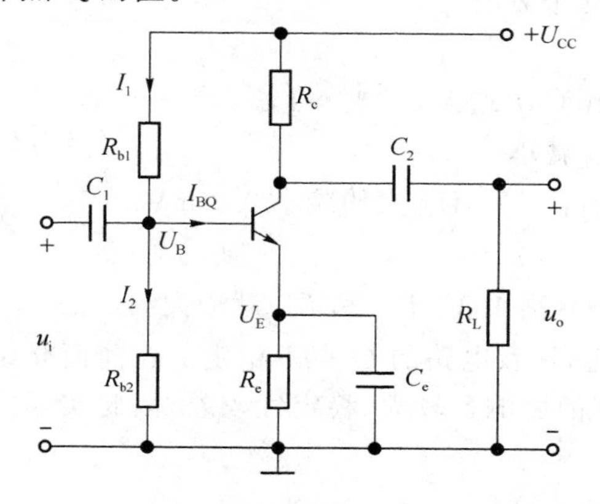

图 2.28 分压偏置式静态工作点稳定电路

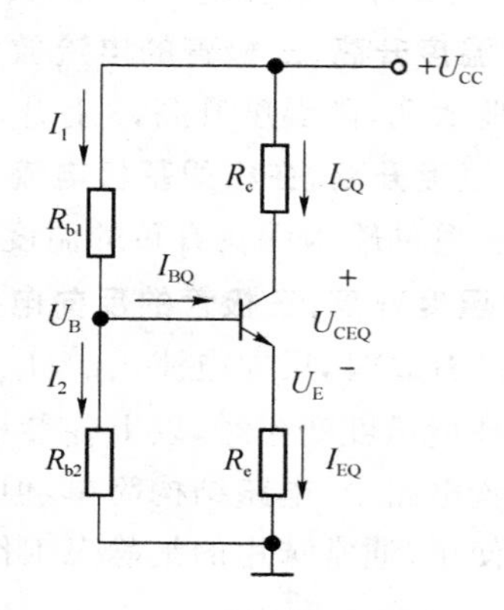

图 2.29 稳定电路的直流通路

输入回路方程：

$$U_B = U_{BEQ} + I_{EQ}R_e$$

输出回路方程：

$$U_{CC} = I_{CQ}R_c + U_{CEQ} + I_{EQ}R_e$$

三极管的电流分配关系：

$$I_{CQ} = \beta I_{BQ}$$

$$I_{EQ} = I_{BQ} + I_{CQ}$$

综上可得

$$\left.\begin{aligned} U_B &\approx \frac{R_{b2}}{R_{b1}+R_{b2}}U_{CC} \\ I_{CQ} &\approx I_{EQ} = \frac{U_B - U_{BEQ}}{R_e} \\ I_{BQ} &= \frac{I_{CQ}}{\beta} \\ U_{CEQ} &\approx U_{CC} - I_{CQ}(R_c + R_e) \end{aligned}\right\} \tag{2-5}$$

2. 动态参数的分析

图 2.30(a)所示为工作点稳定电路的交流通路，图 2.30(b)所示为其微变等效电路。因为

旁路电容 C_e 的交流短路作用，电阻 R_e 被短路掉。根据电路的 Q 点，可求出交流电阻 r_{be}。

$$r_{be}=200\ \Omega+(1+\beta)\frac{26\ \text{mV}}{I_{EQ}}$$

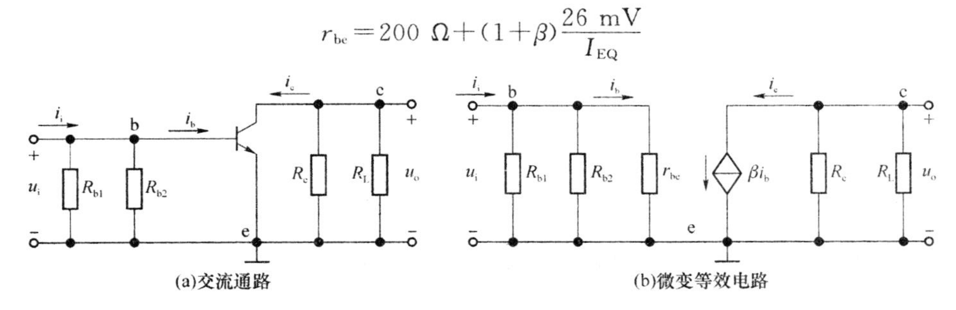

(a)交流通路　　(b)微变等效电路

图 2.30　静态工作点稳定电路的交流通路

3. 动态参数 A_u、R_i、R_o

由图 2.30(b)所示微变等效电路可求得

$$\left.\begin{aligned}&u_i=i_b r_{be},\quad u_o=-\beta i_b R_c /\!/ R_L\\&A_u=-\frac{\beta R_c /\!/ R_L}{r_{be}}\\&R_i=R_{b1} /\!/ R_{b2} /\!/ r_{be}\\&R_o\approx R_c\end{aligned}\right\}\qquad(2\text{-}6)$$

例题 2-7　在图 2.28 中，已知 $U_{CC}=12$ V，$R_{b1}=20$ kΩ，$R_{b2}=10$ kΩ，$R_e=1.5$ kΩ，$R_c=2$ kΩ，$R_L=2$ kΩ，$\beta=50$，三极管为硅管。试计算放大电路的 Q 点和电路的 A_u、R_i、R_o。

解　Q 点的计算：根据图 2.28 所示的直流通路，由式(2-5)可得

$$U_B\approx\frac{R_{b2}}{R_{b1}+R_{b2}}U_{CC}=4\ \text{V}$$

$$I_{CQ}\approx I_{EQ}=\frac{U_B-U_{BEQ}}{R_e}=2.2\ \text{mA}$$

$$I_{BQ}=\frac{I_{CQ}}{\beta}=44\ \mu\text{A}$$

$$U_{CEQ}\approx U_{CC}-I_{CQ}(R_c+R_e)=4.3\ \text{V}$$

根据 Q 点计算交流等效电阻 r_{be}：

$$r_{be}=200\ \Omega+(1+\beta)\frac{26\ \text{mV}}{I_{EQ}}\approx 0.8\ \text{k}\Omega$$

动态参数的计算：根据图 2.30(b)所示可得

$$u_i=i_b r_{be},\quad u_o=-\beta i_b R_c /\!/ R_L$$

$$A_u=-\frac{\beta R_c /\!/ R_L}{r_{be}}=-62.5$$

$$R_i=R_{b1} /\!/ R_{b2} /\!/ r_{be}\approx 0.8\ \text{k}\Omega$$

$$R_o\approx R_c=2\ \text{k}\Omega$$

例题 2-8　如图 2.31 所示，已知 $\beta=60$，三极管为硅管。计算 Q 点、r_{be} 和 A_u、R_i、R_o。另外，若将 R_{b2} 逐渐增大到无穷，会出现怎样的情况？

解　本题的直流通路与图 2.28 所示的类似，只是 R_e 换成了 R_{e1} 和 R_{e2} 的串联。Q 点的计算如下。

输入回路方程：

$$U_B=U_{BEQ}+I_{EQ}(R_{e1}+R_{e2})$$

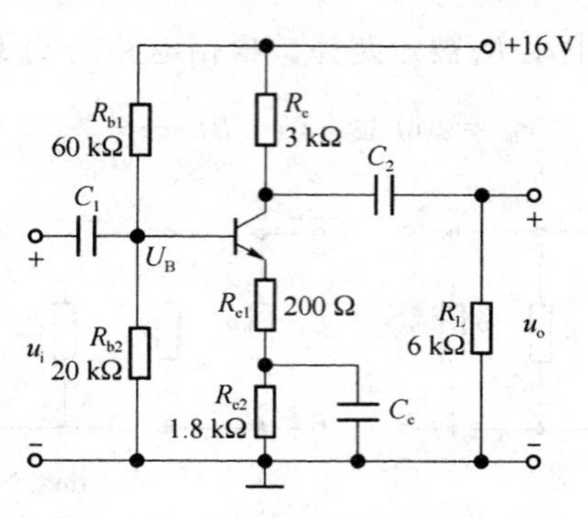

图 2.31 例题 2-8 图

输出回路方程：

$$U_{CC}=I_{CQ}R_c+U_{CEQ}+I_{EQ}(R_{e1}+R_{e2})$$

三极管的电流分配关系：

$$I_{CQ}=\beta I_{BQ}$$

$$I_{EQ}=I_{BQ}+I_{CQ}$$

解方程得

$$U_B\approx\frac{R_{b2}}{R_{b1}+R_{b2}}U_{CC}=4\ \text{V}$$

$$I_{CQ}\approx I_{EQ}=\frac{U_B-U_{BEQ}}{R_{e1}+R_{e2}}\approx 1.65\ \text{mA}$$

$$I_{BQ}=\frac{I_{CQ}}{\beta}=27.5\ \mu\text{A}$$

$$U_{CEQ}\approx U_{CC}-I_{CQ}(R_c+R_{e1}+R_{e2})=7.75\ \text{V}$$

计算交流等效电阻 r_{be}：

$$r_{be}=200\ \Omega+(1+\beta)\frac{26\ \text{mV}}{I_{EQ}}\approx 1.15\ \text{k}\Omega$$

根据图 2.32 所示微变等效电路计算 A_u、R_i、R_o：

$$u_i=i_b r_{be}+i_e R_{e1}=i_b r_{be}+(1+\beta)i_b R_{e1}$$

$$u_o=-\beta i_b R_c \parallel R_L$$

$$A_u=\frac{u_o}{u_i}=-\frac{\beta R_c \parallel R_L}{r_{be}+(1+\beta)R_{e1}}\approx -9$$

$$R_i'=\frac{u_i}{i_b}=\frac{i_b r_{be}+(1+\beta)i_b R_{e1}}{i_b}=r_{be}+(1+\beta)R_{e1}\approx 7\ \text{k}\Omega$$

$$R_i=R_{b1}\,/\!/\,R_{b2}\,/\!/\,R_i'\approx 7\ \text{k}\Omega$$

$$R_o\approx R_c=3\ \text{k}\Omega$$

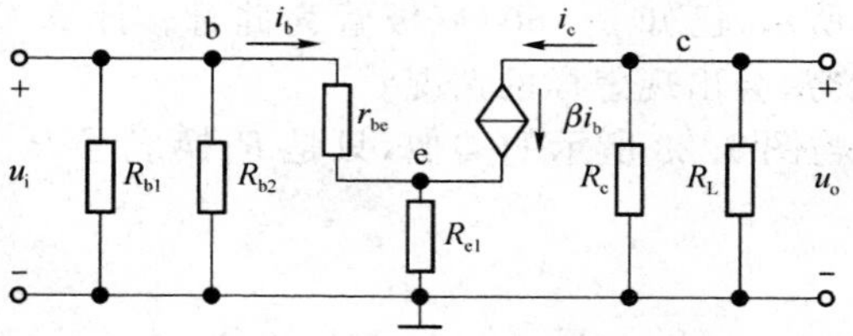

图 2.32 例题 2-8 图的微变等效电路

在图 2.31 所示的交流通路中，发射极电阻 R_{e2} 被 C_e 短路；电阻 R_{e1} 因为没有旁路电容的作用，仍保留在等效电路中；与例题 2-7 相比，R_{e1} 的存在使 A_u 的数值减小，R_i 的值增大。

若 R_{b2} 逐渐增大到无穷，可计算这时的 Q 点：

$$I_{BQ}=\frac{U_{CC}-U_{BEQ}}{R_{b1}+(1+\beta)(R_{e1}+R_{e2})}\approx 84\ \mu A$$

$$I_{CQ}=\beta I_{BQ}=5.04\ mA$$

$$U_{CEQ}\approx U_{CC}-I_{CQ}(R_c+R_{e1}+R_{e2})=-9.2\ V$$

计算中我们利用了三极管处于放大区的电流关系 $I_{CQ}=\beta I_{BQ}$，但计算出的 U_{CEQ} 为负值，明显不满足三极管放大工作状态的条件，出现了矛盾，所以此时三极管并不工作在放大区，而是工作在饱和区，输出电压会出现严重的饱和失真，放大电路无法正常工作。

4. 结论

(1)分压偏置式静态工作点稳定电路的下偏置电阻 R_{b2} 阻值越大，基极偏置电压 U_B 越大，三极管的静态电流 I_{CQ} 就越大，Q 点向饱和区靠近，放大电路容易出现饱和失真。

(2)反之，R_{b2} 的阻值越小，I_{CQ} 就越小，Q 点向截止区靠近，放大电路容易出现截止失真。

(3)上偏置电阻 R_{b1} 对放大电路产生的影响与 R_{b2} 刚好相反。

2.3.4　实验项目三：静态工作点稳定电路调测

1. 实验目的

(1) 熟悉电子元器件和模拟电路实验箱；

(2) 掌握放大电路静态工作点的调试方法及其对放大电路性能的影响；

(3) 学习测量放大电路 Q 点、A_u 的方法，了解工作点稳定电路特性；

(4) 学习静态工作点稳定电路的动态性能。

2. 实验设备

(1) 数字双踪示波器；

(2) 数字万用表；

(3) 信号发生器；

(4) TPE-A5Ⅱ型模拟电路实验箱。

3. 预习要求

(1) 工作点稳定电路工作原理；

(2) 工作点稳定电路静态和动态测量方法。

4. 实验内容及步骤

(1) 静态测量与调整。

① 按图 2.33 所示接线，调整 R_P 使 $U_{CEQ}=U_{CC}/2$，计算并填写记录表，如表 2.5 所示。

② 接线完毕后应仔细检查，确定无误后接通电源。改变 R_P，用万用表测量 U_{CEQ}，使 $U_{CEQ}=U_{CC}/2$，再用万用表测量 U_{BQ} 和 U_{EQ}，并将数据填入表 2.5 中。

③ 计算 R_P，I_{EQ}，I_{CQ}。

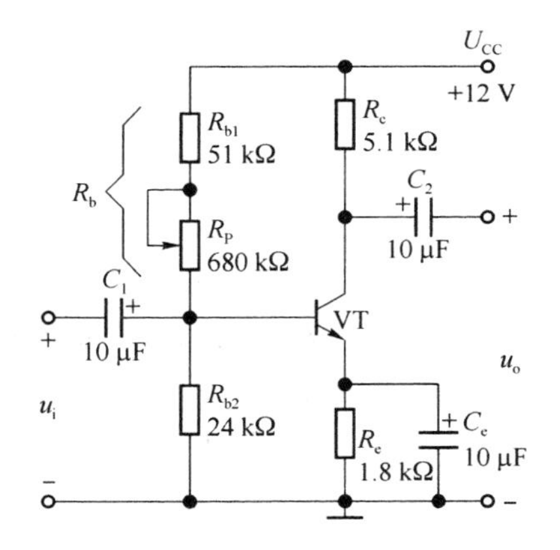

图 2.33　工作点稳定的实验放大电路

因为
$$U_{BQ}=\frac{R_{b2}}{R_{b2}+(R_{b1}+R_P)}U_{CC}$$
所以
$$R_P+R_{b1}=\frac{U_{CC}-U_{BQ}}{U_{BQ}}R_{b2}$$
因为
$$U_{EQ}=I_{EQ}R_e$$
所以
$$I_{EQ}=\frac{U_{EQ}}{R_e}$$
因为
$$U_{CC}=I_{CQ}R_c+U_{CEQ}+U_{EQ}$$
所以
$$I_{CQ}=\frac{U_{CC}-U_{CEQ}-U_{EQ}}{R_c}=\frac{\frac{1}{2}U_{CC}-U_{EQ}}{R_c}$$

表 2.5 静态测量数据记录

实测							实测计算			
U_{CEQ}/V	U_{BQ}/V	U_{EQ}/V	R_c	R_{b1}	R_{b2}	R_e	I_{EQ}/mA	I_{CQ}/mA	R_P/kΩ	β

(2) 动态测量与调整。

① 按图 2.33 所示电路连接。

② 用信号发生器产生频率为 1 kHz、幅值为 10 mV 的正弦波 u_i,并用示波器测量。

③ 将信号发生器产生的信号接至放大电路的输入端,用示波器观察 u_i 和 u_o 波形,并比较幅值和相位。

④ 信号源频率不变,逐渐加大 u_i 幅度,观察 u_o 不失真时的最大值并填入记录表中,如表 2.6所示。

分析图 2.33 的交流等效电路模型,由下述几个公式进行计算:

$$r_{be}\approx 200+(1+\beta)\frac{26(\text{mV})}{I_{EQ}},\quad A_u=-\beta\frac{R_L/\!/R_c}{r_{be}},\quad R_i=(R_{b1}+R_P)/\!/R_{b2}/\!/r_{be},\quad R_o=R_c$$

表 2.6 动态测量数据记录

给定参数		实测		实测计算	估算
R_c/kΩ	R_L/kΩ	u_i/mV	u_o/V	A_u	A_u
5.1	∞	10			
5.1	2.2	10			

⑤ $u_i=10$ mV,$R_c=5.1$ kΩ,不加 R_L 时,如电位器 R_P 调节范围不够,可改变 R_{b1}。增大和减小 R_P,观察 u_o 波形变化,若失真观察不明显可增大 u_i 幅值(>10 mV),并重测,将测量结果填入记录表,如表 2.7 所示。

增加 $u_i=10$ mV 以上,调整 R_P 到适合位置,可观察到截止失真(波形上半周平顶失真)。

表 2.7 失真波形数据记录

R_P	U_B	U_C	U_E	输出波形情况
最大				完全截止,无输出
合适				无失真波形
最小				饱和失真(波形下半周切割失真)

5. 实验报告要求

（1）绘出实验原理电路图，标明实验的元件参数。

（2）注明所完成的实验内容，简述相应的基本结论。

（3）选择在实验中感受最深的一个实验内容，完成工作点稳定电路调测实验报告，如表 2.8 所示，并从实验中得出基本结论。

表 2.8　模拟电子技术实验报告四：工作点稳定电路调测

实验地点				时间		实验成绩	
班级		姓名		学号		同组姓名	
实验目的							
实验设备							
实验内容	1. 画出实验电路原理图						
	2. 静态测量与调整						

2. 静态测量与调整

$U_{CEQ}=U_{CC}/2$ 时，分别计算出 I_{BQ}，I_{CQ}。

实测							实测计算			
U_{CEQ}/V	U_{BQ}/V	U_{EQ}/V	R_c	R_{b1}	R_{b2}	R_e	I_{EQ}/mA	I_{CQ}/mA	R_P	β

续 表

3. 动态测量与调整

给定参数		实测		实测计算	估算
$R_c/k\Omega$	$R_L/k\Omega$	u_i/mV	u_O/V	A_u	A_u
5	∞	10			
5	5	10			

4. 失真波形测量

R_P	U_B	U_C	U_E	输出波形情况
最大				完全截止，无输出
合适				无失真波形
最小				饱和失真(波形下半周切割失真)

实验内容

5. 画出截止失真和饱和失真波形

实验过程中遇到的问题及解决方法

实验体会与总结

指导教师评语

2.4 差动放大电路

2.4.1 零点漂移的概念

所谓零点漂移，是指放大电路在没有输入信号时，由于温度变化、电源电压波动、元器件老化等原因，使放大电路的工作点发生变化，这个变化量会被直接耦合放大电路逐级加以放大并传送到输出端，使输出电压偏离原来的起始点而上下波动。由于零点漂移的产生，主要是因三极管的参数受温度的影响，因此零点漂移也称为温度漂移，简称零漂或温漂。

在阻容耦合多级放大电路中，这种缓慢变化的漂移电压都降落在耦合电容之上，而不会传递到下一级电路。但在直接耦合放大电路中，由于前后级直接相连，前一级的漂移电压会和有用信号一起被送到下一级，而且逐级放大。级数越多，放大倍数越大，零点漂移现象就越严重。(耦合与多级放大电路的内容详见本书 2.8 节：多级放大电路)

因此，应当设法消除或抑制零点漂移现象。抑制零点漂移可以采用多种措施，其中最有效的措施是采用差动放大电路，简称“差放”。

2.4.2 差动放大电路的基本组成

差动放大电路是一种具有两个输入端且电路结构对称的放大电路，其基本特点是输出信号与两个输入端输入信号之差成比例，即差动放大电路放大的是两个输入信号的差值信号，故称其为差动放大电路。

1. 电路构成与特点

图 2.34 所示的是差动放大电路的基本形式，从电路结构上来看，具有以下特点。

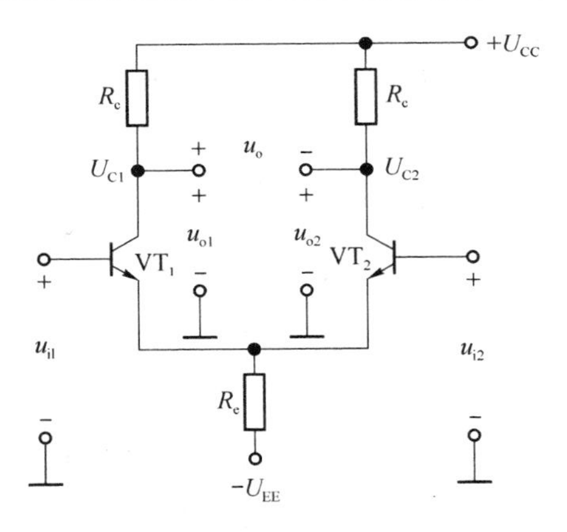

图 2.34 差动放大电路

(1) 由两个完全对称的共射电路组合而成，即 VT_1、VT_2 参数相同，对称位置上的电阻元件值也相同，例如，两集电极电阻 $R_{c1}=R_{c2}=R_c$。

(2) 电路采用正负双电源供电。VT_1 和 VT_2 的发射极都经同一电阻 R_e 接至负电源

$-U_{EE}$，该负电源能使两管基极在接地（即 $u_{i1}=u_{i2}=0$）的情况下，为 VT_1、VT_2 提供偏置电流 I_{B1}、I_{B2}，保证两管发射结正偏。另外，由于电路对称，从而实现零输入，零输出。

2. 差动放大电路抑制零漂的原理

由于电路的对称性，温度的变化对 VT_1、VT_2 两管组成的左右两个放大电路的影响是一致的，相当于给两个放大电路同时加入了大小和极性完全相同的输入信号，因此，在电路完全对称的情况下，两管的集电极电位始终相同，差动放大电路的输出为零，不会出现普通直接耦合放大电路中的漂移电压。可见，利用电路对称性可以抑制零点漂移现象。

3. 静态分析

当 $u_{i1}=u_{i2}=0$ 时，由于电路完全对称，VT_1、VT_2 的静态参数也完全相同。以 VT_1 为例，其静态基极回路由 $-U_{EE}$、U_{BE} 和 R_e 构成。但要注意，流过 R_e 的电流是 VT_1、VT_2 两管射极电流之和，如图 2.35 所示。

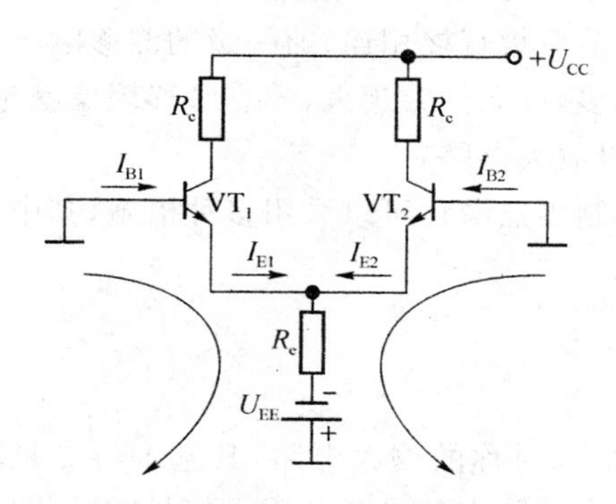

图 2.35　差动放大电路的直流通路

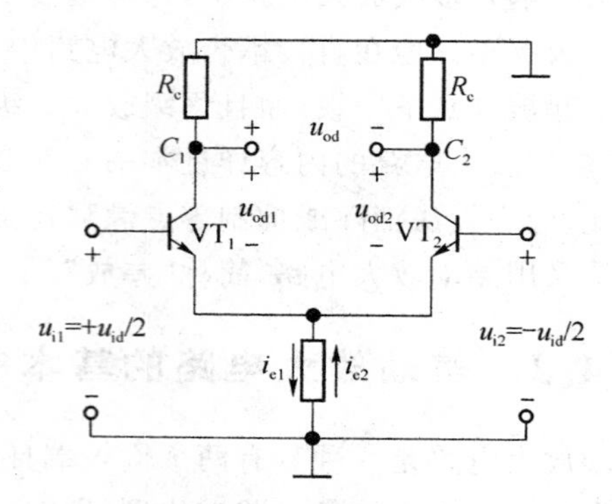

图 2.36　差动放大电路的交流通路

则 VT_1 管的输入回路方程为

$$U_{EE}=U_{BE}+2I_{E1}R_e$$

VT_1 管的输出回路方程为

$$U_{CC}=I_{C1}R_c+U_{CE1}+2I_{E1}R_e-U_{EE}$$

所以，静态射极电流为

$$I_{E1}=\frac{U_{EE}-U_{BE}}{2R_e}\approx I_{C1}$$

静态基极电流为

$$I_{B1}=\frac{I_{C1}}{\beta}$$

静态时 VT_1 管压降为

$$U_{CE1}=U_{CC}+U_{EE}-I_{C1}R_C-2I_{E1}R_e$$

因电路参数对称，VT_2 管的静态参数与 VT_1 管相同，故静态时，两管集电极对地电位相等，即 $U_{C1}=U_{C2}$。故两管集电极之间电位差为零，即输出电压 $U_o=U_{C1}-U_{C2}=0$。

4. 差模信号与共模信号

在实际使用时，加在差动放大电路两个输入端的输入信号 u_{i1} 和 u_{i2} 是任意的，要想分析有输入信号时差动放大电路的工作情况，必须了解差模信号和共模信号的概念。

如图 2.34 所示，当两个输入信号 u_{i1}、u_{i2} 大小和极性都相同时，称为共模信号，记为 u_{ic}：

$$u_{ic}=u_{i1}=u_{i2}$$

当 u_{i1} 与 u_{i2} 大小相同但极性相反时，即 $u_{i1}=-u_{i2}$ 时，称为差模信号，记为 u_{id}：

$$u_{id}=u_{i1}-u_{i2}=2u_{i1}=-2u_{i2}$$

对于完全对称的差动放大电路来说，共模输入时两管的集电极电位必然相同，因此双端输出时 $u_o=0$。所以理想情况下，差动放大电路对共模信号没有放大能力，而对共模信号的抑制作用，实际上就是对零点漂移的抑制作用。因为引起零点漂移的温度等因素的变化对差放来说等效于输入了一对共模信号。

在实际应用中，输入信号 u_{i1} 和 u_{i2} 是任意的，既不是一对差模信号，也不是一对共模信号。为了分析和处理方便，通常将一对任意输入信号分解为差模信号 u_{id} 和共模信号 u_{ic} 两部分。定义差模信号为两个输入信号之差，共模信号为两个输入信号的算术平均值，即

$$\begin{cases} u_{id}=u_{i1}-u_{i2} \\ u_{ic}=\dfrac{u_{i1}+u_{i2}}{2} \end{cases}$$

这样，可以用差模和共模信号表示两个输入信号：

$$\begin{cases} u_{i1}=u_{ic}+\dfrac{u_{id}}{2} \\ u_{i2}=u_{ic}-\dfrac{u_{id}}{2} \end{cases}$$

5. 差模特性分析

图 2.34 所示为典型基本差动放大电路，在输入差模信号时，双端输出时的交流通路，如图 2.35所示。由于此时 $u_{i1}=-u_{i2}=\dfrac{u_{id}}{2}$，则 VT_1 和 VT_2 两管的电流和电压变化量总是大小相等、方向相反。

流过射极电阻 R_e 的交流电流由两个大小相等、方向相反的交流电流叠加而成。在电路完全对称的情况下，R_e 两端产生的交流压降为零，因此，图 2.36 所示的差模输入交流通路中，射极电阻 R_e 被短路。

(1) 差模电压放大倍数 A_{ud}

由图 2.58 所示的差模输入等效电路及差模电压放大倍数的定义可以得出：

$$A_{ud}=\frac{u_{od}}{u_{id}}=\frac{u_{od1}-u_{od2}}{u_{i1}-u_{i2}}=\frac{2u_{od1}}{2u_{i1}}=\frac{u_{od1}}{u_{i1}}=-\beta\frac{R_c}{r_{be}}$$

可见，差动放大电路双端输出时的差模电压放大倍数和单边电路的电压放大倍数相等。

若在 VT_1、VT_2 集电极之间接负载 R_L，如图 2.37 所示。由于电路的对称性，R_L 的中点始终为零电位，等效于接地。此时，单边电路的负载为 R_L 的一半，故电路的差模电压放大倍数为

$$A_{ud}=-\beta\frac{R_c/\!/\dfrac{R_L}{2}}{r_{be}}$$

(2) 差模输入电阻 r_{id}

差模输入电阻 r_{id} 定义为差模输入时从差动放大电路的两个输入端看进去的等效电阻，即

$$r_{id}=2r_{be}$$

(3) 差模输出电阻 r_{od}

差模输出电阻 r_{od} 定义为差模输入时从差动放大电路的两个输出端看进去的等效电阻，即

$$r_{od}=2R_c$$

6. 共模特性分析

输入共模信号时的交流通路,如图 2.38 所示。

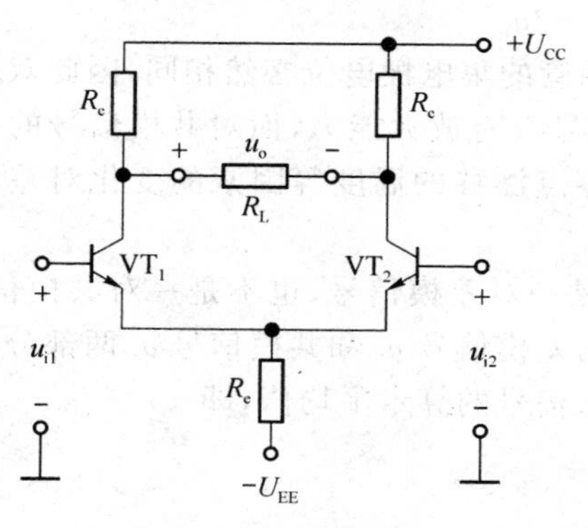

图 2.37　带负载的差动放大电路

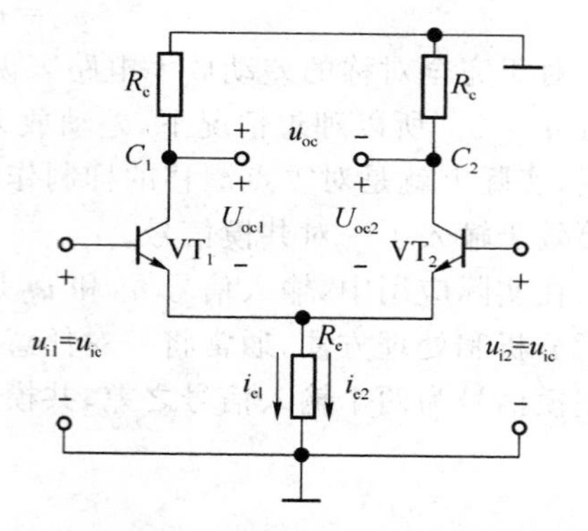

图 2.38　输入共模信号时的交流通路

当在差动放大电路的两个输入端接入一对共模信号时,图 2.38 所示中 VT_1 和 VT_2 的电流和电压变化量总是大小相等、方向相同,故流过射极电阻 R_e 的两个交流电流大小相等、方向相同,流过 R_e 的交流电流为单管射极电流的两倍,所以共模输入时的交流通路中,射极电阻上有交流压降,能被短路。

(1) 共模电压放大倍数 A_{uc}

由于电路对称,输入也相同,图 2.38 所示中两管的集电极电位始终相同,有 $u_{oc1}=u_{oc2}$,因此双端输出时 $u_o=u_{oc1}-u_{oc2}=0$,故理想情况下双端输出时的共模电压放大倍数为 0。

(2) 共模抑制比 K_{CMR}

为了更好地描述差动放大电路放大差模、抑制共模的特性,定义差模电压放大倍数与共模电压放大倍数之比为共模抑制比,即

$$K_{CMR}=\left|\frac{A_{ud}}{A_{uc}}\right|$$

差模电压放大倍数越大,共模电压放大倍数越小,差动放大电路的性能就越好。也可用分贝(dB)的形式表示共模抑制比:

$$K_{CMR}(dB)=20\lg\left|\frac{A_{ud}}{A_{uc}}\right|$$

7. 差动放大电路的输入、输出形式

差动放大电路有两个对地的输入端和两个对地的输出端。当信号从一个输入端输入时称为单端输入,从两个输入端之间浮地输入时称为双端输入;当信号从一个输出端输出时称为单端输出,从两个输出端之间浮地输出时称为双端输出。因此,差动放大电路具有 4 种不同的工作状态:双端输入,双端输出;单端输入,双端输出;双端输入,单端输出;单端输入,单端输出。

2.4.3 实验项目四:恒流源式差动放大电路调测

1. 实验目的

(1) 熟悉差动放大电路工作原理;

(2) 掌握差动放大电路的基本测试方法。

2. 实验设备

(1) 数字双踪示波器;

(2) 数字万用表;

(3) 信号发生器;

(4) TPE-A5Ⅱ型模拟电路实验箱。

3. 预习内容

(1) 计算图 2.38 所示的静态工作点(设 $r_{be}=3\ \text{k}\Omega$,$\beta=100$)及电压放大倍数。

(2) 在图 2.38 所示的基础上画出单端输入和共模输入的电路。

差动放大电路是构成多级直接耦合放大电路的基本单元电路,由典型的工作点稳定电路演变而来。为进一步减小零点漂移问题而使用了对称三极管电路,以牺牲一个三极管放大倍数为代价获取了低温漂的效果。它还具有良好的低频特性,可以放大变化缓慢的信号。由于不存在电容,可以不失真地放大各类非正弦信号如方波、三角波等。

由于差分电路分析一般基于理想化(不考虑元件参数不对称),因而很难做出完全分析。为进一步抑制温漂,提高共模抑制比,实验所用电路使用 VT_3 组成的恒流源电路来代替一般电路中的 R_e。它的等效电阻极大,从而在低电压下实现了很高的温漂抑制和共模抑制比。为达到参数对称,因而提供了 R_{P1} 来进行调节,称之为调零电位器。实际分析时,如认为恒流源内阻无穷大,那么共模电压放大倍数 $A_{uc}=0$。分析其双端输入双端输出差模交流等效电路,分析时认为参数完全对称。

① 静态分析

如图 2.39 所示,则 VT_3 管的输入回路方程为

$$U_Z=U_{BEQ3}+I_{EQ3}R_e$$

$$U_Z=\frac{R_2}{R_1+R_2}(U_{CC}+U_{EE})$$

$$I_{EQ3}\approx I_{CQ3}=I_{EQ1}+I_{EQ2}\approx 2I_{CQ1}=2I_{CQ2}$$

VT_1 管的输出回路方程为

$$U_{CC}=I_{CQ1}R_c+U_{CQ1}$$

② 动态分析

设

$$\beta_1=\beta_1=\beta,\quad r_{be1}=r_{be2}=r_{be},\quad R'=R''=\frac{R_{P1}}{2}$$

则有

$$A_{ud}=-\frac{\beta R_c\,/\!/\,\dfrac{R_L}{2}}{r_{be}+(1+\beta)\dfrac{R_{P1}}{2}}$$

$$R_{id}=2\left[r_{be}+(1+\beta)\frac{R_{P1}}{2}\right]$$

$$R_{od}=2R_c$$

4. 实验内容及步骤

实验电路如图 2.39 所示。

(1) 测量静态工作点。

① 调零。

将输入端短路并接地，接通直流电源，调节电位器 R_{p1} 使双端输出电压 $U_o=0$。

② 测量静态工作点。

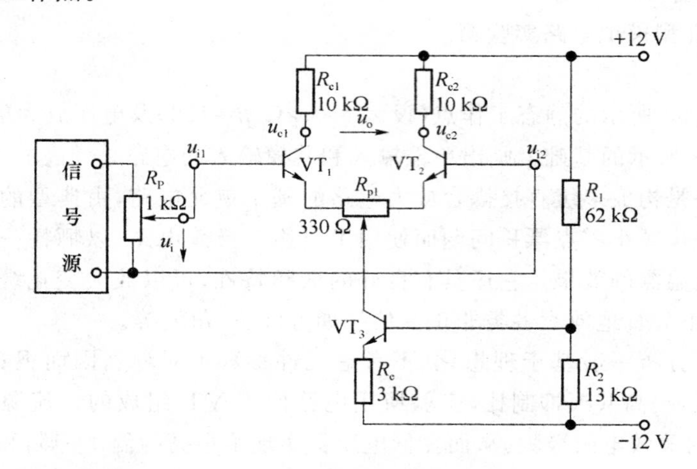

图 2.39　恒流源式差动放大原理图

测量 U_1、U_2、U_3 各极对地电压并填入记录表中，如表 2.9 所示。

表 2.9　静态测量数据记录

对地电压	U_{C1}	U_{C2}	U_{C3}	U_{B1}	U_{B2}	U_{B3}	U_{E1}	U_{E2}	U_{E3}
测量值/V									

(2) 测量差模电压放大倍数。在输入端加入直流电压信号 $u_{id}=\pm 0.1$ V 按如表 2.10 所示要求测量并记录，由测量数据算出单端和双端输出的电压放大倍数。注意：先将 DC 信号源 OUT1 和 OUT2 分别接入 u_{i1} 和 u_{i2} 端，然后调节 DC 信号源，使其输出为 +0.1 V 和 −0.1 V。

(3) 测量共模电压放大倍数。将输入端 b_1、b_2 短接，接到信号源的输入端，信号源另一端接地。DC 信号分先后接 OUT1 和 OUT2，分别测量并填入表 2.10。由测量数据算出单端和双端输出的电压放大倍数。进一步算出共模抑制比 $K_{CMR}=\left|\frac{A_{ud}}{A_{uc}}\right|$。

表 2.10　差模电压放大倍数记录

测量及计算值 / 输入信号 u_i	差模输入						共模输入						共模抑制比
	测量值/V			计算值			测量值/V			计算值			计算值
	u_{c1}	u_{c2}	$u_{o双}$	A_{ud1}	A_{ud2}	$A_{ud双}$	u_{c1}	u_{c2}	$u_{o双}$	A_{uc1}	A_{uc2}	$A_{uc双}$	K_{CMR}
+0.1 V													
−0.1 V													

(4) 在实验板上组成单端输入的差放电路进行下列实验。

① 在图 2.39 所示中将 b_2 接地，组成单端输入差动放大器，从 b_1 端输入直流信号 $u=$

±0.1 V,测量单端及双端输出,填表 2.11 记录电压值。计算单端输入时的单端及双端输出的电压放大倍数。并与双端输入时的单端及双端差模电压放大倍数进行比较。

表 2.11　单端输入差放电路数据记录

测量仪计算值 / 输入信号	电压值			双端放大倍数 A_u	单端放大倍数	
	u_{c1}	u_{c2}	u_o		A_{u1}	A_{u2}
直流+0.1 V						
直流−0.1 V						
正弦信号(50 mV、1 kHz)						

② 从 b_1端加入正弦交流信号 $u_i=0.05$ V,$f=1\ 000$ Hz 分别测量、记录单端及双端输出电压,填入表 2.11 计算单端及双端的差模放大倍数。

注意:输入交流信号时,用示波器监视 u_{c1}、u_{c2}波形,若有失真现象时,可减小输入电压值,使 u_{c1}、u_{c2}都不失真为止。

5. 实验报告要求

(1) 绘出实验原理电路图,标明实验的元件参数。

(2) 根据实测数据计算图 2.39 电路的静态工作点,与预习计算结果相比较。

(3) 整理实验数据,计算各种接法的 A_{ud},并与理论计算值相比较。

(4) 计算实验步骤 3 中 A_{uc}和 K_{CMR}值。

(5) 完成恒流源式差动放大电路调测实验报告(表 2.12),并从实验中得出基本结论。

表 2.12　模拟电子技术实验报告五:恒流源式差动放大电路调测

实验地点				时间		实验成绩	
班级		姓名		学号		同组姓名	
实验目的							
实验设备							

续 表

实验内容

1. 画出实验电路原理图

2. 测量静态工作点

对地电压	U_{C1}	U_{C2}	U_{C3}	U_{B1}	U_{B2}	U_{B3}	U_{E1}	U_{E2}	U_{E3}
测量值/V									

3. 动态测量与调整

测量及计算值 / 输入信号 u_i	差模输入						共模输入						共模抑制比
	测量值/V			计算值			测量值/V			计算值			计算值
	u_{c1}	u_{c2}	$u_{o双}$	A_{ud1}	A_{ud2}	$A_{ud双}$	u_{c1}	u_{c2}	$u_{o双}$	A_{uc1}	A_{uc2}	$A_{uc双}$	K_{CMR}
+0.1 V													
−0.1 V													

4. 计算单端输入时的单端及双端输出的电压放大倍数

测量仪计算值 / 输入信号	电压值			双端放大倍数 A_u	单端放大倍数	
	u_{c1}	u_{c2}	u_o		A_{u1}	A_{u2}
直流+0.1 V						
直流−0.1 V						
正弦信号(50 mV、1 kHz)						

续 表

实验过程中遇到的问题及解决方法	
实验体会与总结	
指导教师评语	

2.5　共集电极放大电路

三极管放大电路有共发射极、共集电极、共基极三种组态，前面讨论的几种放大电路均是共发射极组态的放大电路。在 2.5 节和 2.6 节将分别介绍放大电路的另外两种组态——共集电极和共基极组态。

2.5.1　共集放大电路

共集放大电路是共集电极放大电路的简称，也称为射极输出器或射极跟随器。共集放大电路之所以也被称为射极跟随器，就是因为功能类似于集成运放的电压跟随器，电压放大倍数略小于 1，但是具有较高的电流放大能力，常用作隔离电路和功率放大电路。

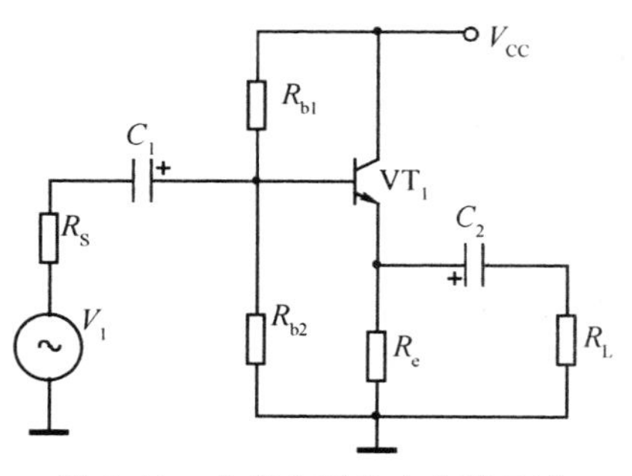

图 2.40　共集电极放大电路示意

共集放大电路如图 2.40 所示，图中电容 C_1 和 C_2 是隔离电容，用于防止直流电流流入信号源或者负载，电阻 R_{b1}、R_{b2}和 R_e为直流偏置电阻，与稳定静态工作点的共射放大电路相同，所以该电路具有负反馈的效果，具有较好的温度稳定性。

图 2.40 所示的交、直流等效电路如图 2.41 所示。由于 R_e没有旁路电容，同时有交流和直流电流流过 R_e，所以 R_e对交流信号也有负反馈的作用。

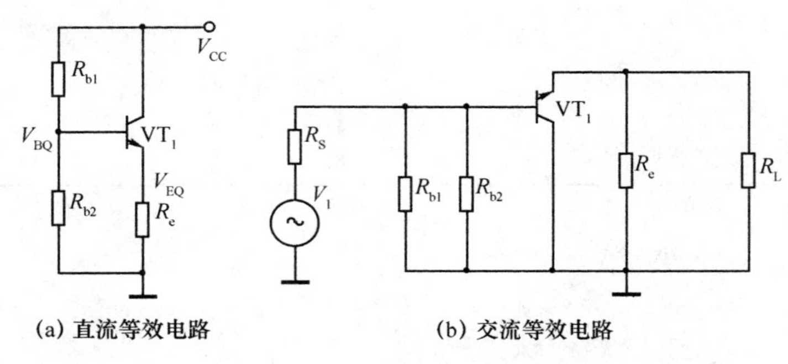

图 2.41　图 2.40 所示的交、直流等效电路

求解静态工作点时，忽略基极电流 I_{BQ}，有

$$V_{BQ} = \frac{R_{b2}}{R_{b1} + R_{b2}} V_{CC}$$

$$V_{BQ} = U_{BEQ} + V_{EQ}$$

按照 $U_{BEQ} \approx 0.7\text{V}$ 可以估算出 V_{EQ}来，根据

$$I_{EQ} = \frac{V_{EQ}}{R_E}$$

可以求出 I_{EQ}，$I_{CQ} \approx I_{EQ}$。

由

$$U_{CEQ} = V_{CC} - V_{EQ}$$

可得 U_{CEQ}。

为了计算电压放大倍数，绘制出微变等效电路，如图 2.42 所示，图中省略了信号源内阻。

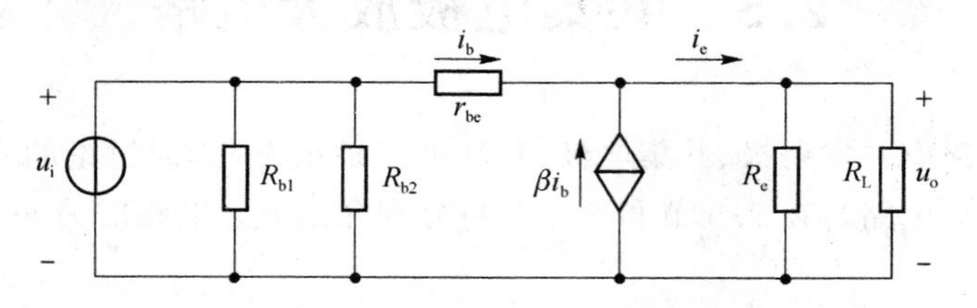

图 2.42　共集微变等效电路

由图 2.42 所示可知

$$u_i = u_o + i_b r_{be}$$

$$u_o = i_e R'_L$$

式中，R'_L为 R_e和 R_L并联的等效电阻，有

$$R'_L = \frac{R_e R_L}{R_e + R_L}$$

所以，电压放大倍数

$$A_u = \frac{u_o}{u_i} = \frac{i_e R'_L}{i_e R'_L + i_b r_{be}}$$

因为

$$i_e = (1+\beta) i_b$$

所以

$$A_u = \frac{(1+\beta) R'_L}{r_{be} + (1+\beta) R'_L}$$

通常 r_{be} 只有几百欧，远远小于 $(1+\beta)R'_L$，所以

$$A_u \leqslant 1$$

该电路的输入电阻为

$$R_i = R_{b1} // R_{b2} // [r_{be} + (1+\beta) R'_L]$$

式中，“//”表示电阻之间是并联的关系。输入电阻通常比较大。

输出电阻为

$$R_o = \frac{(R_S // R_{b1} // R_{b2}) + r_{be}}{1+\beta} // R_e$$

式中，R_S 为信号源内阻，一般很小，远小于 R_{b1} 和 R_{b2}，r_{be} 也不大，一般几百欧姆，分子相加后除以 $1+\beta$ 就变得非常小了。所以，总输出电阻很小。

共集放大电路的输入、输出波形对比如图 2.43 所示。在图中，上面的波形为输入信号波形，下面的波形为输出信号波形。从图中可以看出，输入与输出同相位，输出波形幅度与输入波形近似相等，这也是共集放大电路被称为射极跟随器的原因。

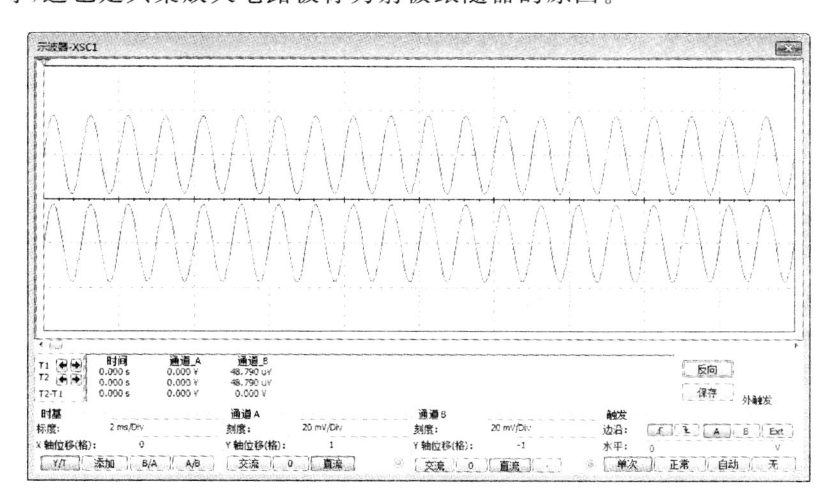

图 2.43　共集放大电路输入、输出波形对比

实际操作 2：共集放大电路的仿真

(1) 用 Multisim 软件绘制电路图，如图 2.44 所示。图中 V_1 和 R_S 可以用函数发生器代替。

(2) 将运行仿真，用示波器观察波形，比较输出波形与输入波形的关系。用万用表或示波器测量电路的电压放大倍数。

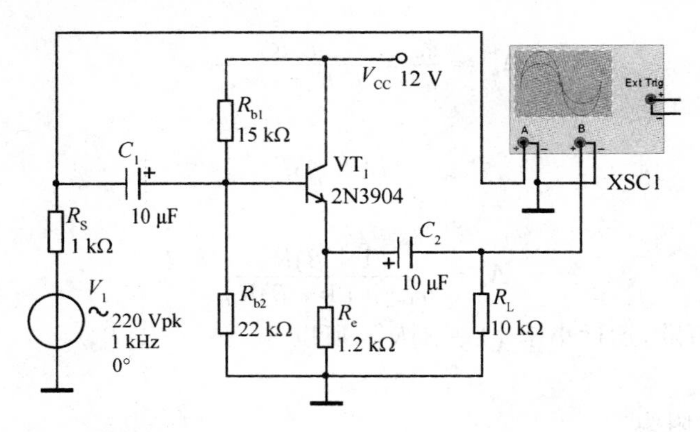

图 2.44　共集放大电路仿真

(3) 改变各电阻和负载阻值,观察波形变化,测量电压放大倍数。

(4) 用万用表测量交流电流放大倍数。

(5) 改变输入信号和电源电压大小,观察它们对放大电路的影响。

(6) 用波特测试仪测量系统带宽。

2.5.2　实验项目五:共集电极放大电路调测

1. 实验目的

(1) 掌握射极跟随电路的特性及测量方法。

(2) 进一步学习放大电路各项参数测量方法。

2. 实验设备

(1) 数字双踪示波器;

(2) 数字万用表;

(3) 信号发生器;

(4) TPE-A5Ⅱ型模拟电路实验箱。

3. 预习要求

(1) 参照教材有关章节内容,熟悉射极跟随电路原理及特点;

(2) 根据图 2.45 所示元器件参数,估算静态工作点。

4. 实验内容与步骤

(1) 按图 2.45 所示连接电路。

(2) 直流工作点的调整。接上+12 V 直流电源,调节电位器 R_P的值,使 $U_{CEQ}=U_{CC}/2$(用万用表测量)。

注意:在测静态工作点时应断开输入信号。用万用表测量三极管的 U_{BEQ},U_{EQ},将所测数据填入记录表中,如表 2.13 所示。

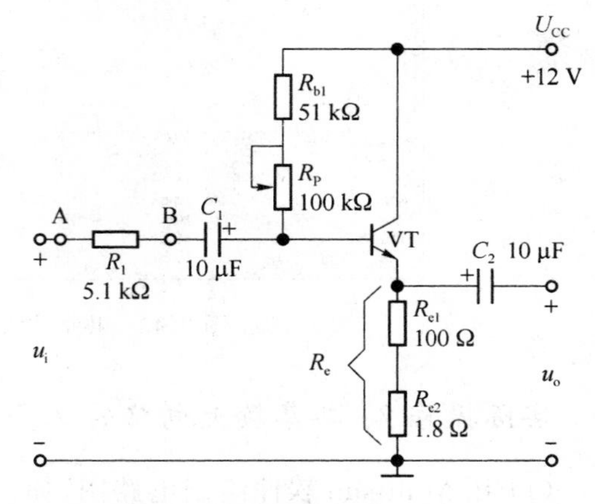

图 2.45　共集电极实验放大电路

因为

$$U_{CC}=(R_b+R_P)I_{BQ}+U_{BEQ}+U_{EQ}$$

所以
$$I_{BQ}=\frac{U_{CC}-U_{BEQ}-U_{EQ}}{(R_b+R_P)}$$

因为
$$U_{EQ}=I_{EQ}R_e$$

所以
$$I_{EQ}=\frac{U_{EQ}}{R_e}$$

表 2.13　直流工作点数据记录

实测						实测计算			
U_{CEQ}/V	U_{BEQ}/V	U_{EQ}/V	R_e	R_b	R_P	I_{EQ}/mA	I_{CQ}/mA	β	r_{be}

(3) 测量电压放大倍数 A_u。接入负载 $R_L=1\ k\Omega$。在输入端加入 $f=1$ kHz 正弦波信号，调输入信号幅度(此时偏置电位器 R_P不能再旋动)，用示波器观察，在输出最大不失真情况下测 u_i和 u_o值，将所测数据填入记录表中，如表 2.14 所示。

表 2.14　电压放大倍数记录

u_i/V 峰值	u_o/V 峰值	$A_u=\frac{u_o}{u_i}$	A_u估算($R_L=1\ k\Omega$)
1			

(4) 测射极跟随电路的跟随特性并测量输出电压峰峰值 $u_{oP\text{-}P}$。接入负载 $R_L=2.2\ k\Omega$，在输入端加入 $f=1$ kHz 的正弦波信号，逐点增大输入信号幅度 u_i，用示波器监视输出端，在波形不失真时，测对应的 u_o值，计算出 A_u，并用示波器测量输出电压的峰峰值 $u_{oP\text{-}P}$。将所测数据填入记录表中，如表 2.15 所示。

表 2.15　输出电压数据记录

序号	1	2	3	4
u_i/V 峰值	0.5	1	2	3
u_o峰值				
$u_{oP\text{-}P}$				
A_u				

5. 实验报告要求

(1) 绘出实验原理电路图，标明实验的元件参数。

(2) 整理实验数据及说明实验中出现的各种现象，得出有关的结论；画出必要的波形及曲线。

(3) 将实验结果与理论计算比较，分析产生误差的原因。

(4) 选择在实验中感受最深的一个实验内容，完成共集电极放大电路调测实验报告，如表 2.16 所示，并从实验中得出基本结论。

表 2.16　模拟电子技术实验报告六：共集电极放大电路调测

实验地点			时间		实验成绩	
班级		姓名		学号	同组姓名	

实验目的	
实验设备	
实验内容	1. 画出实验电路原理图

2. 静态测量与调整

$U_{CEQ}=U_{CC}/2$ 时，分别计算出 I_{BQ}，I_{CQ}。

实测						实测计算			
U_{CEQ}/V	U_{BEQ}/V	U_{EQ}/V	R_e	R_b	R_P	I_{EQ}/mA	I_{CQ}/mA	β	r_{be}

3. 测量电压放大倍数 A_u

u_i峰值/V	u_o峰值/V	$A_u=\frac{u_o}{u_i}$	A_u估算($R_L=1\ k\Omega$)

4. 测射极跟随电路的跟随特性并测量输出电压峰峰值 $u_{oP\text{-}P}$

序号	1	2	3	4
u_i 峰值/V	0.5	1	2	3
u_o 峰值/V				
u_{oP-P}				
A_u				

续 表

实验过程中遇到的问题及解决方法	
实验体会与总结	
指导教师评语	

*2.6　共基极放大电路

三极管共有三种基本放大组态，共基组态是应用较少的一种，共基放大电路不能放大电流，能够放大电压，输入电阻低，输出电阻高，主要用在需要宽频带的场合进行电压放大，有时候可以当作恒流信号源来用。

共基放大电路如图 2.46 所示，图中三个电容都比较大，用于通过交流信号，隔断直流量。

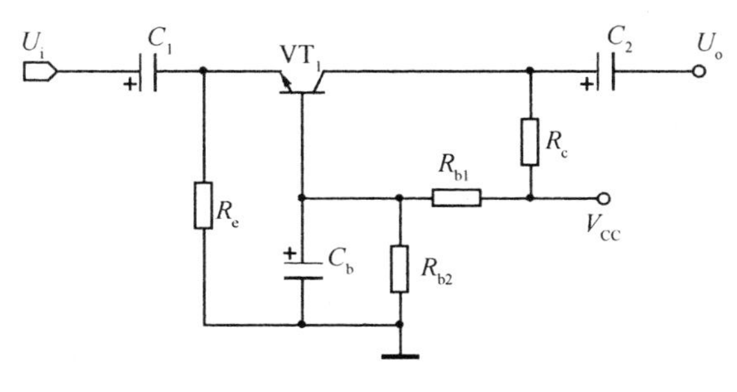

图 2.46　共基放大电路

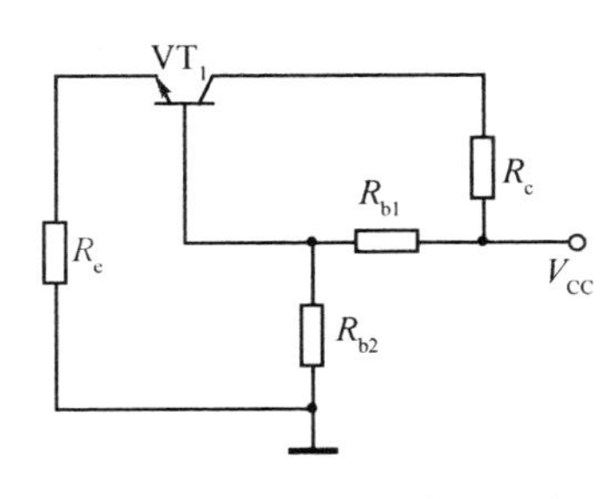

图 2.47　共基放大直流通路

其直流通路如图 2.47 所示，整理后与图 2.39(a)所示相同，分析和计算也完全一样，不再重述。

交流通路如图 2.48(a)所示，整理后如图 2.48(b)所示。将三极管用微变等效电路替换，如图 2.49 所示。

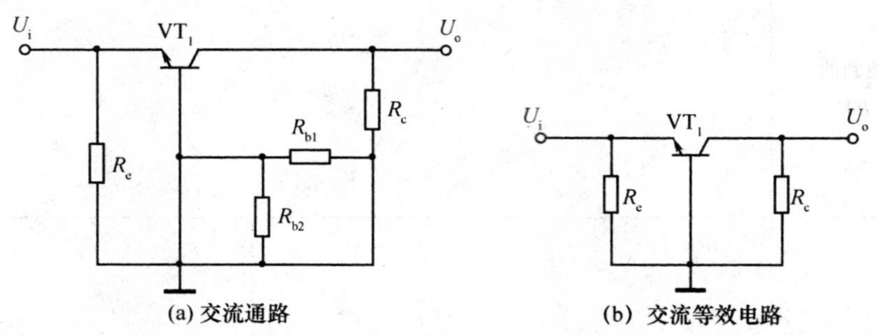

图 2.48　共基放大交流通路

在图 2.49 所示中，共基放大电路输入电压为

$$u_i = -i_b r_{be}$$

输出电压为

$$u_o = -i_c R_c$$

电压放大倍数为

$$A_u = \frac{u_o}{u_i} = \frac{-i_c R_c}{-i_b r_{be}} = \beta \frac{R_c}{r_{be}}$$

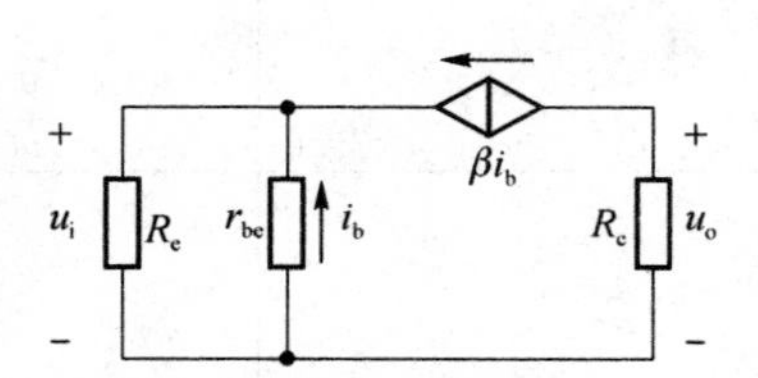

图 2.49　共基放大微变等效电路

输入电阻为

$$R_i = R_e // \frac{r_{be}}{1+\beta}$$

输出电阻为

$$R_o = R_c$$

实际操作 3：共基放大电路的仿真

(1) 用 Multisim 软件绘制电路图，如图 2.50 所示。

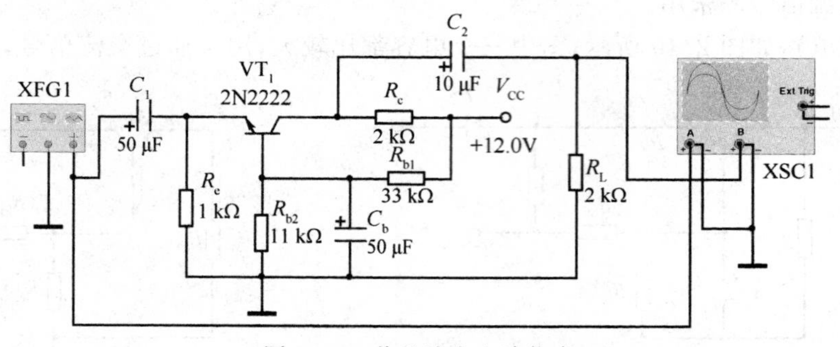

图 2.50　共基放大电路仿真

(2) 将函数发生器设置为振幅 10 mV、频率 1 kHz 的正弦波，运行仿真，用示波器观察波形，比较输出波形与输入波形的关系。利用示波器或万用表测量电压放大倍数。

(3) 改变各电阻和负载 R_L 阻值，观察波形变化，测量电压放大倍数。

(4) 用万用表测量交流电流放大倍数。

（5）改变函数发生器的频率、幅度和信号类型，用示波器观察波形变化。改变电源电压大小，用示波器观察波形变化。

（6）用波特测试仪测量系统带宽。

*2.7　场效应管放大电路

场效应管同三极管一样，都具有放大作用，因此它也可以构成各种组态的放大电路，如共源极、共漏极、共栅极放大电路。场效应管由于具有输入阻抗高、温度稳定性能好、低噪声、低功耗等特点，其构成的放大电路有着优越的特性，应用越来越广泛。

2.7.1　电路组成

为了实现信号不失真地放大，场效应管放大电路与三极管放大电路一样，也要有一个合适的静态工作点 Q。由于场效应管是电压控制器件，因此在构成放大电路时，不需要提供偏置电流，而是需要一个合适的栅-源极偏置电压 U_{GS}。场效应管放大电路常用的偏置电路主要有两种：自偏压电路和分压式自偏压电路。

1. 自偏压电路

图 2.51 所示为 N 沟道结型场效应管自偏压电路。电路中的 R_s 为源极电阻，C_s 为源极旁路电容，R_g 为栅极电阻，R_d 为漏极电阻。交流信号从栅极输入，从漏极输出，电路为共源极电路。交流输入信号 $u_i=0$ 时（静态），栅极电阻 R_g 上无直流电流，栅极电压 $U_G=0$，有漏极电流 I_D 等于源极电流 $I_S(I_D=I_S)$。这时栅源偏置电压 $U_{GS}=U_G-U_S=-I_DR_s$。电路依靠漏极电流 I_D 在源极电阻 R_s 上的压降来获得负的偏压 U_{GS}，因此称此电路为自偏压电路。合理地选取 R_s 即可得到合适的偏压 U_{GS}。

自偏压电路只适用于耗尽型场效应管所构成的放大电路，对增强型的管子不适用。

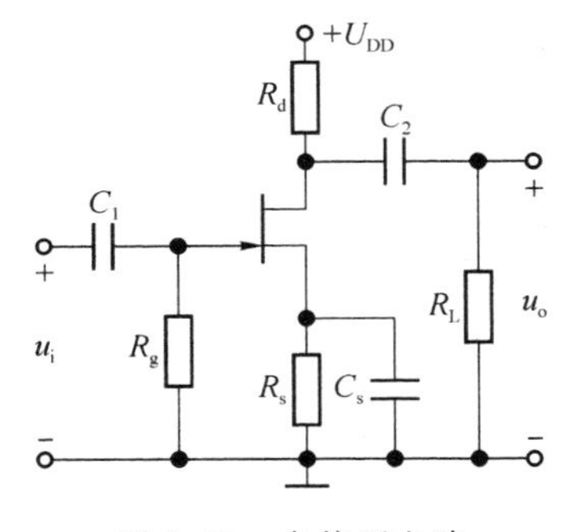

图 2.51　自偏压电路

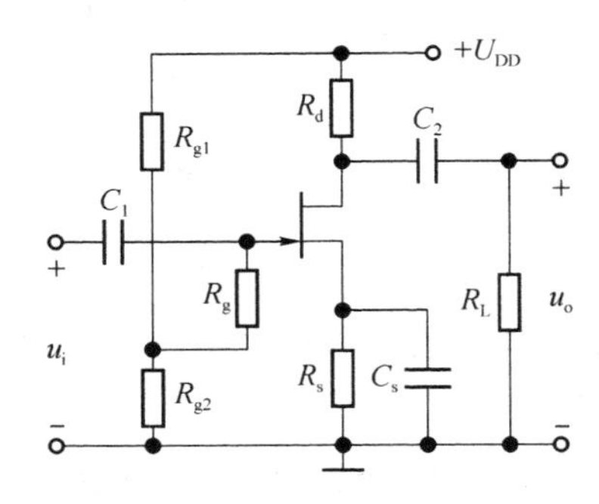

图 2.52　分压式自偏压电路

2. 分压式自偏压电路

图 2.52 所示为 N 沟道结型场效应管分压式自偏压电路。同自偏压电路相比，电路中接入了两个分压电阻 R_{g1} 和 R_{g2}。静态时，R_g 上无直流电流，栅极电压 U_G 由电阻 R_{g1}、R_{g2} 分压获得。栅源偏压 $U_{GS}=U_G-U_S=\frac{R_{g2}}{R_{g1}+R_{g2}}U_{DD}-I_DR_s$。合理地选取电路参数，可得到正或负的栅源偏压。分压式自偏压电路适用于耗尽型和增强型场效应管放大电路。

2.7.2 电路分析

场效应管放大电路同三极管放大电路的分析方法类似。

1. 场效应管的微变等效电路

场效应管的栅极和源极之间电阻很大，电压为 u_{gs}，电流近似为 0，可视为开路。漏极和源极之间等效为一个受电压 u_{gs} 控制的电流源。图 2.53 所示为场效应管及其微变等效电路。

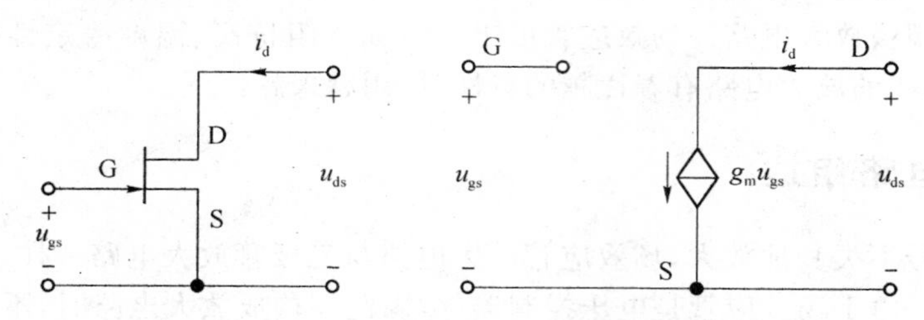

图 2.53 场效应管及其微变等效电路

2. 自偏压电路的动态分析

图 2.54 所示为图 2.51 所示的自偏压电路的微变等效电路，由此可求得电路的电压放大倍数、输入电阻和输出电阻：

$$\left.\begin{aligned} A_u &= -g_m R_d /\!/ R_L \\ R_i &= R_g \\ R_o &= R_d \end{aligned}\right\} \tag{2-14}$$

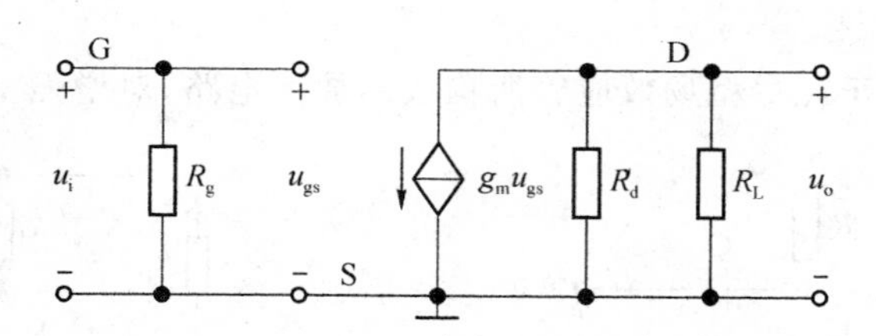

图 2.54 自偏压电路的微变等效电路

图 2.51 所示为共源极电路，其性能特点与共射放大电路类似，具有电压放大作用，且 u_o 与 u_i 反相位。

3. 分压式自偏压电路的动态分析

图 2.55 所示为图 2.52 所示的分压式自偏压电路的微变等效电路，图 2.52 也是共源极放大电路，它的电压放大倍数、输入电阻和输出电阻分别为

$$\left.\begin{aligned} A_u &= -g_m R_d /\!/ R_L \\ R_i &= R_g + R_{g1} /\!/ R_{g2} \\ R_o &= R_d \end{aligned}\right\} \tag{2-15}$$

4. 共漏极放大电路的动态分析

共漏极放大电路与共集电极三极管放大电路的性能特点相一致。图 2.56 和图 2.57 所示

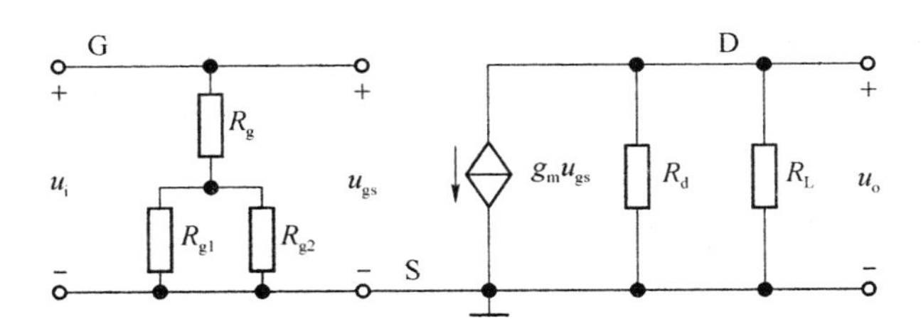

图 2.55　分压式自偏压电路的微变等效电路

分别为共漏极电路及其微变等效电路。根据定义可分别求得电路的电压放大倍数、输入电阻及输出电阻：

$$\left.\begin{aligned}A_u&=\frac{g_m R_s /\!/ R_L}{1+g_m R_s /\!/ R_L}\\R_i&=R_g+R_{g1} /\!/ R_{g2}\\R_o&=R_s /\!/ \frac{1}{g_m}\end{aligned}\right\}\tag{2-16}$$

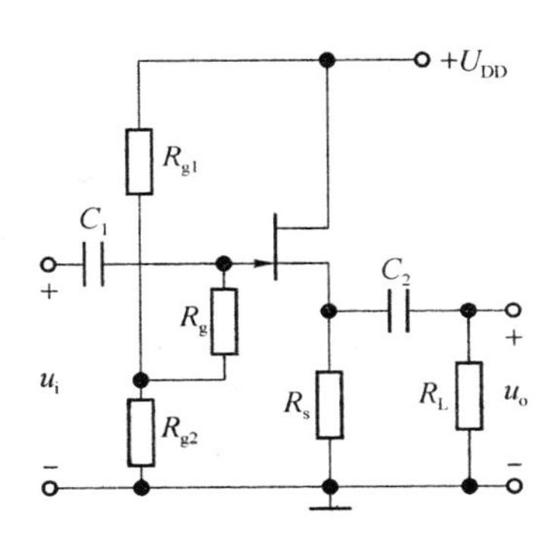

图 2.56　共漏极放大电路

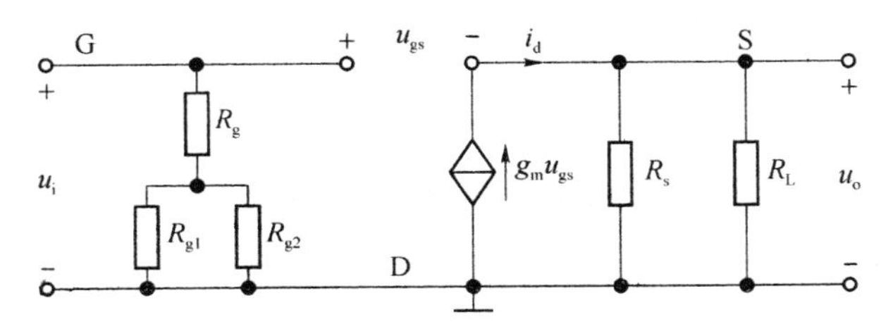

图 2.57　共漏极放大电路的微变等效电路

可见，同共集电极三极管放大电路一样，共漏极电路没有电压放大作用，$A_u \approx 1$，u_o 与 u_i 相位相同；电路的输入电阻比较大，输出电阻比较小。

另外，场效应管放大电路还有共栅极电路，其性能特点同共基极放大电路相一致，具有电流放大作用，u_o 与 u_i 相位相同；并且电路的输入电阻小，输出电阻较大。有关共栅极放大电路及其分析，请参考相关书籍。

有关场效应管放大电路的静态工作点 Q 的确定，请参阅相关书籍。

场效应管放大电路一般用在多级放大电路的输入级，以提高整个电路的输入电阻。由于场效应管电路制作工艺简单，便于集成，因此它更多地用在集成电路中。

2.8　多级放大电路

实际应用中，放大电路的输入信号通常很微弱（mV 或μV 数量级），如果仅仅通过单级放大电路进行放大，放大后的信号仍然偏小，难以驱动负载。为提高放大电路的放大倍数，可以采用多级放大电路。多级放大电路可有效地提高放大电路的各种性能，如电压增益、电流增益、输入电阻、带负载能力等。

多级放大电路是指两个或两个以上的单级放大电路所组成的电路。图 2.58 所示为多级放大电路的组成框图。通常称多级放大电路的第一级为输入级。对于输入级，一般采用输入阻抗较高的放大电路，以便提高从信号源获得的电压。中间级主要实现电压信号的放大，一般需要经过几级放大电路才能达到足够的放大倍数。多级放大电路的最后一级称为输出级，主要用于功率放大，以驱动负载工作。

多级放大电路连接的原则是把前级的输出信号尽可能多地传给后级，同时保证各级放大管均处于放大状态，能够实现不失真的放大。

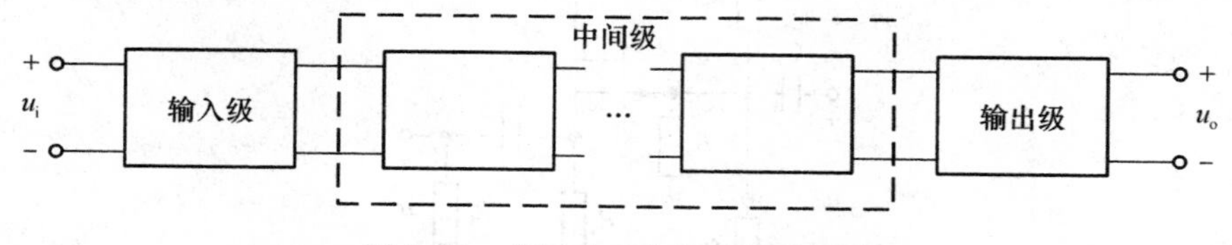

图 2.58　多级放大电路的组成框图

2.8.1　多级放大电路的耦合方式

在多级放大电路中，各级之间的连接称为耦合。常见的耦合方式有 3 种：阻容耦合、直接耦合和变压器耦合。

1. 阻容耦合

阻容耦合就是各级放大电路之间通过隔直耦合电容连接。图 2.59 所示为阻容耦合两级放大电路，该电路通过耦合电容 C_2 把前级的输出 u_{o1} 传送给后一级，作为后级的输入 u_{i2}。

阻容耦合多级放大电路具有以下特点。

(1) 各级放大电路的静态工作点相互独立，互不影响，利于放大器的设计、调试和维修。

(2) 低频特性差，不适合放大直流及缓慢变化的信号，只能传递具有一定频率的交流信号。

(3) 输出温度漂移比较小。

(4) 相对变压器耦合，阻容耦合电路具有体积小、质量轻的优点，在分立元件电路中应用较多。但在集成电路中，不易制作大容量的电容，因此阻容耦合放大电路不便于制成集成电路。

2. 直接耦合

各级放大电路之间直接通过导线连接的方式称为直接耦合。图 2.60 所示为直接耦合两级放大电路。前级的输出信号 u_{o1} 直接作为后一级的输入信号 u_{i2}。

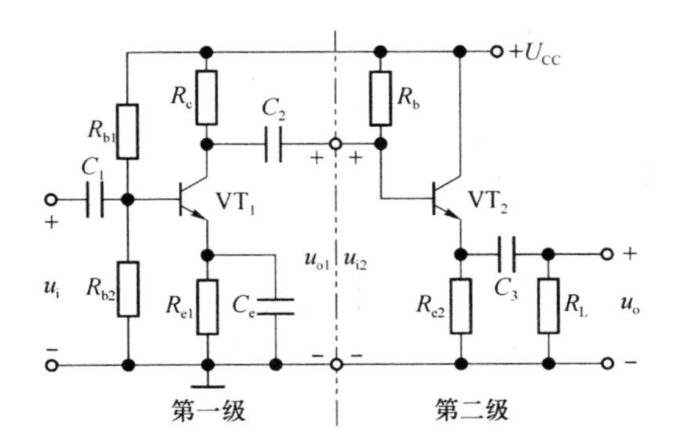

图 2.59　阻容耦合两级放大电路

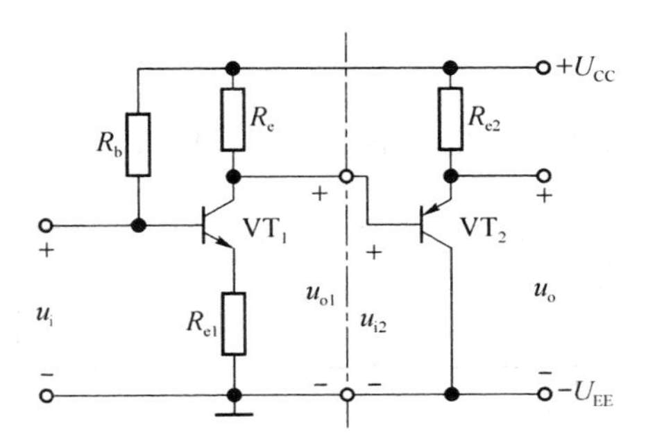

图 2.60　直接耦合两级放大电路

直接耦合电路的特点如下。

(1) 由于没有隔直耦合电容，各级放大电路的静态工作点相互影响，不利于电路的设计、调试和维修。

(2) 频率特性好，不仅可以放大中高频信号，还可以放大直流、交流以及缓慢变化的信号。

(3) 输出存在温度漂移。

(4) 电路中没有体积较大的耦合电容，便于集成化，多数集成电路都是采用直接耦合方式。

3. 变压器耦合

变压器耦合即各级放大电路之间通过变压器耦合传递信号，如图 2.61 所示。变压器 T_1 把前级的输出信号 u_{o1} 耦合传送到后级，作为后一级的输入信号 u_{i2}。变压器 T_2 将第二级的输出信号耦合传递给负载 R_L。

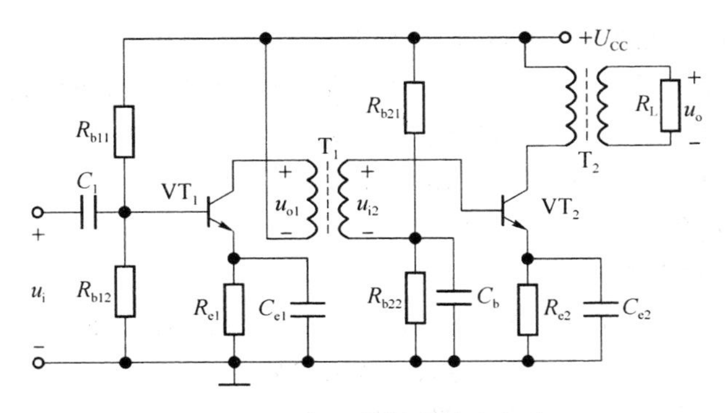

图 2.61　变压器耦合放大电路

变压器具有隔离直流、通交流的特性，因此变压器耦合与阻容耦合的特点类似。但变压器的体积和质量较大，不易实现集成。另外，通过变压器可以实现电压、电流和阻抗的变换，容易获得较大的输出功率。

2.8.2 多级放大电路的分析方法

1. 多级放大电路的电压放大倍数 A_u

图 2.62 所示为多级放大电路示意，根据 A_u 的定义可以得出如下关系：

$$A_u=\frac{u_o}{u_i}=\frac{u_{o1}}{u_{i1}}\cdot\frac{u_{o2}}{u_{i2}}\cdot\frac{u_{o3}}{u_{i3}}\cdots=A_{u1}\cdot A_{u2}\cdot A_{u3}\cdot\cdots \tag{2-17}$$

即多级放大电路的电压放大倍数 A_u 为各级电压放大倍数的乘积。

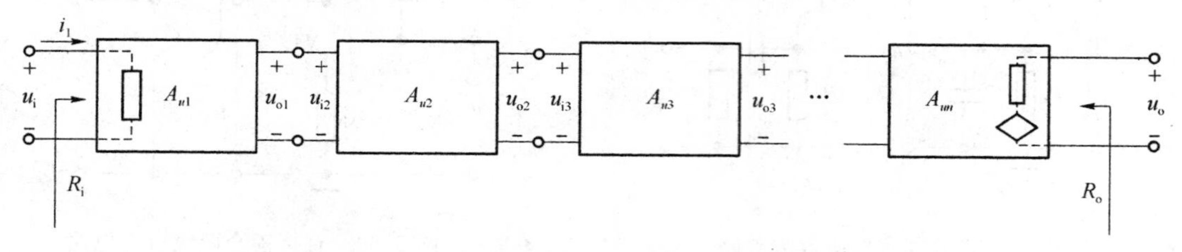

图 2.62 多级放大电路示意

若以分贝为单位来表示电压放大倍数，则有

$$20\lg A_u(\mathrm{dB})=20\lg A_{u1}+20\lg A_{u2}+20\lg A_{u3}+\cdots \tag{2-18}$$

电压放大倍数相乘的关系转为相加，总的电压增益为各级电压增益之和。

2. 多级放大电路的输入电阻 R_i

多级放大电路的输入电阻 R_i 等于从第一级放大电路的输入端所看进去的等效输入电阻，即

$$R_i=R_{i1} \tag{2-19}$$

3. 多级放大电路的输出电阻 R_o

多级放大电路的输出电阻 R_o 等于从最后一级放大电路的输出端所看到的等效输出电阻，即

$$R_o=R_{o末} \tag{2-20}$$

另外，在分析放大电路的级间关系时，要把后级的输入电阻作为前级的负载电阻；前级的开路电压作为后级的信号源电压，前级的输出电阻作为后级的信号源内阻。

例题 2-9 图 2.59 所示为两级阻容耦合放大电路。若 $R_{b1}=20\ \text{k}\Omega$，$R_{b2}=10\ \text{k}\Omega$，$R_c=2\ \text{k}\Omega$，$R_{e1}=2\ \text{k}\Omega$，$R_b=200\ \text{k}\Omega$，$R_L=2\ \text{k}\Omega$，$\beta_1=50$，$\beta_2=100$，$U_{CC}=12\ \text{V}$。

① 判定 VT_1、VT_2 各构成什么组态电路？

② 分别估算各级的静态工作点。

③ 计算放大电路的电压放大倍数 A_u、输入电阻 R_i、输出电阻 R_o。

解 ① VT_1 构成第一级放大电路，为共射放大电路；

VT_2 构成第二级放大电路，为共集电极放大电路。

② 计算第一级放大电路的静态工作点：

$$U_{B1}\approx\frac{R_{b2}}{R_{b1}+R_{b2}}U_{CC}=4\ \text{V}$$

$$I_{CQ1}\approx\frac{U_{B1}}{R_{e1}}\approx 2\ \text{mA}$$

$$I_{BQ1}=\frac{I_{CQ1}}{\beta_1}=40\ \mu A$$

$$U_{CEQ1}\approx U_{CC}-I_{CQ1}(R_c+R_{e1})=4\ V$$

计算第二级放大电路的静态工作点：

$$I_{BQ2}\approx\frac{U_{CC}}{R_b+(1+\beta_2)R_{e2}}\approx 40\ \mu A$$

$$I_{CQ2}=\beta_2 I_{BQ2}=4\ mA$$

$$U_{CEQ2}\approx U_{CC}-I_{CQ2}R_{e2}=8\ V$$

③ 计算 A_u、R_i、R_o：

两个三极管的交流等效电阻：

$$r_{be1}=200\ \Omega+(1+\beta_1)\frac{26\ mV}{I_{EQ1}}\approx 0.85\ k\Omega$$

$$r_{be2}=200\ \Omega+(1+\beta_2)\frac{26\ mV}{I_{EQ2}}\approx 0.85\ k\Omega$$

计算第二级的输入电阻 R_{i2} 作为第一级的负载电阻 R_{L1}：

$$R_{L1}=R_{i2}=R_b /\!/ [r_{be2}+(1+\beta_2)R_{e2} /\!/ R_L]\approx 51\ k\Omega$$

由此可得

$$A_{u1}=-\frac{\beta_1 R_c /\!/ R_{L1}}{r_{be1}}\approx -118$$

$$A_{u2}=\frac{(1+\beta_2)R_{e2} /\!/ R_L}{r_{be_2}+(1+\beta_2)R_{e2} /\!/ R_L}\approx 1$$

$$A_u=A_{u1}A_{u2}=-118$$

计算第一级的输出电阻 R_{o1} 作为后一级的信号源内阻 R_{s2}：

$$R_{s2}=R_{o1}\approx R_c=2\ k\Omega$$

由此可计算出 R_i、R_o：

$$R_i=R_{i1}=R_{b1} /\!/ R_{b2} /\!/ r_{be1}\approx 0.85\ k\Omega$$

$$R_o=R_{o2}=R_{e2} /\!/ \frac{r_{be2}+R_{s2} /\!/ R_b}{1+\beta_2}\approx 28\ \Omega$$

2.8.3　实验项目六：两级阻容耦合放大电路调测

两级阻容耦合共射极放大电路，用大电容作极间耦合。优点在于静态工作点互不影响，便于设计、分析、调试。但低频特性差，且大电容不利于集成化，因而多用于分立电路。

1. 实验目的

(1) 掌握如何合理设置静态工作点；

(2) 掌握多级放大电路放大倍数测试方法；

(3) 了解多级放大电路的失真及消除方法。

2. 实验设备

(1) 数字双踪示波器；

(2) 数字万用表；

(3) 信号发生器；

(4) TPE-A5Ⅱ型模拟电路实验箱。

3. 预习要求

(1) 复习教材多级放大电路内容及测量方法。

(2) 分析图 2.63 所示的两级阻容耦合放大电路。初步估计测试内容的变化范围。

4. 实验内容

实验电路如图 2.63 所示。

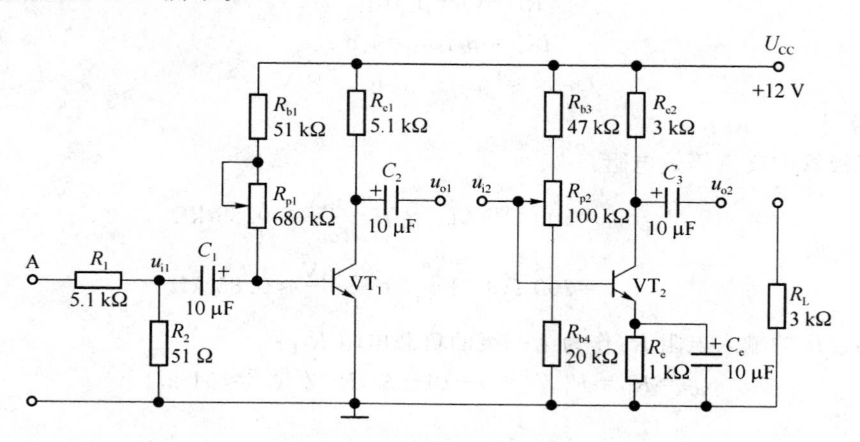

图 2.63　两级阻容耦合实验放大电路

第一级静态工作点求解公式如下。

因为
$$U_{CC}=I_{BQ1}(R_{b1}+R_{P1})+U_{BEQ1}$$

所以
$$I_{BQ1}=\frac{U_{CC}-U_{BEQ1}}{(R_{b1}+R_{P1})}$$

因为
$$U_{CC}=U_{CEQ1}+I_{CQ1}R_{c1}$$

所以
$$I_{CQ1}=\frac{U_{CC}-U_{CEQ1}}{R_{c1}}$$

第二级静态工作点求解公式如下。

因为
$$U_{BQ2}=\frac{R_{b4}}{R_{b4}+(R_{b3}+R_{p2})}U_{CC}$$

所以
$$R_{b3}+R_{p2}=\frac{U_{CC}-U_{BQ2}}{U_{BQ2}}R_{b4}$$

因为
$$U_{EQ2}=I_{EQ2}R_e$$

所以
$$I_{EQ2}=\frac{U_{EQ2}}{R_e}$$

因为
$$U_{CC}=I_{CQ2}R_{c2}+U_{CEQ2}+U_{EQ2}$$

所以
$$I_{CQ}=\frac{U_{CC}-U_{CEQ2}-U_{EQ2}}{R_{c2}}$$

第一级电压放大倍数和输入电阻求解公式如下。

$$A_{u1}=-\frac{\beta_1 R_{c1}/\!/R'_{i2}}{r_{be1}}$$

$$R'_{i2}=r_{be2}/\!/(R_{b3}+R_{P2})/\!/R_{b4}$$

$$R_i=r_{be1}/\!/(R_{b1}+R_{P1})$$

第二级电压放大倍数和输出电阻求解公式如下。

$$A_{u2}=-\frac{\beta_2 R_{c2}/\!/R_L}{r_{be2}}$$

$$R_o=R_{c2}$$

总的电压放大倍数：

$$A_u=A_{u1}A_{u2}=\frac{\beta_1 R_{c1}/\!/r_{be2}/\!/(R_{b3}+R_{p2})/\!/R_{b4}}{r_{be1}}\cdot\frac{\beta_2 R_{c2}/\!/R_L}{r_{be2}}$$

（1）设置静态工作点。

① 按图 2.63 所示接线，注意接线尽可能短。

② 静态工作点设置：要求第二级在输出波形不失真的前提下幅值尽量大。

（2）按表 2.17 要求测量并计算，改变 R_{P1}、R_{P2}，用万用表测量 U_{CEQ1}、U_{CEQ2} 使 $U_{CEQ1}=U_{CEQ2}=U_{CC}/2$，测量 U_{BEQ1}、U_{BEQ2}，分别计算出两级的静态工作点。

注意：测静态工作点时应断开输入信号。

表 2.17　静态工作点数据记录

测量参数	I_{CQ}	I_{BQ}	β	r_{be}
VT_1				
VT_2				

（3）动态参数测试。

① 在输入端接入频率为 1 kHz 幅度为 100 mV 的交流信号（采用实验箱上加衰减的办法，即信号源用一个较大的信号。例如 100 mV，在实验板上经 100 : 1 衰减电阻衰减，降为 1 mV），使 u_{i1} 为 1 mV，调整工作点使输出信号不失真。

注意：如发现有寄生振荡，可采用以下措施消除：

a. 重新布线，尽可能走短线；

b. 可在三极管 b、e 两极间并联几 pF 到几百 pF 的电容；

c. 信号源与放大电路用屏蔽线连接；

② 接入负载电阻 $R_L=3\ k\Omega$，按表 2.18 测量并计算。

表 2.18　动态测量数据记录

测量参数	输入或输出电压/mV			电压放大倍数（实测）			电压放大倍数（估算）		
				第 1 级	第 2 级	总体	第 1 级	第 2 级	总体
	u_i	u_{o1}	u_{o2}	A_{u1}	A_{u2}	A_u	A_{u1}	A_{u2}	A_u
空载									
$R_L=3\ k\Omega$									

③ 将放大器负载断开，将输入信号频率调到 1 kHz，幅度调到使输出幅度最大而不失真。

5. 实验报告

（1）绘出实验原理电路图，标明实验的元件参数。

（2）整理实验数据，分析实验结果。

（3）如果输出端出现了失真，如何判定是哪一级产生的？

(4) 选择在实验中感受最深的一个实验内容,完成两级阻容耦合放大电路调测实验报告如表 2.19 所示,并从实验中得出基本结论。

表 2.19　模拟电子技术实验报告七:两级阻容耦合放大电路调测

实验地点				时间		实验成绩	
班级		姓名		学号		同组姓名	
实验目的							
实验设备							
实验内容	1. 画出实验电路原理图						

实验内容:

1. 画出实验电路原理图

2. 静态测量与调整

改变 R_{P1}、R_{P2},用万用表测量 U_{CEQ1}、U_{CEQ2},使 $U_{CEQ1}=U_{CEQ2}=U_{CC}/2$,测量 U_{BEQ1}、U_{BEQ2},分别计算出两级的静态工作点。

测量参数	I_{CQ}	I_{BQ}	β	r_{be}
VT_1				
VT_2				

3. 动态测量与调整

测量参数	输入或输出电压/mV			电压放大倍数(实测)			电压放大倍数(估算)		
				第 1 级	第 2 级	总体	第 1 级	第 2 级	总体
	u_i	u_{o1}	u_{o2}	A_{u1}	A_{u2}	A_u	A_{u1}	A_{u2}	A_u
空载									
$R_L=3\ k\Omega$									

续 表

实验内容	4. 画出截止失真和饱和失真波形
实验过程中遇到的问题及解决方法	
实验体会与总结	
指导教师评语	

2.9　放大电路的频率响应

2.9.1　单级放大电路的频率响应

1. 频率响应的基本概念

前面分析放大电路时，忽略了电路中电抗性器件电容的影响，而且在分析电路时，只考虑到单一频率的正弦输入信号。实际上，放大电路中存在电抗性器件电容，如外接的隔直耦合电容、三极管的极间电容、线间的杂散电容等。这些电容对不同频率的信号会产生不同的影响，呈现的阻抗有大有小。另外，实际放大电路的输入信号非常复杂，不仅仅是单一频率的正弦信号，而是一段频率范围（频段）。因此在考虑到这些因素后，放大电路的放大倍数对于不同频率的信号会有所变化。这种放大倍数随信号频率变化的关系称为放大电路的频率特性，也称为频率响应。频率响应包含幅频响应和相频响应两部分。

因为讨论涉及相位，这里用复数表示信号。

用关系式 $\dot{A}_u = A_u(f)\angle\varphi(f)$ 来描述放大电路的电压放大倍数与信号频率的关系。其中 $A_u(f)$ 表示电压放大倍数的模与信号频率的关系，称为幅频响应；$\varphi(f)$ 表示放大电路的输出电压 $\dot{u}_o$ 与输入电压 $\dot{u}_i$ 的相位差与信号频率的关系，称为相频响应。

2. 上、下限频率和通频带

图 2.64 所示为阻容耦合放大电路的幅频响应。从图中可以看出，在某一段频率范围内，放大电路的电压增益 $|\dot{A}_u|$ 与频率 f 无关，是一个常数，这时对应的增益称为中频增益 A_{um}；但随着信号频率的减小或增加，电压放大倍数 $|\dot{A}_u|$ 明显减小。

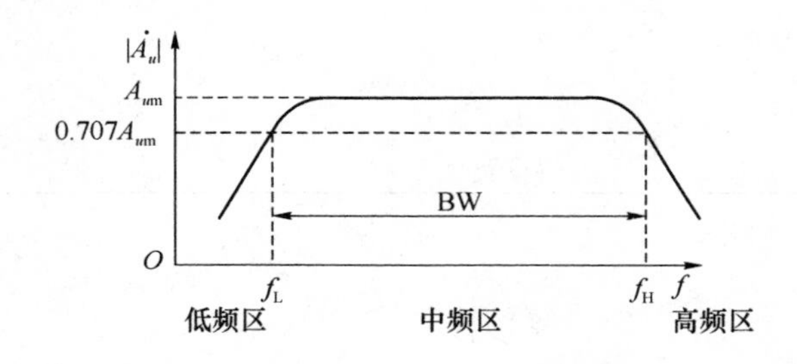

图 2.64　阻容耦合放大电路的幅频响应

(1) 下限频率 f_L 和上限频率 f_H：当放大电路的放大倍数 $|\dot{A}_u|$ 下降到 $0.707A_{um}$ 时，所对应的两个频率分别称为放大电路的下限频率 f_L 和上限频率 f_H。

(2) 通频带 BW：f_L 和 f_H 之间的频率范围称为放大电路的通频带，用 BW 表示，即

$$BW = f_H - f_L \tag{2-21}$$

一个放大器的通频带越宽，表示其工作的频率范围越宽，频率响应越好。

3. 单级共射放大电路的频率响应

根据放大电路的上、下限频率及通频带，在分析放大电路的频率特性时，常把频率范围划分为 3 个频区：低频区、中频区和高频区。下面就结合图 2.65 所示的单级阻容耦合基本共射放大电路来分析单级放大电路的频率响应。

(1) 中频区。若信号的频率在下限频率 f_L 和上限频率 f_H 之间，称此频率区域为中频区。在中频区，忽略所有电容的影响，视隔直耦合电容和旁路电容为交流短路，视极间电容和杂散电容为交流开路。这种情况与我们之前的分析一致，因此有

$$A_{um} = -\frac{\beta R_c /\!/ R_L}{r_{be}} \tag{2-22}$$

从式(2-22)中可见，A_{um}不受信号频率的影响，对特定电路来说是一个常数。输出电压 u_o 和输入电压 u_i 反相位，相位差为$-180°$。从图 2.65 所示中也可看出，电路中频区的频率特性是比较平坦的曲线。

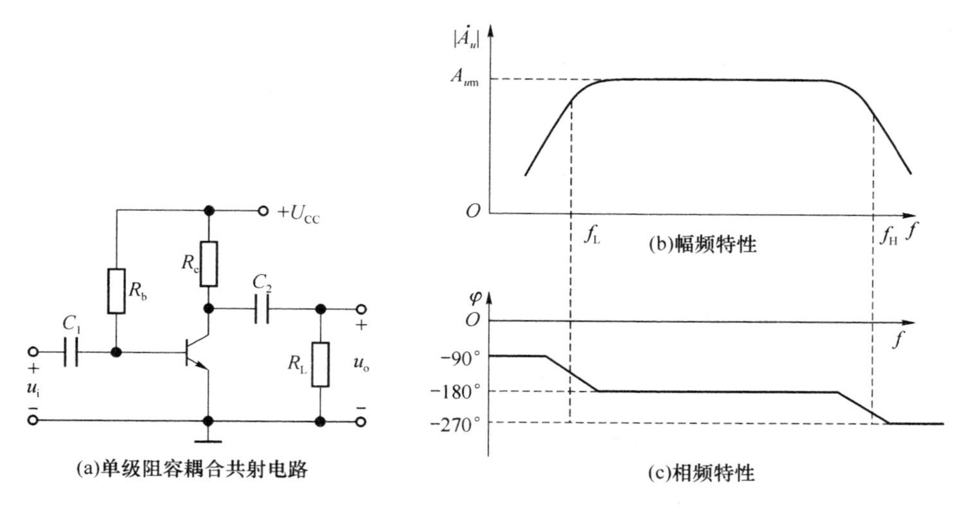

图 2.65　单级阻容耦合基本共射放大电路及其频率特性

(2) 低频区。若信号的频率 $f<f_L$，称此频率区域为低频区。在低频区，串接在支路中的隔直耦合电容以及旁路电容，如 C_1、C_b、C_e 等，呈现的阻抗增大，信号在这些电容上的压降增大，信号通过时会被明显衰减，增益下降。因此在低频区，不能再视隔直耦合电容以及旁路电容为交流短路；而并接的极间电容和杂散电容，容抗很大，可视为开路。

在低频区，要考虑隔直耦合电容和旁路电容的影响。为使分析简化，这里只考虑耦合电容 C_1 的作用，把耦合电容 C_2 归入后级电路。图 2.66 所示为单级共射放大电路在低频区的微变等效电路。根据电容 C_1 的阻抗$\frac{1}{j\omega C_1}$，可计算出在低频区放大电路电压放大倍数的表达式为

$$\frac{\dot{u}_o}{\dot{u}_{be}}=-\frac{\beta R_c /\!/ R_L}{r_{be}}=A_{um}$$

$$\frac{\dot{u}_{be}}{\dot{u}_i}=\frac{R_b /\!/ r_{be}}{R_b /\!/ r_{be}+\frac{1}{j\omega C_1}}=\frac{R_i}{R_i+\frac{1}{j\omega C_1}}$$

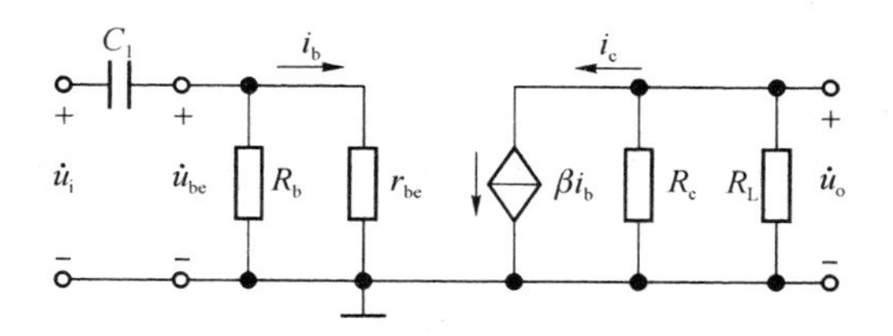

图 2.66　单级共射放大电路的低频微变等效电路

定义：

$$f_L=\frac{1}{2\pi R_i C_1},即\frac{1}{R_i C_1}=2\pi f_L$$

则有：

$$\dot{A}_u=\frac{\dot{u}_o}{\dot{u}_i}=\frac{\dot{u}_o}{\dot{u}_{be}}\frac{\dot{u}_{be}}{\dot{u}_i}=\frac{A_{um}}{1+\frac{1}{j\omega R_i C_1}}=\frac{A_{um}}{1-j\frac{2\pi f_L}{\omega}}$$

由 $\omega=2\pi f$，代入并整理得

$$\dot{A}_u=\frac{A_{um}}{1-j\frac{f_L}{f}} \tag{2-23}$$

由式(2-23)可得，电路在低频区的幅频特性和相频特性：

- 当 $f \gg f_L$ 时，$|\dot{A}_u| \approx A_{um}$，$\varphi=-180°$。
- 当 $f=f_L$ 时，$|\dot{A}_u| \approx \frac{1}{\sqrt{2}}A_{um}$，$\varphi=-135°$。
- 当 $f \ll f_L$ 时，$|\dot{A}_u| \approx 0$，$\varphi=-90°$。

结合图 2.65 所示可以看出：在低频区，增益随频率的减小而减小；相对于中频区产生超前的附加相位移，相位差 φ 随着频率的改变而改变。

(3) 高频区。若信号的频率 $f>f_H$，则称此频率区域为高频区。在高频区，并接的极间电容和杂散电容容抗减小，对信号产生分流，使增益下降，不可再视为交流开路。串接在支路中的隔直耦合电容和旁路电容呈现的阻抗很小，可视为交流短路。

因此，在高频区主要考虑极间电容的影响。由于极间电容的分流作用，这时三极管的电流放大系数 β 不再是一个常数，而是信号频率的函数，因此三极管的中频微变等效电路模型在这里不再适用，分析时要用三极管的高频微变模型。有关高频微变模型的内容请参考相关的书籍。

从图 2.65 所示可见，在高频区，随信号频率的升高，电压增益减小；产生滞后的附加相位移，相位差 φ 值也随着频率改变。

2.9.2 多级放大电路的频率响应

多级放大电路的频率响应可由单级电路的频率响应叠加得到，包括幅频响应和相频响应两部分。

1. 多级放大电路的幅频响应

多级放大电路的幅频响应为各单级幅频响应的叠加。在多级放大电路中，有电压放大倍数：

$$A_u=A_{u1}A_{u2}A_{u3}\cdot\cdots$$

若采用分贝为单位，则有

$$20\lg A_u(\text{dB})=20\lg A_{u1}+20\lg A_{u2}+20\lg A_{u3}+\cdots$$

2. 多级放大电路的相频响应

多级放大电路的相频响应为各单级相频响应的叠加：

$$\varphi=\varphi_1+\varphi_2+\varphi_3+\cdots$$

3. 多级放大电路的通频带

图 2.67 所示为两级阻容耦合放大电路的幅频响应。设两个单级放大电路的下限频率 f_L 和上限频率 f_H 均相等，则在 f_L 和 f_H 处有

$$|\dot{A}_u|=|\dot{A}_{u1}||\dot{A}_{u2}|=\frac{1}{\sqrt{2}}A_{um1}\times\frac{1}{\sqrt{2}}A_{um2}=\frac{1}{2}A_{um}$$

从图 2.67 所示可看出，多级放大电路的下限频率高于组成它的任一单级放大电路的下限频率；而上限频率则低于组成它的任一单级放大电路的上限频率；通频带窄于组成它的任一单级放大电路的通频带。

通频带是放大电路的一项非常重要的技术指标。在多级放大电路中，随着放大电路级数的增加，其电压增益增大，但其通频带变窄。放大倍数与通频带是一对矛盾，因此多级放大电路的级数并不是越多越好。实际应用中，不仅要考虑电压增益，还要兼顾电路的通频带宽，当放大电路的通频带不能满足要求时，只放大部分信号的幅度是没有意义的。

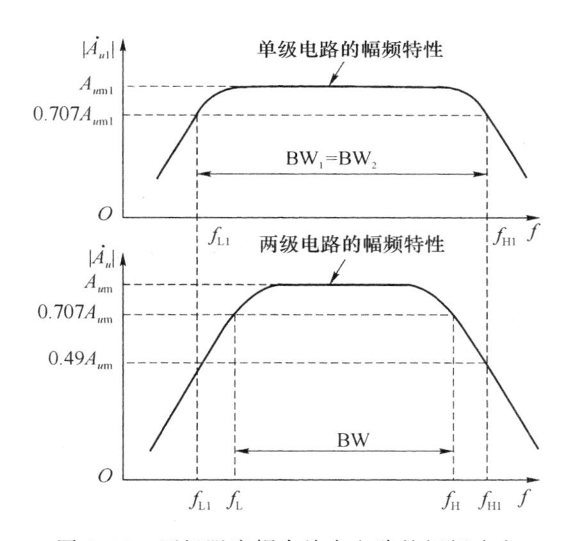

图 2.67 两级阻容耦合放大电路的幅频响应

2.9.3 实验项目七：两级阻容耦合放大电路频率响应调测

1. 实验目的

(1) 理解如何合理设置静态工作点；

(2) 掌握放大电路频率响应的测试方法；

(3) 了解放大电路的频率失真及消除方法。

2. 实验设备

(1) 数字双踪示波器；

(2) 数字万用表；

(3) 信号发生器；

(4) TPE-A5Ⅱ型模拟电路实验箱。

3. 预习要求

复习多级放大电路频率响应内容。

4. 实验内容

实验电路如图 2.58 所示。

(1) 按图 2.58 所示电路接线,注意接线尽可能短。

(2) 静态工作点设置:要求第二级在输出波形不失真的前提下幅值尽量大。调测方法与实验项目七相同,不再重述。

(3) 在输入端接入频率为 1 kHz、幅度为 100 mV 的交流信号(采用实验箱上加衰减的办法,即信号源用一个较大的信号。例如 100 mV,在实验板上经 100∶1 衰减电阻衰减,降为 1 mV),使 u_{i1} 为 1 mV,调整工作点使输出信号不失真。

注意:如发现有寄生振荡,可采用以下措施消除。

① 重新布线,尽可能走短线。

② 可在三极管 b、e 两极间加几 pF 到几百 pF 的电容。

③ 信号源与放大电路用屏蔽线连接。

(4) 信号发生器的幅度保持 100 mV 不变,改变信号发生器的输出频率,从 1 Hz 开始,测量并记录出端 u_{o2} 的数值,每上升 50 Hz 测量一次,按表 2.20 所示要求记录。

表 2.20 不同频率的输出端电压数据记录

f/Hz	1	50	100	150	…	20 050	20 100	20 150
u_{o2}(C=10 μF)					…			
u_{o2}(C=100 μF)					…			

(5) 将电路中的 10 μF 耦合电容全部换为 100 μF,信号发生器的幅度保持 100 mV 不变,改变信号发生器的输出频率,从 1 Hz 开始,测量并记录出端 u_{o2} 的数值,每上升 50 Hz 测量一次,按表 2.20 所示要求记录。

(6) 根据表 2.20 所示,分别画出 C=10 μF 和 C=100 μF 时两级阻容耦合放大电路频率响应曲线,并给出两级阻容耦合放大电路的 f_L,f_H 和 BW。

5. 实验报告

(1) 绘出实验原理电路图,标明实验的元件参数。

(2) 整理实验数据,分析实验结果。

(3) 完成两级阻容耦合放大电路频率响应测试实验报告,如表 2.21 所示,并从实验中得出基本结论。

表 2.21　模拟电子技术实验报告八：两级阻容耦合放大电路频率响应测试

<table>
<tr><td colspan="2">实验地点</td><td colspan="2"></td><td>时间</td><td></td><td>实验成绩</td><td></td></tr>
<tr><td>班级</td><td></td><td>姓名</td><td></td><td>学号</td><td></td><td>同组姓名</td><td></td></tr>
<tr><td colspan="2">实验目的</td><td colspan="6"></td></tr>
<tr><td colspan="2">实验设备</td><td colspan="6"></td></tr>
</table>

实验内容

1. 静态工作点设置

要求第二级在输出波形不失真的前提下幅值尽量大。调测方法与实验项目六相同。

2. 动态测量与调整

信号发生器的幅度保持 100 mV 不变，改变信号发生器的输出频率，从 1 Hz 开始，测量并记录出端 u_{o2} 的数值，每上升 50 Hz 测量一次。记录到下表中。

f/Hz	1	50	100	150	…	20 050	20 100	20 150
u_{o2}/C=10 μF					…			
u_{o2}/C=100 μF					…			

3. 画出 C=10 μF 时两级阻容耦合放大电路频率响应曲线，并给出两级阻容耦合放大电路的 f_L，f_H 和 BW。

4. 画出 C=100 μF 时两级阻容耦合放大电路频率响应曲线，并给出两级阻容耦合放大电路的 f_L，f_H 和 BW。

续表

实验过程中遇到的问题及解决方法	
实验体会与总结	
指导教师评语	

本章小结

(1) 基本放大电路有3种组态:共射极、共集电极和共基极组态。放大电路正常放大的前提条件是:外加电源电压的极性要保证三极管的发射极正偏,集电结反偏;有一个合适的静态工作点Q。

(2) 正常工作时,放大电路处于交、直流共存的状态。三极管各电极的电压和电流瞬时值是在静态值的基础上叠加交流分量,但瞬时值的极性和方向始终固定不变。为了分析方便,常将交流和直流分开讨论。

(3) 放大电路放大的实质是实现小能量对大能量的控制和转换作用。但放大仅仅针对交流分量而言。

(4) 基本放大电路的分析方法有两种。一是图解分析法,这种方法直观方便,主要用来分析Q点的位置是否合适、非线性失真(截止或饱和失真)、最大不失真输出电压等。二是微变等效电路分析法,可分析求解动态参数电压放大倍数、输入电阻、输出电阻等。

(5) 固定偏置电路中Q点受温度影响大。采用分压偏置式静态工作点稳定电路可以减小温度的影响,稳定Q点。

(6) 三种组态放大电路各自的特点如下。

① 共射放大电路:A_u较大,R_i、R_o适中,常用作电压放大,具有电压反相作用。

② 共集放大电路:$A_u \approx 1$,R_i大、R_o小,从信号源获取电压能力强,带负载能力强,常用作输入级、缓冲级、输出级等,也称为射极输出器或射极跟随器。

③ 共基放大电路:A_i较大,R_i小、R_o大,频带宽,适用于放大高频信号。

(7) 场效应管放大电路的偏置电路与三极管放大电路不同，主要有自偏压式和分压式两种。其放大电路也有 3 种组态：共源、共漏和共栅极电路。电路的动态参数分析类似于三极管电路。

(8) 多级放大电路主要有 3 种耦合方式：阻容耦合、直接耦合和变压器耦合。多级放大电路的电压放大倍数为各级电压放大倍数的乘积：$A_u = A_{u1} A_{u2} A_{u3} \cdot \cdots$；输入电阻为第一级的输入电阻；输出电阻为最后一级的输出电阻。求解多级放大电路的动态参数时，需要把后一级的输入电阻当作前一级的负载电阻。

(9) 频率响应描述的是放大电路的放大倍数随频率变化的关系。下限频率主要由电路中的耦合电容和旁路电容决定。上限频率主要由电路中三极管的极间电容决定。因为电路中耦合电容、旁路电容和极间电容等的存在，放大电路的放大倍数在低频区随频率的减小而下降；在高频区随频率的增高而减小。对于多级放大电路，级数越多，其增益越大，频带越窄。

(10) 差动放大电路是一种具有两个输入端且电路结构对称的放大电路，具有放大差模信号、抑制共模信号的特点。差动放大电路作为集成运放的输入级可以有效地抑制电路中的零点漂移。为描述差动放大电路放大差模、抑制共模的能力，定义了共模抑制比 K_{CMR}，它是差模电压放大倍数与共模电压放大倍数的比值，K_{CMR}越大，差动放大电路的性能越好。

习　题　2

2-1　填空题。

(1) 基本放大电路有 3 种组态，分别是________、________和________组态。

(2) 工作在放大电路中的三极管，其外加电压的极性一定要保证其发射结________偏置，集电结________偏置。

(3) 放大电路放大的实质是实现________对________的控制和转换作用。

(4) 放大电路的________负载线是动态工作点移动的轨迹。

(5) 非线性失真包含________和________两种。

(6) 三极管共射极接法下的输入电阻 $r_{be}=$________。

(7) 3 种组态放大电路中，________组态电路具有电压反相作用；________组态电路输入阻抗比较高；________组态电路的输出阻抗比较小；________组态电路常用于高频放大。

(8) 场效应管放大电路和三极管放大电路相比，具有输入阻抗________、温度稳定性能________、噪声________、功耗________等特点。

(9) 多级放大电路中常见的耦合方式有 3 种：________耦合、________耦合和________耦合。

(10) ________耦合放大电路既可以放大交流信号，也可以放大直流信号。

(11) 放大电路的静态工作点通常是指________、________和________。

(12) 用来衡量放大器性能的主要指标有________、________、________。

(13) 对直流通路而言，放大器中的电容可视为________，电感可视为________；对于交流通路而言，电容器可视为________。

(14) 射极输出器的特点是:电压放大倍数________,无________放大能力,有________放大能力;输出电压与输入电压的相位________。

(15) 影响放大电路低频响应的主要因素为________________;影响放大电路高频响应的主要因素为________________。

(16) 多级放大电路的级数越多,其增益越________,频带越________。

(17) 差模放大电路能有效地克服温漂,这主要是通过________________。

(18) 差模电压放大倍数 A_{ud} 是________________之比;共模电压放大倍数 A_{uc} 是________________之比。

(19) 共模抑制比 K_{CMR} 是________________之比,K_{CMR} 越大表明电路________。

(20) 放大倍数下降到中频的$\sqrt{2}/2$ 倍所对应的大于或小于中频的频率分别称________频率和________频率。

2-2 选择题。

(1) 放大电路在未输入交流信号时,电路所处工作状态是________。

A. 静态　B. 动态　C. 放大状态　D. 截止状态

(2) 放大电路设置偏置电路的目的是________。

A. 使放大器工作在截止区,避免信号在放大过程中失真

B. 使放大器工作在饱和区,避免信号在放大过程中失真

C. 使放大器工作在线性放大区,避免放大波形失真

D. 使放大器工作在集电极最大允许电流 ICM 状态下

(3) 在放大电路中,三极管静态工作点用________表示。

A. I_b、I_c、U_{ce}　B. I_{BQ}、I_{CQ}、U_{CEQ}　C. i_B、i_C、u_{CE}　D. i_b、i_c、u_{ce}

(4) 在放大电路中的交直流电压、电流用________表示。

A. I_b、I_c、U_{ce}　B. I_B、I_C、U_{CE}　C. i_B、i_C、u_{CE}　D. i_b、i_c、u_{ce}

(5) 在基本放大电路中,若测得 $U_{CEQ}=U_{CC}$,则可以判断三极管处于________状态。

A. 放大　B. 饱和　C. 截止　D. 短路

(6) 在共射放大电路中,输入交流信号 u_i 与输出信号 u_o 相位________。

A. 相反　B. 相同　C. 正半周时相同　D. 负半周时相反

(7) 在基本放大电路中,输入耦合电容作用是________。

A. 通直流和交流　B. 隔直流通交流　C. 隔交流通直流　D. 隔交流和直流

(8) 描述放大器对信号电压的放大能力,通常使用的性能指标是________。

A. 电流放大倍数　B. 功率放大倍数　C. 电流增益　D. 电压放大倍数

(9) 画放大器的直流通路时应将电容器视为________。

A. 开路　B. 短路　C. 电池组　D. 断路

(10) 画放大器的交流通路时应将直流电源视为________。

A. 开路　B. 短路　C. 电池组　D. 断路

(11) 在共射放大电路中,偏置电阻 R_b 增大,三极管的________。

A. U_{CEQ}减小　B. I_{CQ}减小　C. I_{CQ}增大　D. I_{BQ}增大

(12) 放大器外接一负载电阻 R_L 后,输出电阻 R_o 将________。

A. 增大　B. 减小　C. 不变　D. 等于 R_L

(13) 三极管 3 种基本组态放大电路中，既有电压放大能力又有电流放大能力的组态是________。

A. 共射极组态　　B. 共集电极组态　　C. 共基极组态

(14) 影响放大电路的静态工作点，使工作点不稳定的原因主要是温度的变化影响了放大电路中的________。

A. 电阻　　B. 三极管　　C. 电容

(15) 阻容耦合放大电路可以放大________。

A. 直流信号　　B. 交流信号　　C. 直流和交流信号

(16) 由于三极管极间电容的影响，当输入信号的频率大于电路的上限频率时，放大电路的增益会________。

A. 增大　　B. 不变　　C. 减小

(17) 如图 2.63 所示的工作点稳定电路，电路的输出电阻为________。

A. R_c　　B. R_L　　C. $R_c /\!/ R_L$

(18) 如图 2.68 所示的电路，输入为正弦信号，调整下偏置电阻 R_{b2} 使其逐渐增大，则输出电压会出现________。

A. 截止失真　　B. 饱和失真　　C. 频率失真

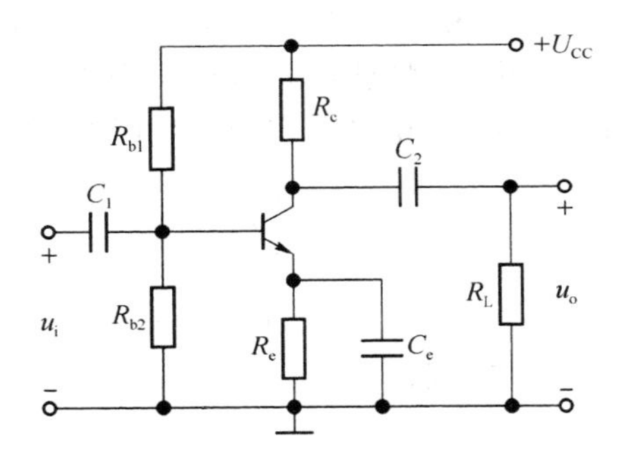

图 2.68　选择题(18)题题图

(19) 如图 2.69 所示，下限频率 f_L 处电路的电压放大倍数为________。

A. 100 倍　　B. 40 倍　　C. 70.7 倍

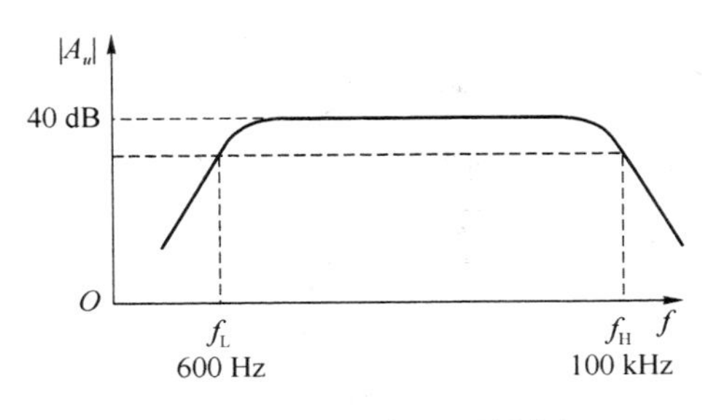

图 2.69　选择题(19)题题图

(20) 图 2.64 所示为电路的频率特性，电路的通频带为________。

A. 100 kHz　　B. 600 Hz　　C. 99.4 kHz

2-3　判断题。

(1) 放大器通常用 i_b、i_C、u_{ce} 表示静态工作点。　(　　)

(2) 两级放大器比单级放大器的通频带要窄些。　(　　)

(3) 在基本放大电路中，输入耦合电容 C_1 的作用是隔交通直。　(　　)

(4) 画直流通路时电容器应视为开路。　(　　)

(5) 放大器的输出与输入电阻都应越大越好。　(　　)

(6) 两级放大器第一级电压增益为 40 dB，第二级增益为 20 dB，其总增益为 800 dB。　(　　)

(7) 放大器 $A_u=-50$，其中负号表示波形缩小。　(　　)

(8) 共射放大器的输出电压与输入电压的相位相同。　(　　)

(9) 图 2.63 所示电路的输入电阻为 $R_i=R_{b1}/\!/R_{b2}/\!/r_{be}$。　(　　)

(10) 图 2.64 所示的是直接耦合放大电路的幅频响应。　(　　)

(11) 截止失真和饱和失真统称为非线性失真。　(　　)

(12) 共集电极组态放大电路具有电流放大作用，但没有电压放大能力。　(　　)

(13) 场效应管放大电路的热稳定性能差。　(　　)

(14) 放大电路的放大倍数在低频区随输入信号频率的减小而降低，其原因是三极管极间电容的影响。　(　　)

2-4　仿照图 2.9 所示 NPN 固定偏置共射放大电路，试构成 PNP 共射放大电路。

2-5　如图 2.70 所示的各放大电路，哪些电路可以实现正常的正弦交流放大？哪些不能实现正常的正弦交流放大？简述理由(图中各电容的容抗可以忽略)。

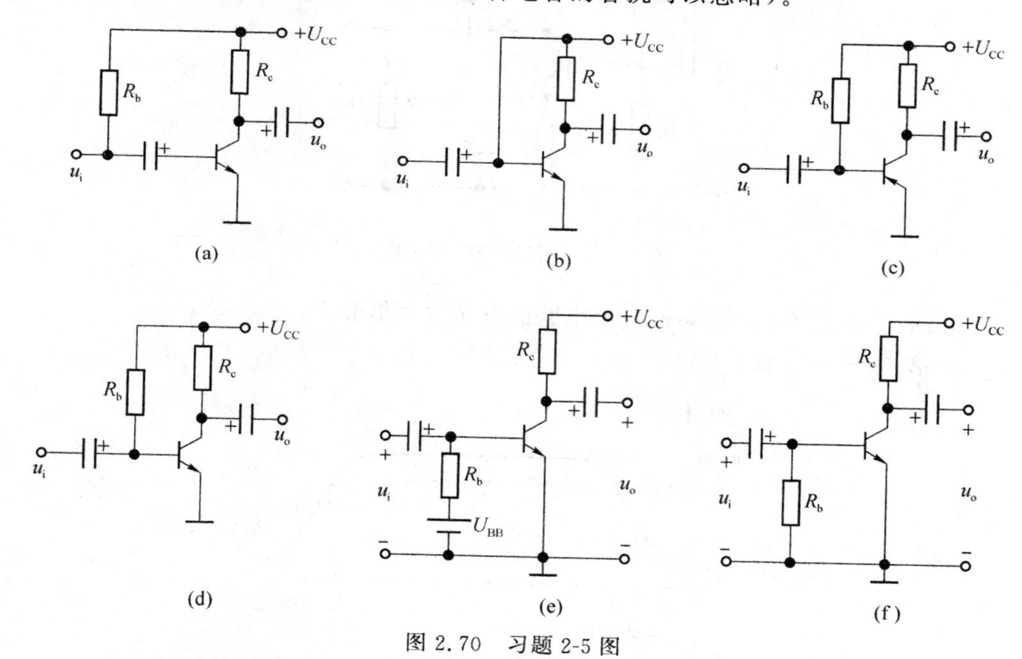

图 2.70　习题 2-5 图

2-6　图 2.71 所示为固定偏置共射放大电路。输入 u_i 为正弦交流信号，试问输出电压 u_o 出现了怎样的失真？如何调整偏置电阻 R_b 才能减小此失真？

2-7　如图 2.72 所示的放大电路，$R_b=300\ \text{k}\Omega$，$R_c=3\ \text{k}\Omega$，$R_L=3\ \text{k}\Omega$，三极管为硅管，三极管的电流放大系数 $\beta=60$。

（1）画出电路的直流通路、交流通路和微变等效电路。

（2）计算电路的静态工作点 Q。

（3）求解电路的电压放大倍数 A_u、输入电阻 R_i 和输出电阻 R_o。

（4）若换成电流放大系数 $\beta=100$ 的三极管，电路还能否实现交流信号的正常放大？

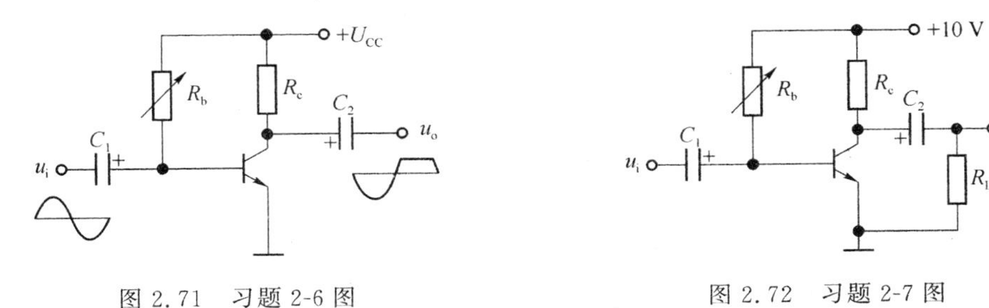

图 2.71　习题 2-6 图　　　　图 2.72　习题 2-7 图

2-8　如图 2.73 所示的放大电路，已知三极管为硅管，$\beta=50$。

（1）计算电路的静态工作点 Q。

（2）求解电路的 A_u、R_i、R_o。

（3）若信号源正弦电压 u_S 的值逐渐增大，输出电压 u_o 首先出现怎样的失真？估算电路的最大不失真输出电压幅值（设三极管的 $U_{CES}=0$ V）。

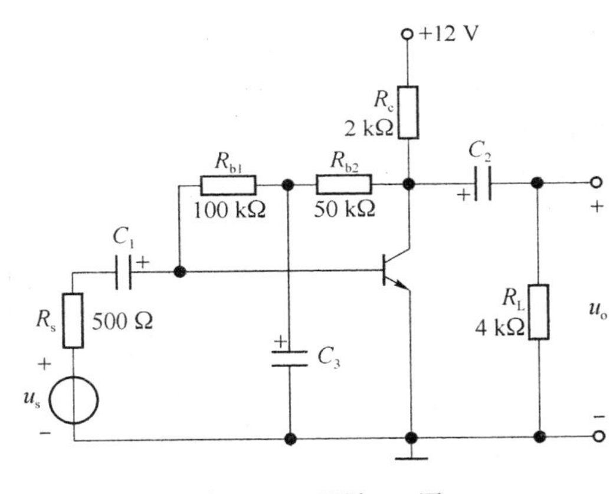

图 2.73　习题 2-8 图

2-9　如图 2.74 所示的偏置电路，热敏电阻具有负的温度系数，试分析电路接入的热敏电阻能否起到稳定静态工作点的作用。

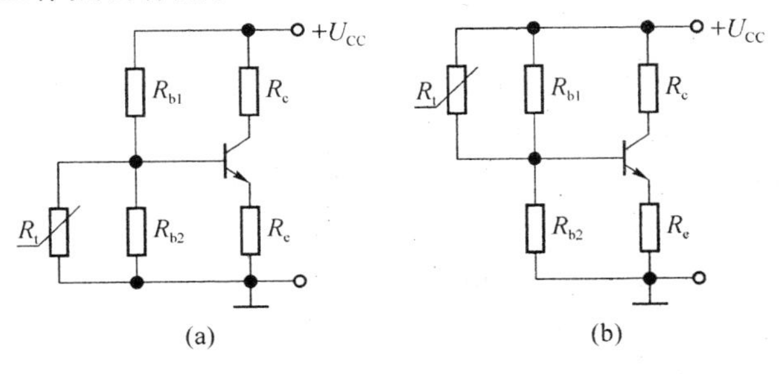

图 2.74　习题 2-9 图

2-10　图 2.75 所示为分压式工作点稳定电路，已知三极管为硅管，$\beta=60$。

(1) 计算电路的 Q 点。

(2) 求三极管的输入电阻 r_{be}。

(3) 用小信号等效电路分析法求电路的 A_u、R_i、R_o。

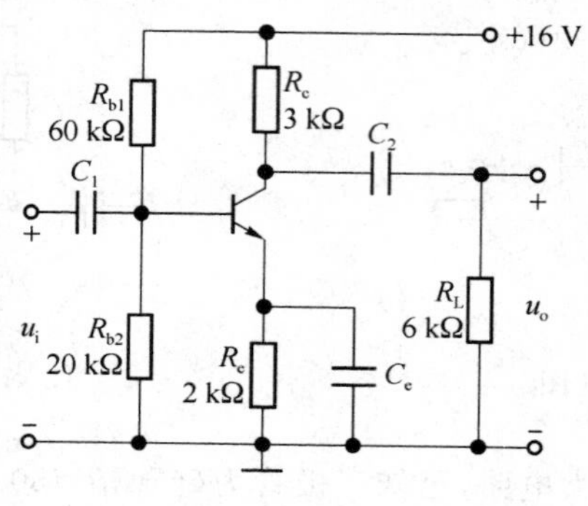

图 2.75　习题 2-10 图

2-11　根据如图 2.76 所示的放大电路作答。

(1) 画出电路的微变等效电路。

(2) 分别写出 A_{u1} 和 A_{u2} 的表达式。

(3) 分别求解输出电阻 R_{o1} 和 R_{o2}。

2-12　在如图 2.77 所示的放大电路中，已知三极管为锗管，$\beta=50$。

(1) 求电路的静态工作点 Q。

(2) 求解电路的 A_u、R_i、R_o。

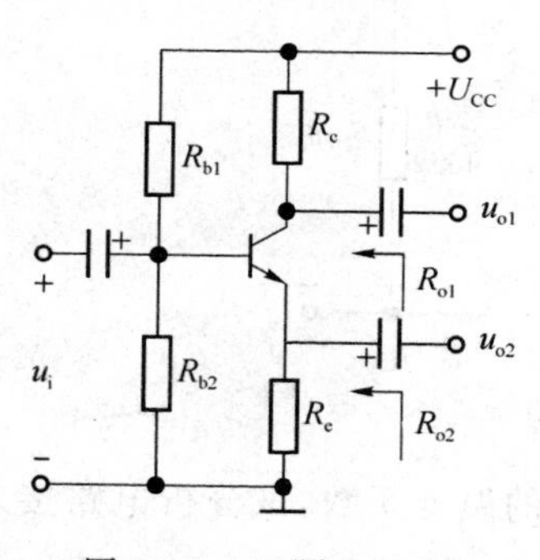

图 2.76　习题 2-11 图

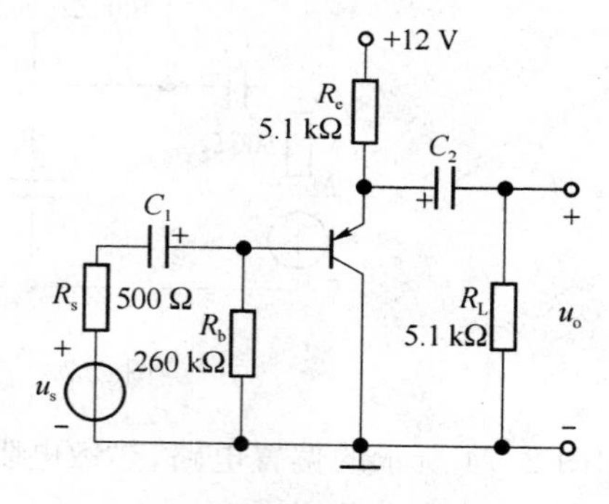

图 2.77　习题 2-12 图

2-13　根据如图 2.78 所示的各放大电路回答以下问题。

(1) 各电路都是什么组态的放大电路?

(2) 各电路输出电压 u_o 与输入电压 u_i 具有怎样的相位关系?

(3) 写出各电路输出电阻 R_o 的表达式。

2-14　图 2.79 所示的场效应管放大电路，已知 $g_m=1$ ms。

(1) 两电路分别是什么组态的放大电路?

(2) 分别画出两电路的微变等效电路。

(3) 求解电路的 A_u、R_i、R_o。

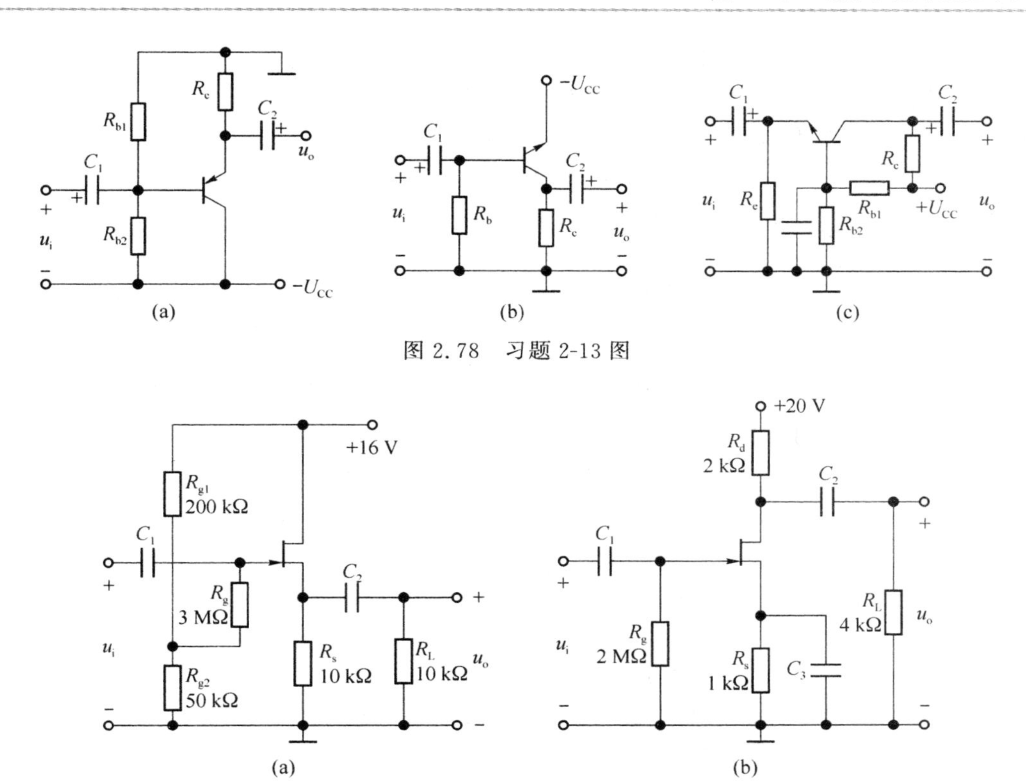

图 2.78　习题 2-13 图

图 2.79　习题 2-14 图

2-15　如图 2.80 所示两级放大电路，已知 β_1、β_2、r_{be1}、r_{be2}。

（1）电路采用怎样的耦合方式？各级由什么组态的电路构成？

（2）写出电路总的 A_u、R_i、R_o 表达式。

2-16　图 2.81 所示为由共射和共基放大电路构成的两级放大电路，已知 β_1、β_2、r_{be1}、r_{be2}。求电路总的 A_u、R_i、R_o 表达式。

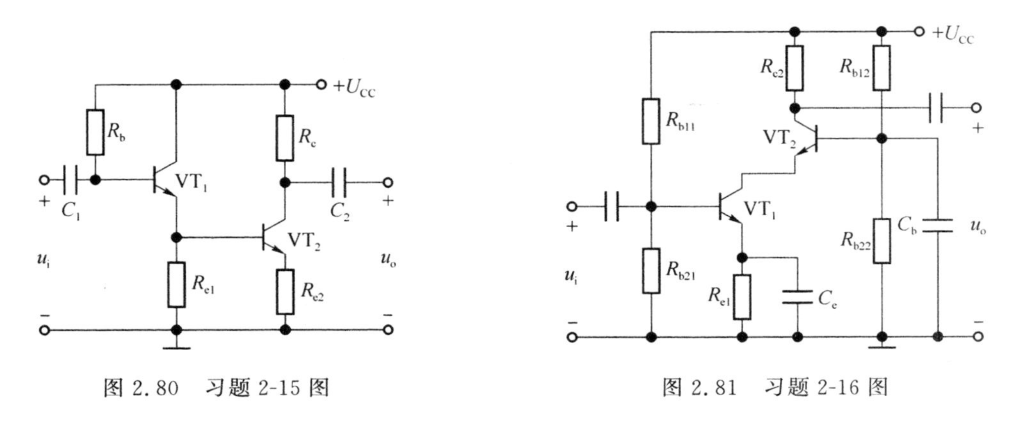

图 2.80　习题 2-15 图

图 2.81　习题 2-16 图

2-17　一个阻容耦合的单级共射放大电路与其幅频响应曲线应该是怎样的形状？如果是直接耦合的放大电路，其幅频响应曲线有什么不同？为什么说直接耦合放大电路的低频响应比较好？

2-18　图 2.82 所示的电路参数理想对称，$\beta_1=\beta_2=\beta$，$r_{be1}=r_{be2}=r_{be}$。写出 A_{ud} 的表达式。

2-19　图 2.83 所示的电路参数理想对称，三极管均为硅管，β 值均为 100。试计算 R_W 的滑动端在中点时 VT_1 管和 VT_2 管的发射极静态电流 I_{EQ} 以及动态参数 A_{ud} 和 R_{id}。

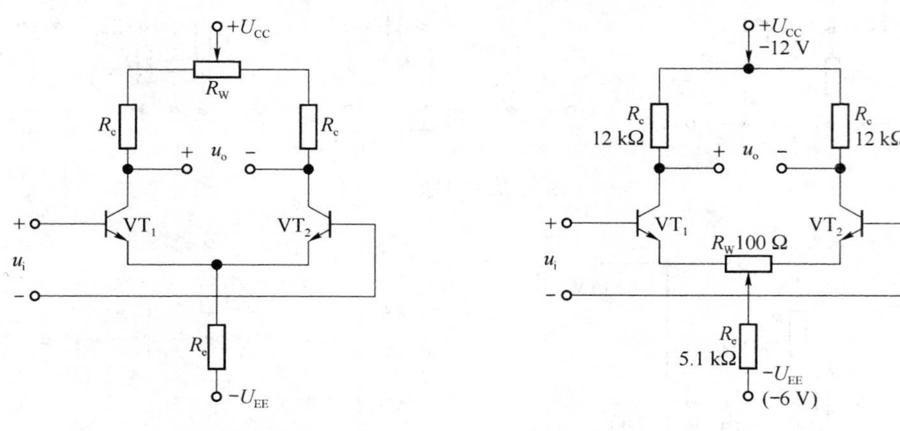

图 2.82　习题 2-18 图　　　　图 2.83　习题 2-19 图

2-20　电路如图 2.84 所示，三极管均为硅管，其 β 值均为 50。

(1) 计算静态时 VT_1 管和 VT_2 管的集电极电流和集电极电位。

(2) 用直流表测得 $u_o=2$ V，则 $u_i=$？若 $u_i=10$ mV，则 $u_o=$？

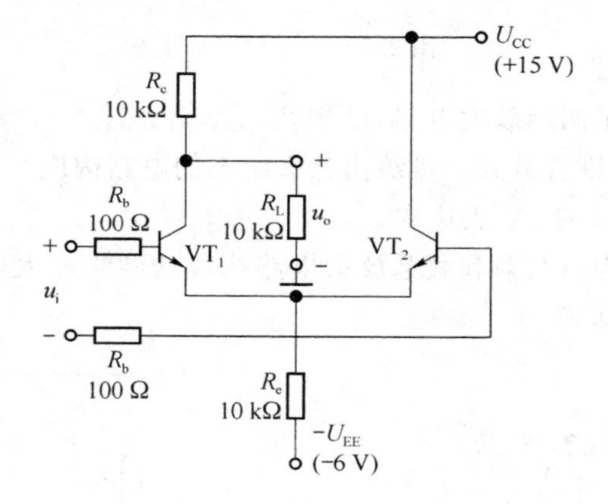

图 2.84　习题 2-20 图

第 3 章

负反馈放大电路

本章导读：反馈是放大电路中非常重要的概念，在实际应用中，只要有放大电路出现的地方几乎都有反馈。在放大电路中采用负反馈，可以改善电路的性能指标；采用正反馈构成各种振荡电路，可以产生各种波形信号。本章借助于框图首先讨论反馈的概念及其一般表达式，而后介绍反馈的类型及其判定方法，负反馈的引入对放大电路性能产生的影响，最后介绍深度负反馈放大电路的估算和典型应用单元电路。实训内容包括：负反馈放大电路调测。

本章基本要求：掌握反馈的概念以及反馈类型的判定方法；熟悉负反馈的引入对放大电路性能产生的影响；会根据放大电路的要求正确引入负反馈；会估算深度负反馈放大电路的电压增益；了解自激振荡产生的原因及消除的方法。掌握负反馈放大电路的调测方法。

3.1 反馈的概念

3.1.1 反馈

1. 反馈的定义

在电子系统中，把放大电路输出量（电压或电流）的部分或全部，经过一定的电路或元件送回到放大电路的输入端，从而牵制输出量，这种措施称为反馈。有反馈的放大电路称为反馈放大电路。

2. 反馈电路的一般框图

任意一个反馈放大电路都可以表示为一个基本放大电路和反馈网络组成的闭环系统，其构成如图 3.1 所示。

图 3.1 所示中，X_i、X_{id}分别表示放大电路的输入信号、净输入信号；X_f、X_o分别表示反馈信号和输出信号，它们可以是电压量，也可以是电流量。

没有引入反馈时的基本放大电路称为开环电路，其中的 A 表示基本放大电路的放大倍数，也称为开环放大倍数。引入反馈后的放大电路称为闭环电路。图 3.1 所示中的 F 表示反馈网络的反馈系数，反馈网络可以由某些元件或电路构成。反馈网络与基本放大电路在输出回路的交点称为采样点。图 3.1 所示中的"⊗"表示信号的比较环节，反馈信号 X_f 和输入信号 X_i 在输入回路相比较得到净输入信号 X_{id}。图 3.1 所示中箭头的方向表示信号传输的方向，为了分析的方便，假定信号单方向传输，即在基本放大电路中，信号正向传输；在反馈网络中信号反向传输。

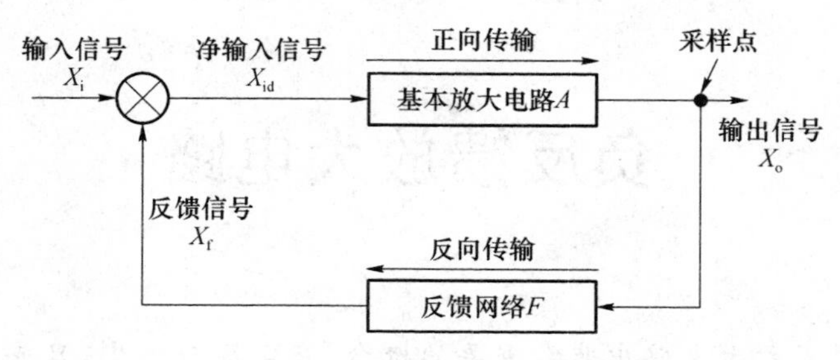

图 3.1　反馈电路的一般框图

3. 反馈元件

在反馈电路中既与基本放大电路输入回路相连又与输出回路相连的元件，以及与反馈支路相连且对反馈信号的大小产生影响的元件，均称为反馈元件。

3.1.2　反馈放大电路的一般表达式

1. 闭环放大倍数 A_f

根据图 3.1 所示反馈放大电路的一般方框图可得：

(1) 基本放大电路的放大倍数：

$$A=\frac{X_o}{X_{id}}$$

(2) 反馈网络的反馈系数：

$$F=\frac{X_f}{X_o}$$

(3) 反馈放大电路的放大倍数：

$$A_f=\frac{X_o}{X_i}$$

(4) 可求解电路闭环增益的一般表达式：

$$A_f=\frac{A}{1+AF}$$

2. 反馈深度(1+AF)

(1) 定义：(1+AF)为闭环放大电路的反馈深度。它是衡量放大电路反馈强弱程度的一个重要指标。闭环放大倍数 A_f 的变化均与反馈深度有关。乘积 AF 称为电路的环路增益。

(2) 若 $(1+AF)>1$，则有 $A_f<A$，这时称放大电路引入的反馈为负反馈。

(3) 若 $(1+AF)<1$，则有 $A_f>A$，这时称放大电路引入的反馈为正反馈。

(4) 若 $(1+AF)=0$，则有 $A_f=\infty$，这时称反馈放大电路出现自激振荡。

3.2　反馈的类型及判断方法

3.2.1　正反馈和负反馈

按照反馈信号极性的不同进行分类，反馈可以分为正反馈和负反馈。

1. 定义

（1）正反馈：引入的反馈信号 X_f 增强了外加输入信号的作用，使放大电路的净输入信号增加，导致放大电路的放大倍数增大的反馈。正反馈主要用在振荡电路、信号产生电路。其他电路中则很少引入正反馈。

（2）负反馈：引入的反馈信号 X_f 削弱了外加输入信号的作用，使放大电路的净输入信号减小，导致放大电路的放大倍数减小的反馈。一般放大电路中经常引入负反馈，以改善放大电路的性能指标。

2. 正、负反馈的判定方法

常用电压瞬时极性法，判定电路中引入反馈的极性，具体方法如下。

（1）先假定放大电路的输入信号电压处于某一瞬时极性。如用“＋”号表示该点电压的变化是增大；用“－”号表示电压的变化是减小。

（2）按照信号单向传输的方向，如图 3.1 所示，同时根据各级放大电路输出电压与输入电压的相位关系，确定电路中相关各点电压的瞬时极性。

（3）根据反送到输入端的反馈电压信号的瞬时极性，确定是增强还是削弱了原来输入信号的作用。若是增强，则引入的为正反馈；反之，则为负反馈。

判定反馈的极性时，一般有这样的结论：在放大电路的输入回路，输入信号电压 u_i 和反馈信号电压 u_f 相比较。当输入信号 u_i 和反馈信号 u_f 在相同端点时，如果引入的反馈信号 u_f 和输入信号 u_i 同极性，则为正反馈；若两者的极性相反，则为负反馈。当输入信号 u_i 和反馈信号 u_f 不在相同端点时，若引入的反馈信号 u_f 和输入信号 u_i 同极性，则为负反馈；若两者的极性相反，则为正反馈。图 3.2 所示为反馈极性的判定方法。

若反馈放大电路是由单级运算放大器构成，且有反馈信号送回到反相输入端时，则为负反馈；若反馈信号送回到同相输入端时，则为正反馈。

例题 3-1　判断图 3.3 中各电路反馈的极性。

解　在图 3.3(a)所示电路中，输入信号 u_i 从运放的同相端输入，假设 u_i 极性为正，则输出信号 u_o 为正，经反馈电阻 R_f 反馈回的反馈信号 u_f 也为正（信号经过电阻、电容时不改变极性），u_f 和 u_i 相比较，净输入信号 $u_{id}=u_i-u_f$ 减小，反馈信号削弱了输入信号的作用，因此引入的为负反馈。从电路中可见，输入信号 u_i 和反馈信号 u_f 在不同端点，u_f 和 u_i 同极性，为负反馈。R_f 和 R 为反馈元件。

对于图 3.3(b)所示电路，u_i 从 VT_1 的基极输入，假定 u_i 为正，则有 VT_1 集电极输出电压为负，从第二级 VT_2 发射极采样，极性为负，经 R_f 反馈回的电压极性为负，反馈信号 u_f 明显削弱了输入信号 u_i 的作用，使净输入信号减小，因此为负反馈。从电路中可见，输入信号和反馈信号在相同端点，u_f 和 u_i 极性不同，因此引入的为负反馈。反馈元件为 R_f 和 R_e。

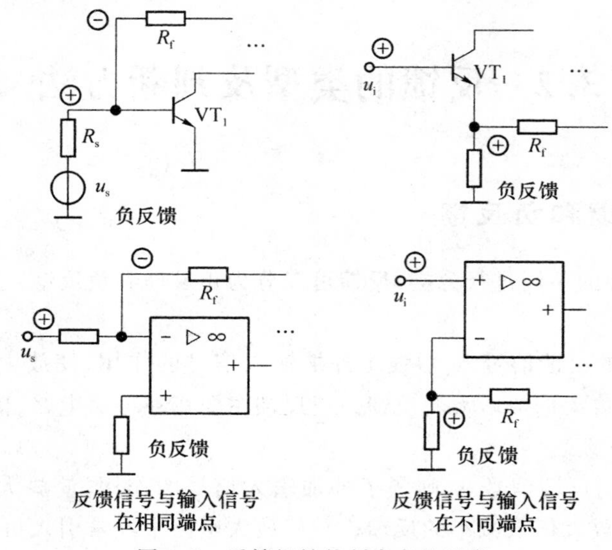

图 3.2 反馈极性的判定方法示意

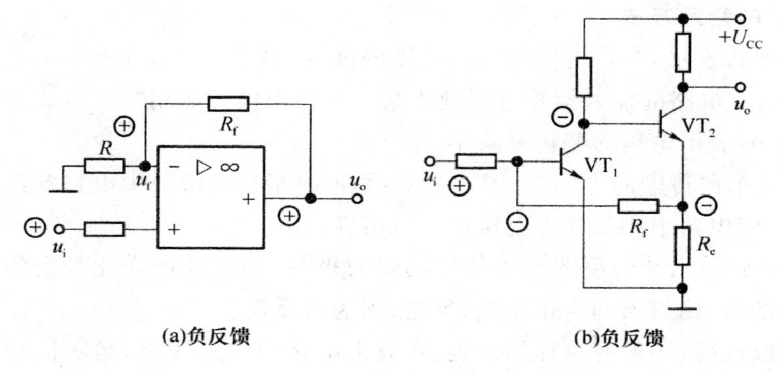

图 3.3 例题 3-1 图

3.2.2 交流反馈和直流反馈

根据反馈信号的性质进行分类，反馈可以分为交流反馈和直流反馈。

1. 定义

(1) 直流反馈：反馈信号中只包含直流成分。直流负反馈的作用可以稳定放大电路的 Q 点，对放大电路的各种动态参数无影响。

(2) 交流反馈：反馈信号中只包含交流成分。交流负反馈的作用可以改善放大电路的各种动态参数，但不影响 Q 点。

(3)如果反馈信号中既有直流量，又有交流量，则为交、直流反馈。交、直流负反馈既可以稳定放大电路的 Q 点，又可以改善电路的动态性能。

2. 判定方法

交流反馈和直流反馈的判定，可以通过画反馈放大电路的交、直流通路来完成。在直流通路中，如果反馈回路存在，就为直流反馈；在交流通路中，如果反馈回路存在，就为交流反馈；如果在直流通路、交流通路中，反馈回路都存在，即为交、直流反馈。

例题 3-2　如图 3.4 所示的反馈放大电路，判定电路中的反馈是直流反馈还是交流反馈。

解　在图 3.4(a)所示的直流通路中，R_{e1} 和 R_{e2} 都有负反馈作用，都是直流反馈；在图 3.4(a)所示的交流通路中，只有 R_{e1} 存在，R_{e2} 被电容 C_e 短路掉，R_{e1} 为交流负反馈。因此可判定 R_{e1} 为交、直流负反馈，R_{e2} 为直流负反馈。

图 3.4(b)所示的电路有两条反馈回路，R_{f1} 和 R_{e1} 引入的反馈回路以及 R_{f2} 和 R_{e2} 引入的反馈回路。在直流通路中，因为隔直耦合电容 C 的作用，R_{f1} 反馈回路不存在，只存在 R_{f2} 反馈回路。所以反馈元件 R_{f2} 和 R_{e2} 引入的为直流负反馈。在交流通路中，隔直耦合电容 C 短路，R_{f1} 反馈回路存在，但因为电容 C_e 的旁路作用，R_{f2} 反馈回路不存在。所以反馈元件 R_{f1} 和 R_{e1} 引入的为交流负反馈。

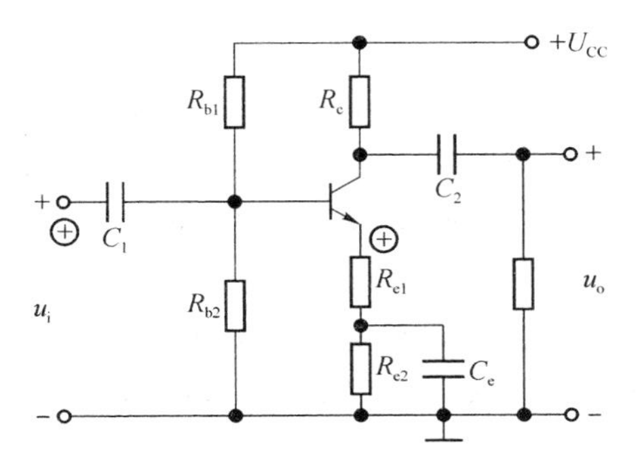

(a)R_{e2}直流负反馈，R_{e1}交、直流负反馈

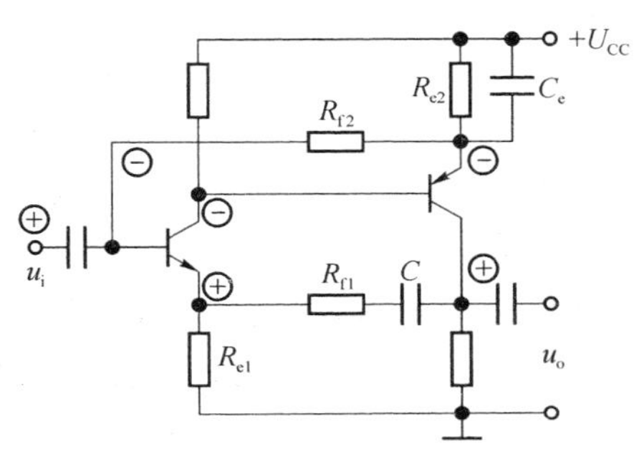

(b)R_{f1}和R_{e1}交流负反馈，R_{f2}和R_{e2}直流负反馈

图 3.4　例题 3-2 图

3.2.3　电压反馈和电流反馈

根据反馈信号在放大电路输出端的采样方式不同进行分类，交流反馈可以分为电压反馈和电流反馈。

1. 定义

(1) 电压反馈：反馈信号从输出电压 u_o 采样。对于电压反馈，反馈信号 X_f 正比于输出电压，若令 $u_o=0$，则反馈信号不再存在。

(2) 电流反馈：反馈信号从输出电流 i_o 采样。对于电流反馈，反馈信号 X_f 正比于输出电流，若令 $u_o=0$，则反馈信号仍然存在。

2. 判定方法

(1) 根据定义判定。方法是：令 $u_o=0$，检查反馈信号是否存在。若不存在，则为电压反馈；否则为电流反馈。

(2) 一般电压反馈的采样点与输出电压在相同端点；电流反馈的采样点与输出电压在不同端点。例如，在三极管的集电极输出电压 u_o，反馈信号的采样点也在集电极，则为电压反馈；如果从三极管的集电极输出电压 u_o，反馈信号的采样点在发射极，则为电流反馈。

3.2.4　串联反馈和并联反馈

根据反馈信号 X_f 和输入信号 X_i 在输入端的连接方式不同进行分类，交流反馈可以分为串联反馈和并联反馈。

1. 定义

(1) 串联反馈：反馈信号 X_f 与输入信号 X_i 在输入回路中以电压的形式相加减，即在输入回路中彼此串联。

(2) 并联反馈：反馈信号 X_f 与输入信号 X_i 在输入回路中以电流的形式相加减，即在输入回路中彼此并联。

2. 判定方法

如果输入信号 X_i 与反馈信号 X_f 在输入回路的不同端点，则为串联反馈；若输入信号 X_i 与反馈信号 X_f 在输入回路的相同端点，则为并联反馈。

例题 3-3 如图 3.5 所示的反馈放大电路，确定电路中的反馈是电压反馈还是电流反馈，是串联反馈还是并联反馈。

解 对于图 3.5(a)所示，在输出回路，反馈的采样点与输出电压在同端点，因此为电压反馈。也可以根据定义判定，令 $u_o=0$，如果反馈信号 u_f 不再存在，则为电压反馈。在输入回路，反馈信号与输入信号以电压的形式相加减，$u_{id}=u_i-u_f$，是串联反馈。从图中可见输入信号与反馈信号在不同端点，是串联反馈。

对于图 3.5(b)所示，在输出回路，反馈信号的采样点与输出电压在不同端点，因此为电流反馈。令 $u_o=0$，则输出电流 i_{e2} 的变化仍会通过反馈回路 R_f 送回到输入端，形成电流 i_f，即反馈信号 $i_f\neq 0$，是电流反馈。从图中可见，在输入回路中，输入信号与反馈信号为同端点，是并联反馈。由定义，反馈信号 i_f 与输入信号 i_i 以电流的形式相加减，$i_b=i_i-i_f$，可知是并联反馈。

在图 3.5(b)所示电路中，R_{e1} 和 R_{e2} 分别为 VT_1 和 VT_2 的本级反馈；R_f 称为级间反馈。本级负反馈只改善本级电路的性能；级间负反馈可以改善整个放大电路的性能。当电路中既有本级反馈又有级间反馈时，一般只需分析级间反馈即可。

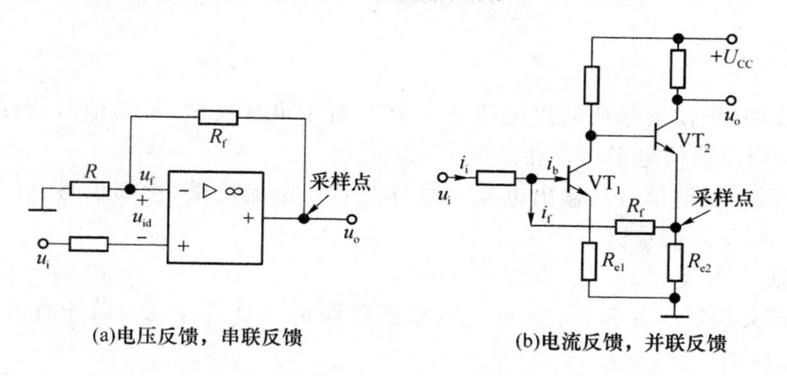

(a)电压反馈，串联反馈

(b)电流反馈，并联反馈

图 3.5 例题 3-3 图

3.2.5 交流负反馈放大电路的 4 种组态

在输出回路，反馈信号可以从输出电压或电流采样，而在输入回路，反馈信号和输入信号的连接方式可以彼此串联或并联，就构成负反馈电路的四种组态：电压串联负反馈、电压并联负反馈、电流串联负反馈和电流并联负反馈。

1. 电压串联负反馈

如图 3.6 所示的负反馈放大电路中，先通过电压瞬时极性法判定为负反馈，由于采样点和输出电压同端点，为电压反馈；反馈信号与输入信号在不同端点，为串联反馈，因此电路引入的反馈为电压串联负反馈。

在图 3.6 所示电路中，R_1 和 R_2 构成反馈网络 F，反馈电压为电阻 R_1 对输出电压 u_o 的分压值，$u_f=\frac{R_1}{R_1+R_2}u_o$。当某种原因导致输出电压 u_o 增大时，则有 u_f 增大，运算放大器的净输入电压 u_{id} 减小，u_{id} 的减小，必定导致输出电压 u_o 减小，最终使输出电压 u_o 趋于稳定。

由此可见，放大电路引入电压串联负反馈后，通过自身闭环系统的调节，可使输出电压趋于稳定。电压串联负反馈的特点是输出电压稳定，输出电阻减小，输入电阻增大，具有很强的带负载能力。

2. 电压并联负反馈

图 3.7 所示为由运算放大器所构成的电路。在该电路中，先通过电压瞬时极性法判定为负反馈，由于采样点和输出电压在同端点，为电压反馈；反馈信号与输入信号在同端点，为并联反馈，因此电路引入的反馈为电压并联负反馈。电路中电阻元件 R_f 构成反馈网络 F，有反馈电流 $i_f\approx-\frac{u_o}{R_f}$。如果某种原因使输出电压 u_o 的值增大，则 i_f 的值增大，净输入电流 $i_{id}=i_i-i_f$ 的值减小，从而使 u_o 的值减小，最终使输出电压 u_o 稳定。电压并联负反馈的特点为输出电压稳定，输出电阻减小，输入电阻减小。

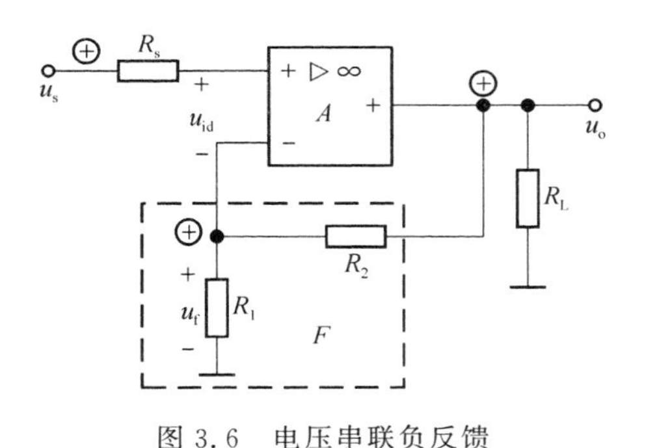

图 3.6　电压串联负反馈

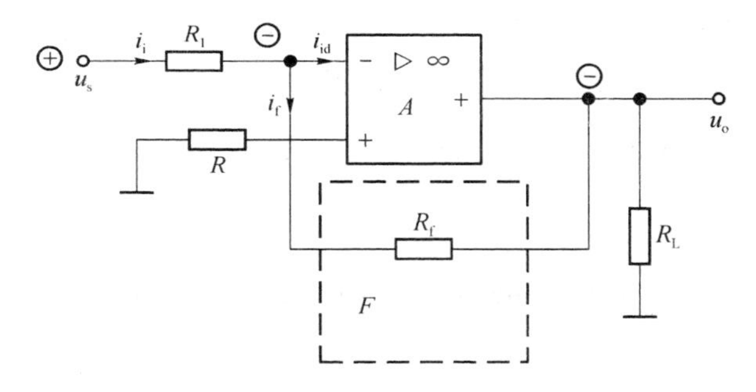

图 3.7　电压并联负反馈

3. 电流串联负反馈

在如图 3.8 所示电路中，电阻 R_1 构成反馈网络。先通过电压瞬时极性法判定为负反馈，如果令输出电压 $u_o=0$，输出电流 i_o 的变化仍可以通过反馈网络送回到输入端，反馈信号在 $u_o=0$ 时仍然存在，有 $u_f=i_oR_1$，因此电路为电流反馈；反馈信号与输入信号在不同端点，为串联反馈，因此电路引入的反馈为电流串联负反馈。

在如图 3.8 所示电路中，如果某种原因使输出电流 i_o 增大，则 u_f 增大，净输入信号 $u_{id}=u_i-u_f$ 减小，最终使 i_o 稳定。电流串联负反馈的特点为输出电流稳定，输入、输出电阻均增大。

4. 电流并联负反馈

如图 3.9 所示为由运算放大器所构成的电路。在该电路中，先通过电压瞬时极性法判定为负反馈，由于反馈信号与输入信号在同端点，为并联反馈；当输出电压 $u_o=0$ 时，反馈信号仍然存在，为电流反馈，因此电路引入的反馈为电流并联负反馈。R_f 和 R 构成反馈网络 F，反馈电流

为 $i_f=-\frac{R}{R+R_f}i_o$。电流并联负反馈的特点为输出电流稳定，输出电阻增大，输入电阻减小。

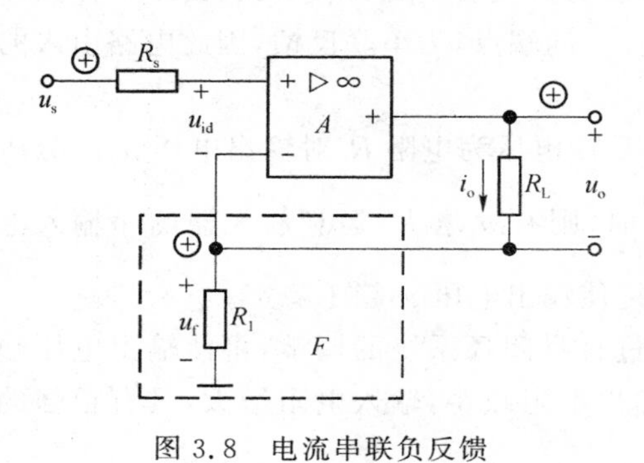

图 3.8　电流串联负反馈

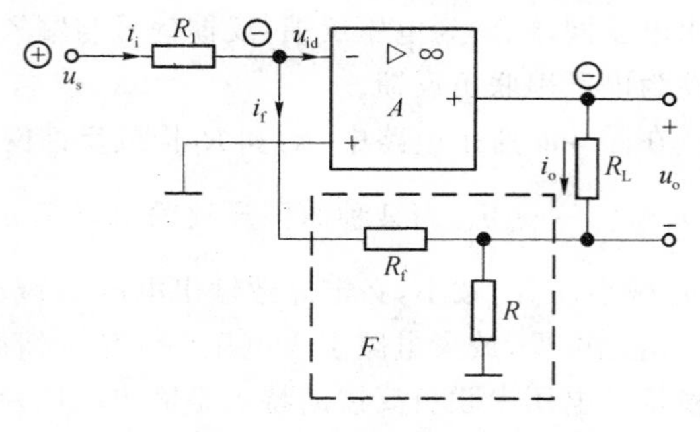

图 3.9　电流并联负反馈

3.3　负反馈对放大电路性能概述

3.3.1　负反馈对放大电路性能的影响

由反馈放大电路的一般表达式可知，电路中引入负反馈后其增益下降，但放大电路的其他性能会得到改善，如提高放大倍数的稳定性、减小非线性失真、扩展通频带等。

1. 提高放大倍数的稳定性

对反馈放大电路的一般表达式 $A_f=\frac{A}{1+AF}$求微分，可得

$$dA_f=\frac{1}{(1+AF)^2}dA$$

再将上式的两边同除以一般表达式 A_f：

$$\frac{dA_f}{A_f}=\frac{1}{1+AF}\frac{dA}{A}$$

由此可见，闭环放大电路增益 A_f的相对变化量是开环放大电路增益 A 相对变化量的 $\frac{1}{1+AF}$倍，即负反馈电路的反馈越深，放大电路的增益也就越稳定。

前面的分析表明，电压负反馈使输出电压稳定，电流负反馈使输出电流稳定，即在输入一定的情况下，可以维持放大器增益的稳定。

例题 3-4　已知某开环放大电路的放大倍数 $A=1\,000$，其变化率为$\frac{dA}{A}=10\%$。若电路引入负反馈，反馈系数 $F=0.009$，这时电路放大倍数的变化率为多少？

解

$$\frac{dA_f}{A_f}=\frac{1}{1+AF}\frac{dA}{A}=\frac{1}{1+1\,000\times0.009}\times10\%=1\%$$

放大倍数的变化率由原来的 10%降低到 1%。引入负反馈后，电路的稳定性明显提高。

2. 减小环路内的非线性失真

三极管是一个非线性器件，放大器在对信号进行放大时不可避免地会产生非线性失真。

假设放大器的输入信号为正弦信号，没有引入负反馈时，开环放大器产生如图 3.10(a)所示的非线性失真，即输出信号的正半周幅度变大，而负半周幅度变小。现在引入负反馈，假设反馈网络为不会引起失真的线性网络，则反馈回的信号同输出信号的波形一样。反馈信号在输入端与输入信号相比较，使净输入信号 $X_{id}=X_i-X_f$ 波形的正半周幅度变小，而负半周幅度变大，如图 3.10(b)所示。经基本放大电路放大后，输出信号趋于正、负半周对称的正弦波，从而减小了非线性失真。

注意：引入负反馈减小的是环路内的失真。如果输入信号本身有失真，此时引入负反馈的作用不大。

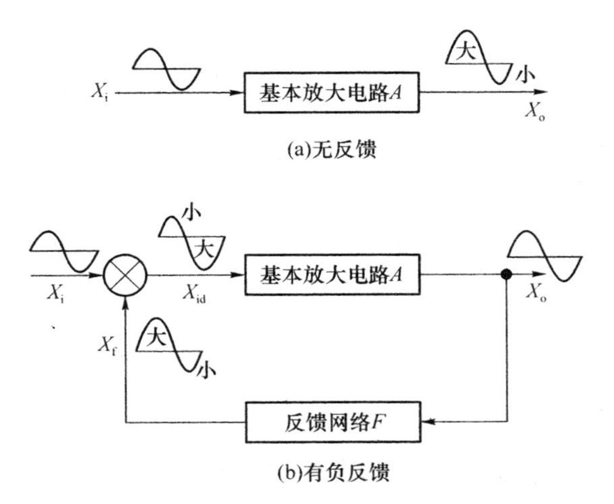

图 3.10　引入负反馈减小失真

3. 扩展频带

频率响应是放大电路的重要特性之一。在多级放大电路中，级数越多，增益越大，频带越窄。引入负反馈后，可有效地扩展放大电路的通频带。

图 3.11 所示为放大器引入负反馈后通频带的变化。根据上下限频率的定义，从图中可见放大器引入负反馈以后，其下限频率降低，上限频率升高，通频带变宽。

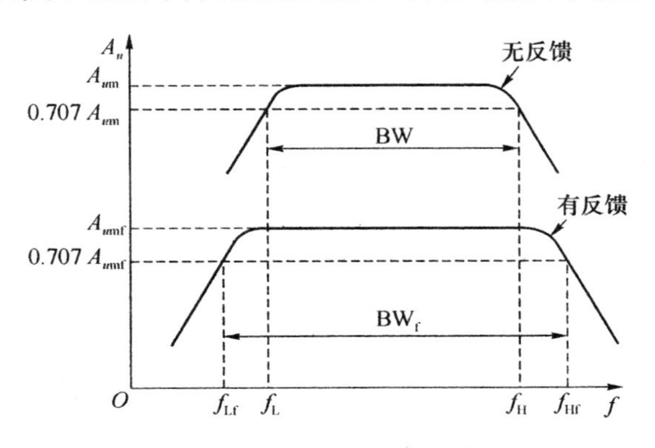

图 3.11　引入负反馈扩展频带

一般有关系式：$BW_f \approx (1+AF)BW$。其中，BW_f 为引入负反馈后的通频带宽，BW 为无负反馈时的通频带宽。

放大电路引入负反馈后，其增益下降越多，通频带展宽越多。在电路参数及放大管选定后，增益与带宽的乘积基本为一个定值。也就是说，引入负反馈扩展频带是以牺牲放大倍数作为代价换来的。实际应用中，要根据放大器的要求综合考虑这两个参数。

4. 改变输入和输出电阻

(1) 负反馈对放大电路输入电阻的影响。反馈放大电路中，输入电阻的变化与反馈信号在输出端的采样信号是电压还是电流无关，它只取决于反馈信号在输入回路与输入信号的连接方式。

对于串联负反馈，电路开环时，有 $u_{id}=u_i$，当引入串联负反馈后，有 $u_{id}=u_i-u_f$，对于相同的输入电压 u_i来讲，电路的输入电流减小，从而引起输入电阻的增大。

对于并联负反馈，相同的 u_i下，当引入并联负反馈后，反馈电流在放大电路的输入端并联，输入电流 $i_i=i_{id}+i_f$增大，从而引起输入电阻减小。

由此可见，串联负反馈使放大电路的输入电阻增大，而并联负反馈使输入电阻减小。

(2) 负反馈对放大电路输出电阻的影响。电路中引入负反馈后，输出电阻的变化只取决于反馈信号在输出端的采样方式是电压还是电流。

从前面的分析知道，电压负反馈使输出电压稳定，输出电压受负载的影响减小，结合电压源的特性，即放大电路的输出电阻减小。

电流负反馈使输出电流稳定，相当于电流源，结合电流源的特性，电路的输出电阻增大。

由此可见，电压负反馈使放大电路的输出电阻减小，而电流负反馈使输出电阻增大。

3.3.2 放大电路引入负反馈的一般原则

电路中引入负反馈可以使放大电路的性能多方面得到改善。实际应用中也可以根据放大电路性能参数的要求，合理地引入负反馈。

放大电路引入负反馈的一般原则如下。

(1) 要稳定放大电路的静态工作点 Q，应该引入直流负反馈。

(2) 要改善放大电路的动态性能(如增益的稳定性、稳定输出量、减小失真、扩展频带等)，应该引入交流负反馈。

(3) 要稳定输出电压，减小输出电阻，提高电路的带负载能力，应该引入电压负反馈。

(4) 要稳定输出电流，增大输出电阻，应该引入电流负反馈。

(5) 要提高电路的输入电阻，减小电路向信号源索取的电流，应该引入串联负反馈。

(6) 要减小电路的输入电阻，要引入并联负反馈。

注意：在多级放大电路中，为了达到改善放大电路性能的目的，所引入的负反馈一般为级间反馈。

例题 3-5 如图 3.12 所示放大电路，试根据要求正确引入负反馈。

(1) 如果要稳定各级的静态工作点，如何引入反馈?

(2) 如果要提高电路的输入电阻，如何引入反馈? 引入的反馈为何种类型?

(3) 若要稳定输出电压，减小输出电阻，应该如何引入反馈? 引入的反馈为何种组态?

(4) 如果要稳定输出电流，如何引入反馈?

解 放大电路中引入负反馈才能改善放大电路的性能，为了保证引入的为负反馈，首先要根据电压瞬时极性法标出电路中相关各点的极性。如图 3.12 所示，假定输入电压信号为正极

性，有 VT_1 集电极电压极性为负，VT_2 集电极电压极性为正，VT_3 集电极电压极性为负，VT_3 发射极电压极性为正。

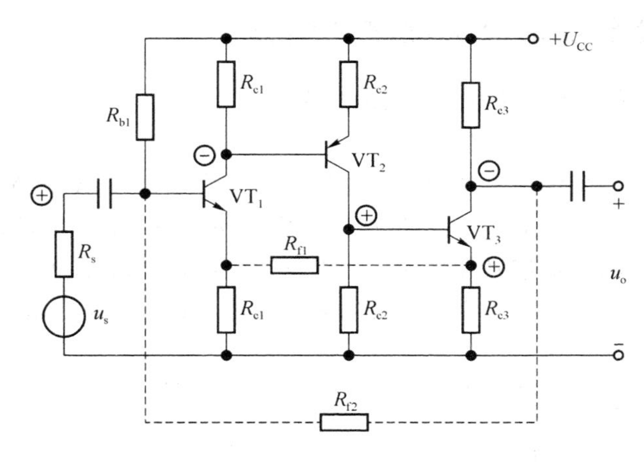

图 3.12　正确引入负反馈

(1) 要稳定各级静态工作点，应该引入级间直流负反馈。可以在 VT_1 的发射极和 VT_3 的发射极之间接反馈，如图 3.12 所示中的 R_{f1} 反馈支路引入的为交、直流反馈。

(2) 要提高输入电阻，应该引入串联负反馈。在(1)中引入的反馈支路 R_{f1} 即可满足要求。引入的为电流串联负反馈。

(3) 根据要求应该引入电压负反馈。在输出回路，反馈信号要从输出电压采样，为保证引入的为负反馈，反馈回路应该在 VT_1 的基极和 VT_3 的集电极之间连接，如图 3.12 所示中的 R_{f2} 支路。引入的为电压并联负反馈。

(4) 要稳定电流应该引入电流负反馈，在(2)中引入的电流负反馈即可满足要求。

3.4　深度负反馈放大电路

3.4.1　深度负反馈放大电路的特点

若反馈深度 $(1+AF)\gg 1$，则称放大电路为引入深度负反馈。这时有闭环放大倍数：

$$A_f=\frac{A}{1+AF}\approx\frac{1}{F}$$

深度负反馈放大电路具有如下特点。

(1) 闭环放大倍数 A_f 只取决于反馈系数 F，而与基本放大电路的放大倍数 A 无关。

(2) 因为闭环放大倍数 $A_f=\frac{X_o}{X_i}=\frac{1}{F}$，而反馈系数 $F=\frac{X_f}{X_o}$，因此，在深度负反馈条件下，反馈量近似等于输入量 X_i，即 $X_i\approx X_f$。对于不同组态的负反馈电路，X_i 和 X_f 可以相应地表示电压或电流。

(3) 在深度负反馈条件下，反馈环路内的参数可以认为是理想的。例如，串联负反馈，环路内的输入电阻可以认为是无穷大；并联负反馈，环路内的输入电阻可以认为是零；电压负反馈，环路内的输出电阻可以认为是零等。

3.4.2 深度负反馈放大电路的估算

1. 估算深度负反馈放大电路电压增益的步骤

1）确定放大电路中反馈的组态

如果是串联负反馈，反馈信号和输入信号以电压的形式相减，X_i和X_f是电压，那么反馈电压近似等于输入电压，即$u_i \approx u_f$，串联负反馈的表现形式，如图3.13所示。

如果是并联负反馈，反馈信号和输入信号以电流的形式相减，X_i和X_f是电流，则有反馈电流近似等于输入电流，即$i_i \approx i_f$，并联负反馈的表现形式，如图3.14所示。

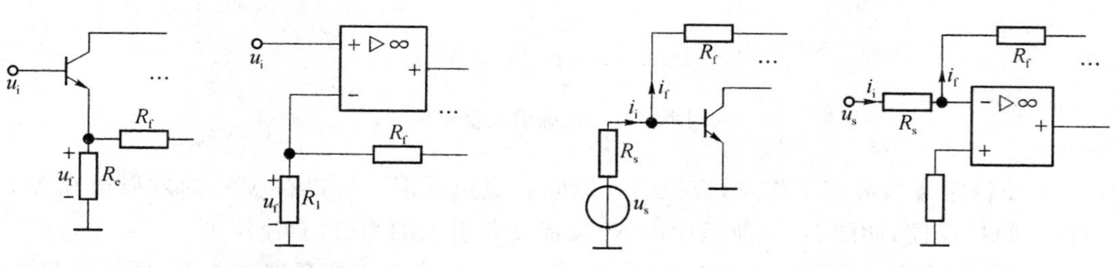

图3.13 深度串联负反馈 $u_i \approx u_f$

图3.14 深度并联负反馈 $i_i \approx i_f$

2）求反馈系数

根据反馈放大电路，列出反馈量X_f与输出量X_o的关系。从而可以求出反馈系数$F=\dfrac{X_f}{X_o}$，闭环放大倍数$A_f \approx \dfrac{1}{F}$。

3）估算闭环电压增益

如果要估算闭环电压增益A_{uf}，可根据电路列出输出电压u_o和输入电压u_i的表达式，从而计算电压增益。

2. 深度负反馈放大电路的估算

例题3-6 如图3.15所示的反馈放大电路，估算电路的电压增益。

解 根据反馈类型的分析方法分析可知，电路引入的为电压串联负反馈。因此有$u_i \approx u_f$。从电路中可得

$$u_f \approx \frac{R_1}{R_1+R_f}u_o$$

反馈系数

$$F=\frac{u_f}{u_o}=\frac{R_1}{R_1+R_f}$$

闭环电压增益

$$A_{uf}=\frac{1}{F}=1+\frac{R_f}{R_1}$$

可见，深度电压串联负反馈的电压增益与负载电阻无关。

例题 3-7　如图 3.16 所示的反馈放大电路，估算电路的电压增益，并定性说明此反馈的引入对电路输入电阻和输出电阻的影响。

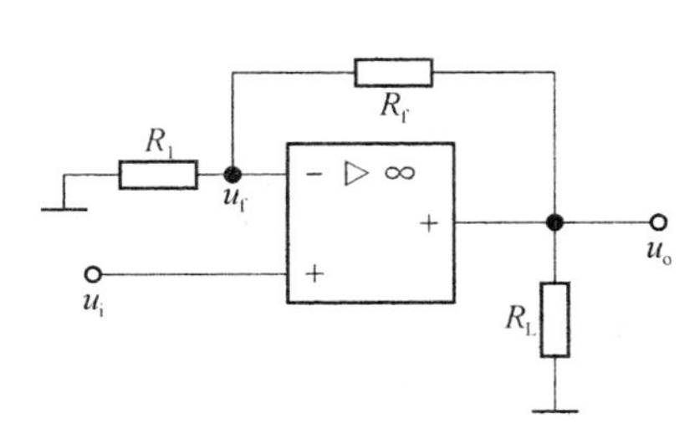

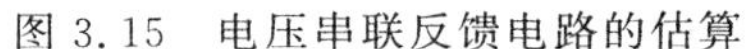

图 3.15　电压串联反馈电路的估算

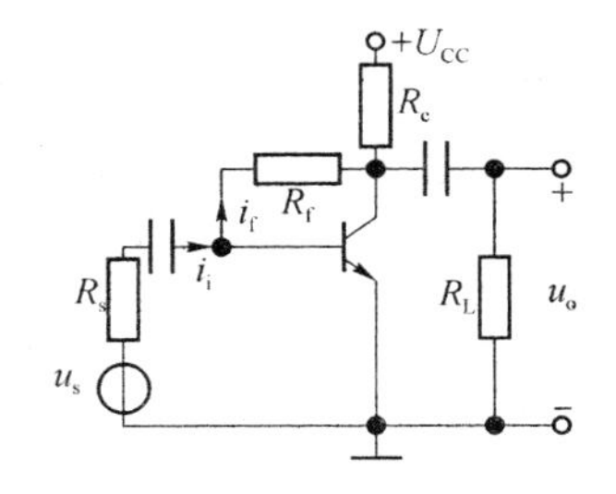

图 3.16　电压并联负反馈电路的估算

解　分析可知，电路引入的为电压并联负反馈，所以有 $i_i \approx i_f$；由深度并联负反馈可知反馈环内的输入电阻近似为零，因此三极管的基极电压 $u_b \approx 0$。

所以，由图可得

$$i_f \approx -\frac{u_o}{R_f} = i_i \approx \frac{u_s}{R_s}$$

电压增益为

$$A_{uf} = \frac{u_o}{u_s} = -\frac{R_f}{R_s}$$

深度电压并联负反馈的电压增益与负载 R_L、管参数 β、r_{be} 等均无关。电压并联负反馈的引入使电路的输入电阻减小，输出电阻也减小。

3.4.3　实验项目八：负反馈放大电路调测

1. 实验目的

（1）理解负反馈对放大电路性能的影响；

（2）掌握负反馈放大电路性能的测试方法。

2. 实验设备

（1）数字双踪示波器；

（2）数字万用表；

（3）信号发生器；

（4）TPE-A5 Ⅱ 型模拟电路实验箱。

3. 预习要求

（1）认真阅读实验内容要求，估计待测量内容的变化趋势。

（2）设图 3.17 所示电路三极管为硅管，β 值为 40，计算该放大电路开环和闭环电压放大倍数。

此电路为电压串联负反馈，负反馈会减小放大倍数，会稳定放大倍数，会改变输入输出电阻，展宽频带，减小非线性失真。而电压串联负反馈会增大输入电阻，减小输出电阻。

分析图 3.17 所示的电路，与两级分压偏置电路相比，增加了 R_6，R_6 引入电压交直流负反馈，从而加大了输入电阻，减小了放大倍数。此外 R_6 与 R_F、C_F 形成了负反馈回路，从电路上分析可得：

$$F=\frac{u_f}{u_o}\approx\frac{R_6}{R_6+R_F}=\frac{1}{31}=0.323$$

4. 实验内容

1）负反馈放大电路开环和闭环放大倍数的测试

（1）开环电路

① 按图 3.17 所示电路接线，R_F 先不接入。

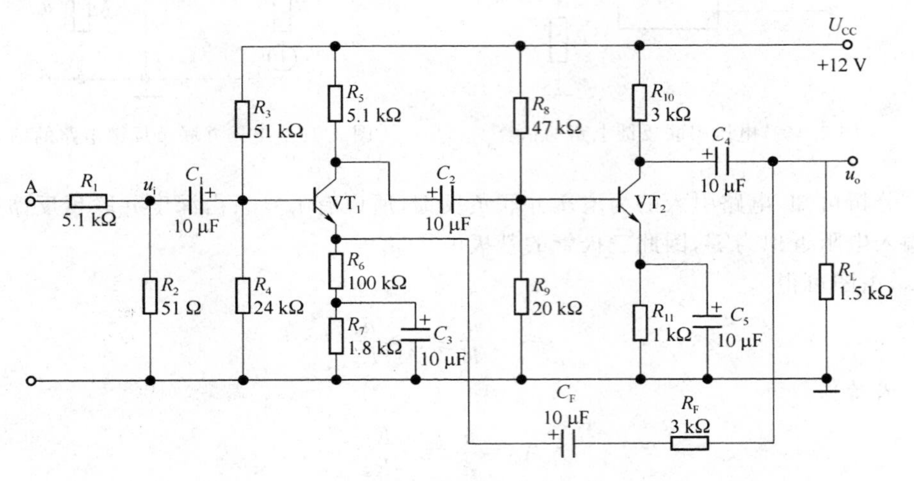

图 3.17 反馈放大实验电路

② 输入端接入 $u_i=1$ mV、$f=1$ kHz 的正弦波（**注意**：输入 1 mV 信号采用输入端衰减法）。调整接线和参数使输出不失真且无振荡。

③ 按表 3.1 所示要求进行测量并填表。

④ 根据实测值计算开环放大倍数。

表 3.1 测量开环电路静态参数（不接入 R_F）

测量参数	$I_{BQ}/\mu A$	I_{CQ}/mA	β	r_{be}/Ω
VT$_1$				
VT$_2$				

（2）闭环电路。

① 接通 R_F 和 C_F。

② 按表 3.2 所示要求测量并填表，计算 A_{uf}。

表 3.2 测量开环闭环电路动态参数

测量参数	$R_L/k\Omega$	u_i/mV	u_o/mV	A_u/A_{uf}	u_{i2}/mV	A_{u1}	A_{u2}
开环	∞	1					
	1.5	1					
闭环	∞	1					
	1.5	1					

③ 根据实测结果，验证 $A_{uf}\approx\frac{1}{F}$。

分析开环时的交流等效电路，有公式如下。

$$R'_{i1}=r_{be1}+(1+\beta)R_6,\quad R'_{i2}=r_{be2}+(1+\beta)R_{11}$$

$$A_{u1}=-\beta_1\frac{R_5/\!/R_8/\!/R_9/\!/R'_{i2}}{R'_{i1}},\quad A_{u2}=-\beta_2\frac{R_L/\!/R_{10}}{R'_{i1}},\quad A_u=A_{u1}\cdot A_{u2}$$

$$R_i=R'_{i1}/\!/R_3/\!/R_4,\quad R_o=R_{10}$$

2）负反馈对失真的改善作用

(1) 将图 3.17 所示电路开环，逐步加大 u_i 的幅度，使输出信号出现失真（**注意**：不要过分失真），记录失真波形幅度。

(2) 将电路闭环，观察输出情况，并适当增加 u_i 幅度，使输出幅度接近开环时失真波形幅度。闭环后，引入负反馈，减小失真度，改善波形失真。

(3) 若 $R_F=3\ \text{k}\Omega$ 不变，但 R_F 接入 VT_1 的基极，会出现什么情况？用实验验证之（引入正反馈，产生大约 7 Hz 的振荡波形）。

(4) 画出上述各步实验的波形图。

5. 实验报告要求

(1) 绘出实验原理电路图，标明实验的元件参数。

(2) 将实验值与理论值比较，分析误差原因。

(3) 根据实验内容总结负反馈对放大电路的影响。

(4) 完成负反馈放大电路调测实验报告，如表 3.3 所示，并从实验中得出基本结论。

表 3.3　模拟电子技术实验报告九：负反馈放大电路调测

实验地点				时间		实验成绩	
班级		姓名		学号		同组姓名	
实验目的							
实验设备							
实验内容	1. 画出实验电路原理图						
	2. 测量开环电路静态参数（不接入 R_F）						

测量参数	$I_{BQ}/\mu A$	I_{CQ}/mA	β	r_{be}/Ω
VT_1				
VT_2				

续表

<table>
<tr><td rowspan="2">实验内容</td><td>3. 测量开环闭环电路动态参数
<table>
<tr><th>测量参数</th><th>$R_L/k\Omega$</th><th>u_i/mV</th><th>u_o/mV</th><th>A_u/A_{uf}</th><th>u_{i2}/mV</th><th>A_{u1}</th><th>A_{u2}</th></tr>
<tr><td rowspan="2">开环</td><td>∞</td><td>1</td><td></td><td></td><td></td><td></td><td></td></tr>
<tr><td>1.5 kΩ</td><td>1</td><td></td><td></td><td></td><td></td><td></td></tr>
<tr><td rowspan="2">闭环</td><td>∞</td><td>1</td><td></td><td></td><td></td><td></td><td></td></tr>
<tr><td>1.5 kΩ</td><td>1</td><td></td><td></td><td></td><td></td><td></td></tr>
</table>
</td></tr>
<tr><td>4. 画出上述各步实验的波形图</td></tr>
<tr><td>实验过程中遇到的
问题及解决方法</td><td></td></tr>
<tr><td>实验体会
与总结</td><td></td></tr>
<tr><td>指导教师评语</td><td></td></tr>
</table>

本章小结

(1) 将电子系统输出量(电压或电流)的部分或全部,通过元件或电路送回到输入回路,从而影响输出量的过程称为反馈。

(2) 负反馈电路可以用方框图表示,其闭环增益的一般表达式为 $A_f=\frac{A}{1+AF}$。

(3) 按照不同的分类方法,反馈有正反馈、负反馈;交流反馈、直流反馈。交流反馈中有电压反馈、电流反馈、串联反馈、并联反馈。电路中常用的交流负反馈有 4 种组态:电压串联负反馈、电压并联负反馈、电流串联负反馈和电流并联负反馈。不同的反馈组态,具有不同的特点。

(4) 负反馈的引入可以全面改善放大电路的性能,如直流负反馈可以稳定静态工作点,交流负反馈可以提高放大倍数的稳定性、减小非线性失真、扩展频带、改变输入和输出电阻等。利用负反馈对放大电路性能的影响,可以根据电路的要求,在电路中正确地引入负反馈。若需要稳定输出电压,则引入电压负反馈;若要稳定输出电流,则引入电流负反馈等。

(5) 深度负反馈条件下,在反馈放大电路中有反馈量 X_f 近似等于输入量 X_i,电路的闭环增益可用 $A_f\approx\frac{1}{F}$估算。如果求解电压增益,可以根据具体电路,列写输出电压和输入电压的表达式进行估算。

习 题 3

3-1 填空题。

(1) 放大电路无反馈称为________________,放大电路有反馈称为________________。

(2) ________称为放大电路的反馈深度,它反映了反馈对放大电路影响的程度。

(3) 所谓负反馈,是指加入反馈后,净输入信号________,输出幅度下降,而正反馈则是指加入反馈后,净输入信号________,输出幅度增加。

(4) 反馈信号的大小与输出电压成比例的反馈称为________;反馈信号的大小与输出电流成比例的反馈称为________。

(5) 交流负反馈有4种组态,分别为________、________、________和________。

(6) 电压串联负反馈可以稳定________,使输出电阻________,输入电阻________,电路的带负载能力________。

(7) 电流串联负反馈可以稳定________,输出电阻________。

(8) 电路中引入直流负反馈,可以________静态工作点。引入________负反馈可以改善电路的动态性能。

(9) 在电路之中引入交流负反馈可以________放大倍数的稳定性,________非线性失真,________频带。

(10) 放大电路中若要提高电路的输入电阻,应该引入________负反馈;若要减小输入电阻应该引入________负反馈;若要增大输出电阻,应该引入________负反馈。

(11) 一放大器无反馈时的放大倍数为100,加入负反馈后,放大倍数下降为20,它的反馈深度为________,反馈系数为________。

3-2 选择题。

(1) 引入负反馈可以使放大电路的放大倍数________。

A. 增大　　B. 减小　　C. 不变

(2) 已知 $A=100$,$F=0.2$,则 $A_f=$________。

A. 20　　B. 5　　C. 100

(3) 当负载发生变化时,欲使输出电流稳定,且提高输入电阻,应引入________。

A. 电压串联负反馈　　B. 电流串联负反馈

C. 电流并联负反馈

(4) 放大电路引入交流负反馈可以减小________。

A. 环路内的非线性失真　　B. 环路外的非线性失真

C. 输入信号的失真

(5) 在深度负反馈下,闭环增益 A_f________。

A. 仅与 F 有关　　B. 仅与 A 有关　　C. 与 A、F 均无关

(6) 若放大器引入反馈后使________,则说明是负反馈。

A. 净输入信号减小　　B. 净输入信号增大

C. 输出信号增大　　D. 输入电阻变大

(7) 负反馈放大器的反馈深度等于________。

A. $1+A_fF$　　B. $1+AF$　　C. $\frac{1}{1+AF}$　　D. $1-AF$

(8) 电压并联负反馈放大器可以________。

A. 提高输入电阻和输出电阻　　B. 提高输入电阻、降低输出电阻

C. 降低输入电阻、提高输出电阻　　D. 降低输入电阻和输出电阻

(9) 电流串联负反馈稳定的输出量为________。

A. 电流　　B. 电压　　C. 功率　　D. 静态电压

(10) 能使放大器输出电阻提高的负反馈是________。

A. 串联反馈　　B. 并联反馈　　C. 电压反馈　　D. 电流反馈

3-3　判断题。

(1) 交流负反馈不能稳定电路的 Q 点；直流负反馈不能改善电路的动态性能。　(　　)

(2) 交流负反馈可以改善放大电路的动态性能，且改善的程度与反馈深度有关，所以负反馈的反馈深度越深越好。　(　　)

(3) 深度负反馈条件下，闭环增益 A_f 仅与反馈系数 F 有关，与开环放大倍数 A 无关，因此可以省去基本放大电路，只保留反馈网络就可获取稳定的闭环增益。　(　　)

(4) 如果输入信号本身含有一定的噪声干扰信号，可以通过在放大电路中引入负反馈来减小该噪声干扰信号。　(　　)

3-4　一个负反馈放大电路，如果反馈系数 $F=0.1$，闭环增益 $A_f=9$，试求开环放大倍数。

3-5　如图 3.18 所示，试判断各电路的反馈类型。

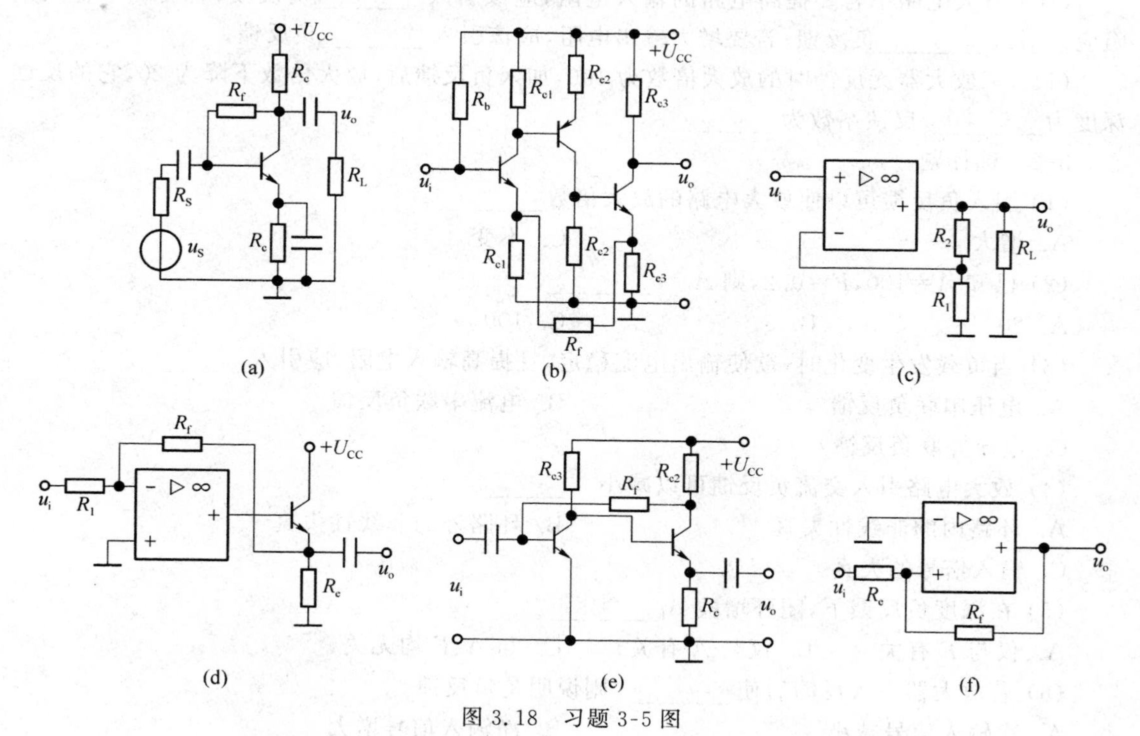

图 3.18　习题 3-5 图

(1) 判断该电路是正反馈还是负反馈？直流反馈还是交流反馈？并指出反馈元件。

(2) 若某电路在(1)中的判断结果为交流负反馈，请继续判断该电路是电压反馈还是电流反馈？是串联反馈还是并联反馈？

3-6　如图 3.19 所示，根据电路的要求正确连接反馈电阻 R_f。

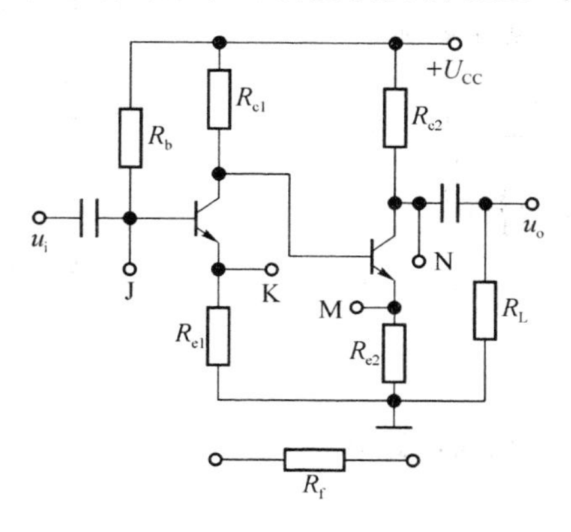

图 3.19　习题 3-6 图

(1) 希望负载发生变化时，输出电压能够稳定不变，R_f应该与点 J、K 和 M、N 如何连接才可满足要求？

(2) 希望电路向信号源索取的电流减小，R_f应该与点 J、K 和 M、N 如何连接？

(3) 希望电路的输入电阻减小，R_f应该与点 J、K 和 M、N 如何连接？

3-7　如图 3.20 所示，按要求正确连接放大电路、信号源及 R_f。

(1) 要提高电路的带负载能力，增大输入电阻，该如何连接？

(2) 要稳定输出电压，减小输入电阻，该如何连接？

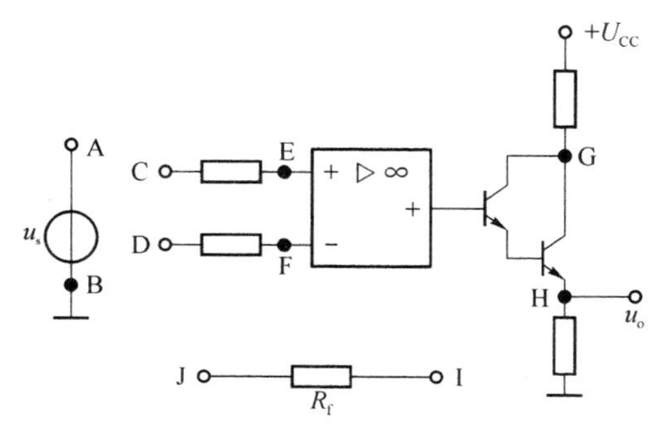

图 3.20　习题 3-7 图

3-8　如图 3.21 所示，电路中引入的反馈为何种类型？该反馈的引入对电路输入电阻和输出电阻产生怎样的影响？估算深度负反馈条件下的电压增益。

3-9　如图 3.22 所示为深度负反馈放大电路，试估算电路的电压放大倍数。如果输入信号电压 $u_i=100$ mV，求电路的输出电压 u_o。

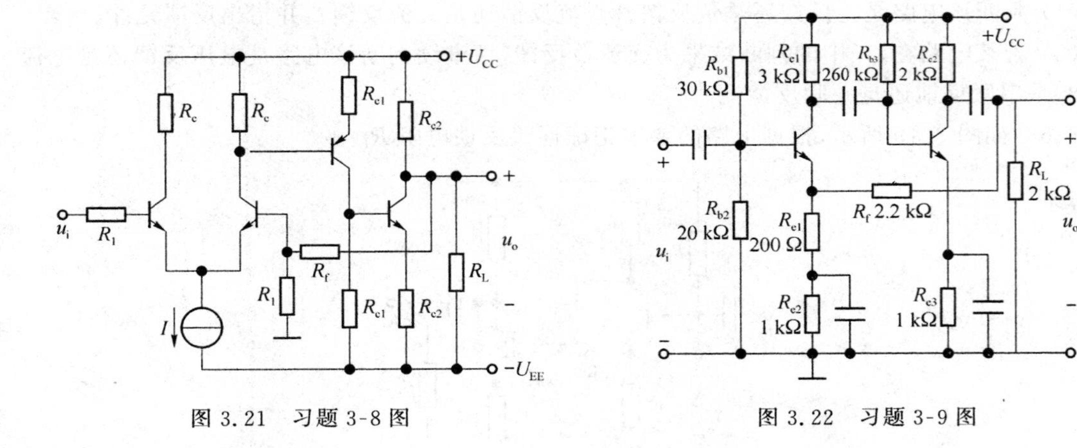

图 3.21　习题 3-8 图　　　　图 3.22　习题 3-9 图

3-10　一个电压串联负反馈放大电路，已知 $A=10^3$，$F=0.099$。

(1) 试计算 A_f。

(2) 如果输入信号 $u_i=0.1$ V，试计算净输入信号 u_{id}、反馈信号 u_f 和输出信号 u_o。

第 4 章

功率放大电路

本章导读：无论是分立元件还是集成放大电路，其末级都要接实际负载。一般来说，负载上的电流和电压都要求较大，即负载要求放大电路输出较大的功率，故称为功率放大电路，简称功放。

本章首先简述功率放大电路的主要特点，然后介绍常用的OCL和OTL互补对称式功率放大电路以及集成功率放大电路，并将两个实际的功放电路作为实训内容。

本章基本要求：掌握典型功放电路的组成原则、工作原理以及其工作在甲乙类状态的特点；熟悉功放电路最大输出功率和效率的估算方法；了解功放管的选择方法；了解集成功率放大电路的工作原理。掌握功率放大电路的调测方法。

4.1 功率放大电路概述

4.1.1 功放的特点及主要技术指标

功率放大电路简称功放，它的主要任务是向负载提供较大的信号输出功率，主要技术指标为最大输出功率 P_{om} 和转换效率 η。功率放大电路有以下特点。

1. 输出功率要足够大

若输入信号为某一频率的正弦信号，则输出功率为

$$P_o = I_o U_o \tag{4-1}$$

式中，I_o、U_o 分别为负载 R_L 上的正弦信号的电流、电压的有效值。若用振幅表示，则有 $I_o = \frac{I_{om}}{\sqrt{2}}$，$U_o = \frac{U_{om}}{\sqrt{2}}$，代入式(4-1)可得

$$P_o = I_o U_o = \frac{1}{2} I_{om} U_{om} \tag{4-2}$$

最大输出功率 P_{om} 是指在正弦输入信号下，输出波形不超过规定的非线性失真指标时，放大电路最大输出电压和最大输出电流有效值的乘积。

2. 效率要高

放大电路输出给负载的功率由直流电源提供。在输出功率比较大时,效率问题尤为突出。如果功率放大电路的效率不高,不仅造成能量的浪费,而且,消耗在电路内部的电能将转换为热量,使管子、元件等温度升高。为定量反映放大电路效率的高低,定义放大电路的效率为

$$\eta=\frac{P_o}{P_E}\times 100\% \tag{4-3}$$

式中,P_o为信号输出功率;P_E为直流电源向电路提供的功率。可见,效率 η 反映了功放把电源功率转换成输出信号功率(即有用功率)的能力,表示了对电源功率的转换率。

3. 尽量减小非线性失真

在功率放大电路中,三极管处于大信号工作状态,因此,输出波形不可避免地产生一定的非线性失真。在实际的功率放大电路中,应根据负载的要求来规定允许的失真度范围。

4. 分析估算采用图解法

由于功放中的三极管工作在大信号状态,因此分析电路时,不能用微变等效电路分析方法,可采用图解法对其输出功率和效率等指标作粗略估算。

5. 功放中三极管常工作在极限状态

在功率放大电路中,为使输出功率尽可能大,三极管往往工作在接近管子的极限参数状态,即三极管集电极电流最大时接近 I_{CM}(管子的最大集电极电流),管压降最大时接近 U_{CEO}(管子 c-e 间能承受的最大管压降),耗散功率最大时接近 P_{CM}(管子的集电极最大耗散功率)。因此,在选择功放管时,要特别注意极限参数的选择,以保证管子的安全使用。当三极管选定后,需要合理选择功放的电源电压及工作点,甚至需要对三极管加散热措施,以保护三极管,使其安全工作。

4.1.2 功率放大电路的分类

功率放大电路按其三极管导通时间的不同,可分为甲类、乙类、甲乙类和丙类等。

甲类功率放大电路的特征是在输入信号的整个周期内,三极管均导通;乙类功率放大电路的特征是在输入信号的整个周期内,三极管仅在半个周期内导通;甲乙类功率放大电路的特征是在输入信号的整个周期内,三极管导通时间大于半周而小于全周;丙类功率放大电路的特征是管子导通时间小于半个周期。四类功放的工作状态示意图如图 4.1 所示。

前面章节介绍的小信号放大电路(如共射放大电路)中,在输入信号的整个周期内,三极管始终工作在线性放大区域,故属甲类工作状态。本章将要介绍的 OCL、OTL 功放则是工作在乙类或甲乙类状态。

以上是按三极管的工作状态对功放分类。此外,功放也可以按照放大信号的频率,分为低频功放和高频功放。前者用于放大音频范围(几十赫兹到几十千赫兹)的信号,后者用于放大射频范围(几百千赫兹到几十兆赫兹)的信号。本书仅介绍低频功放。

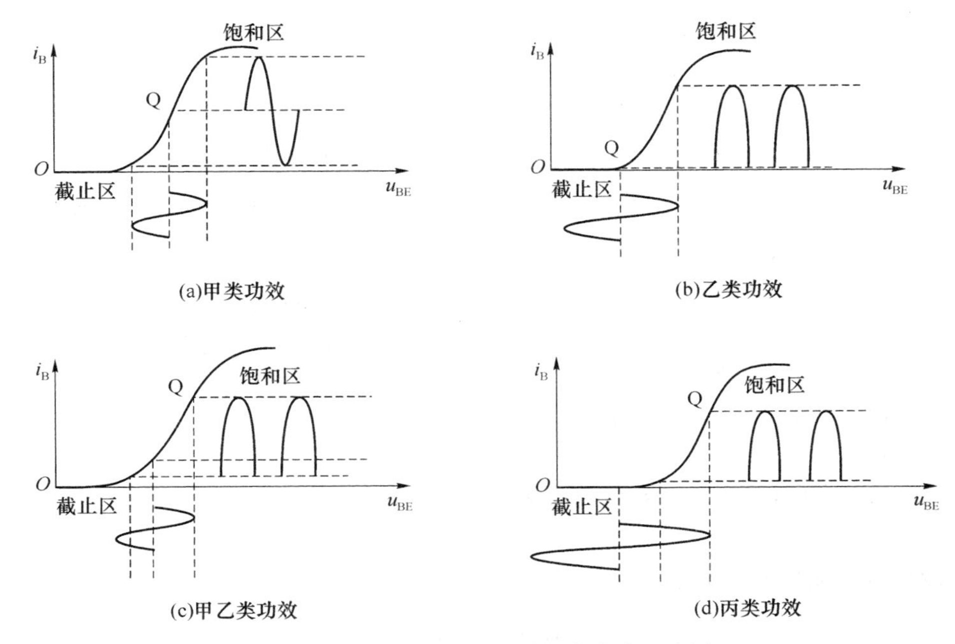

图 4.1 四类功率放大电路工作状态示意图

4.2 基本功率放大电路

4.2.1 OCL 功率放大电路

OCL(Output Capacitorless)功率放大电路是无输出电容的乙类功率放大电路，OCL 电路的基本模型如图 4.2 所示。图中核心元器件是两个三极管，NPN 三极管 VT_1 负责放大输入信号 U_i 的正半周，PNP 三极管 VT_2 负责放大输入信号 U_i 的负半周。两个三极管的输出合起来可以在负载 R_L 上得到完整的信号波形。为了放大交流信号的负半周，OCL 电路需要采用双电源供电。两个三极管都构成共集放大电路形式，具有电流放大功能，但是不具备电压放大功能。

U_i 在正半周从小变大时，突破三极管 VT_1 死区电压，形成基极电流，集电极电流从 V_{CC} 经集电极流过三极管 VT_1 后，从发射极流出三极管，通过负载电阻 R_L 流入地里。

U_i 在正半周从大变小时，若小于三极管 VT_1 死区电压，则基极电流消失，集电极电流也消失，负载电阻 R_L 上没有电流。

在 U_i 的正半周里，三极管 VT_2 一直都是截止的。

U_i 在负半周时，工作过程与正半周相反，三极管 VT_2 导通，三极管 VT_1 截止。

通过前面的分析可知，OCL 功率放大器属于乙类放大器，工作效率较高。OCL 功率放大电路最大的问题就是输入信号 U_i 在 $-0.5\sim+0.5$ V 时，两个三极管都截止，这导致了不小的失真，称为交越失真(或交叉失真)，波形如图 4.3 所示。

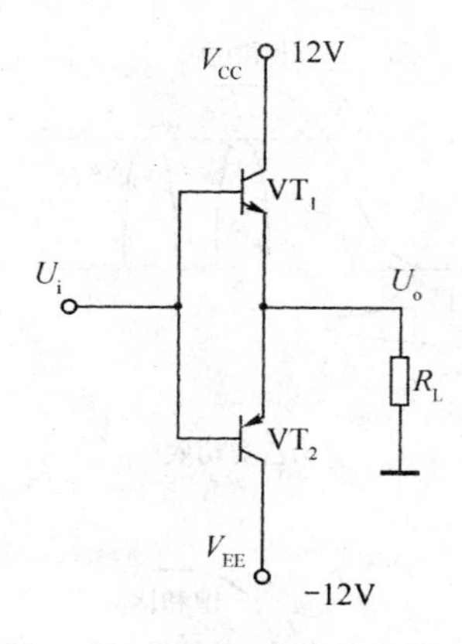

图 4.2　OCL 电路的基本模型

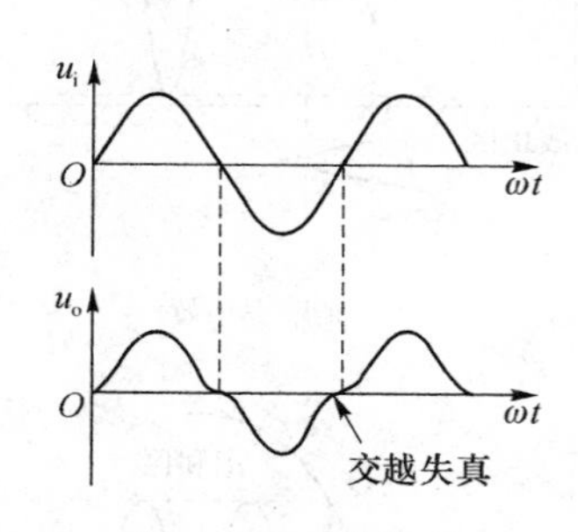

图 4.3　交越失真

OCL 功率放大电路所能输出的最大功率为

$$P_o = IU$$

正弦波有效值和幅值的关系为

$$I_m = \sqrt{2} I$$

所以

$$P_o = \frac{I_m}{\sqrt{2}} \frac{U_m}{\sqrt{2}} = \frac{1}{2} I_m U_m$$

负载 R_L 上的电压为 $V_{CC} - U_{CES}$，U_{CES} 为三极管饱和管压降，则负载上的功率为

$$P_o = \frac{1}{2} I_m U_m = \frac{1}{2} \frac{U_m^2}{R_L} = \frac{1}{2} \frac{(V_{CC} - U_{CES})^2}{R_L}$$

由于 U_{CES} 较小，若忽略不计，则

$$P_o \approx \frac{1}{2} \frac{V_{CC}^2}{R_L}$$

直流电源提供的功率为两个三极管和负载的功率之和。由于采用双电源，所以电源总功率为每个电源功率的 2 倍。单个电源的功率为

$$P_{v1} = V_{CC} I_1$$

式中，I_1 为单个电源在整个周期内的平均值，即

$$I_1 = \frac{1}{2\pi} \int_0^{\pi} I_m \sin(\omega t) \mathrm{d}(\omega t)$$

两个电源的总功率为

$$P_v = 2 V_{CC} I_1 = 2 V_{CC} \frac{I_m}{\pi}$$

效率为

$$\eta = \frac{P_o}{P_v} = \frac{\frac{1}{2} I_m (V_{CC} - U_{CES})}{2 V_{CC} \frac{I_m}{\pi}}$$

化简可得

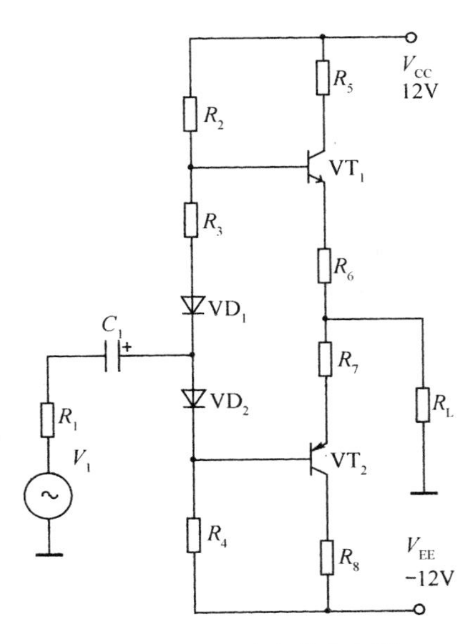

图 4.4　OCL 功率放大电路

$$\eta=\frac{\pi}{4}\frac{V_{CC}-U_{CES}}{V_{CC}}\approx 78.5\%$$

因此，OCL 乙类功率放大器的效率最高约为 78.5%。

为了克服交越失真，实际的 OCL 功率放大电路如图 4.4所示。图中 $R_2 \sim R_8$ 为直流偏置电阻，VD_1 和 VD_2 也是起到直流偏置作用。有了直流偏置电阻和 VD_1、VD_2，两个三极管 VT_1 和 VT_2 一直处于微导通状态，功率放大器就工作在甲乙类状态，减少了失真，工作效率也比乙类放大器低一些。三极管 VT_1 和 VT_2 除了一个是 NPN，另一个是 PNP 外，两个三极管的参数应该尽可能一样，如果条件允许，尽量采用对管，有利于减少失真。

图 4.4 所示的 OCL 功率放大电路信号波形如图 4.5所示，上面的波形为输入信号波形，下面的波形为输出信号波形，通过对比可以知道信号失真不大，输出电压幅度略小，电路主要通过电流放大以实现功率的增加。

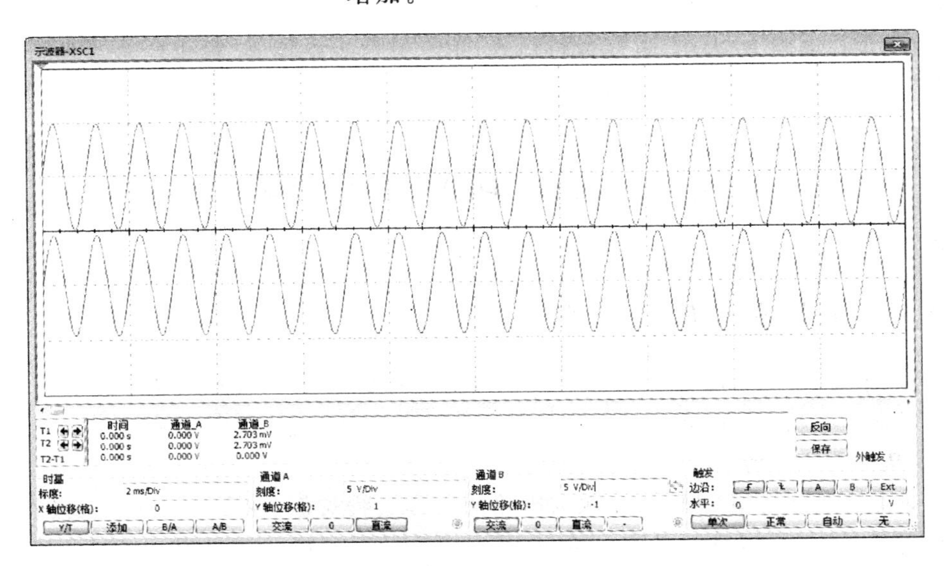

图 4.5　OCL 功率放大电路信号波形

实际操作：OCL 功率放大电路的仿真

(1) 用 Multisim 软件绘制电路图，如图 4.6 所示。图中 XDA_1 为失真分析仪，XSC_1 为示波器。

(2) 将信号源 V_1 设置成振幅 6 V、频率 1 kHz 的正弦波。运行仿真，用示波器观察输入、输出信号波形，用失真分析仪测量失真度，用瓦特计测量输入、输出功率和电源总功率，计算效率。

(3) 改变输入源的幅度和频率，重复运行仿真，用示波器观察输入、输出信号波形，用失真分析仪测量失真度，用瓦特计测量输入、输出功率和电源总功率，计算效率。

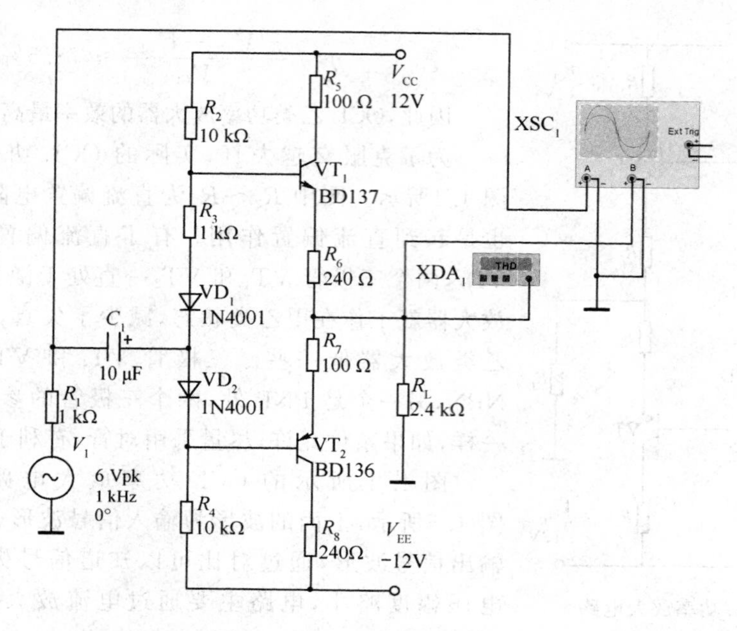

图 4.6　OCL 功率放大器仿真

(4) 改变负载电阻 R_L 大小，重复运行仿真，用示波器观察输入、输出信号波形，用失真分析仪测量失真度，用瓦特计测量输入、输出功率和电源总功率，计算效率。

4.3　OTL 功率放大电路

4.3.1　OTL 功率放大电路

OTL(Output Transformerless)功率放大电路是指无输出变压器的功率放大电路，它与 OCL 电路结构基本相同，不同之处在于，OTL 采用单电源供电，输出端采用电容耦合，OTL 电路基本模型如图 4.7 所示。

OTL 功率放大电路和 OCL 功率放大电路的工作过程类似，在 U_i 正半周，三极管 VT$_1$ 导通，电流从电源 V_{CC} 经三极管向电容 C_1 充电，充电电流经负载 R_L 流入地里。在 U_i 正半周，三极管 VT$_2$ 处于截止状态。

在 U_i 负半周，三极管 VT$_2$ 导通，电容 C_1 放电，电流从电容 C_1 正极经三极管 VT$_2$、地和负载 R_L 回到电容负极。在 U_i 负半周，三极管 VT$_1$ 处于截止状态。

电容 C_1 在电路中扮演了电源的角色，同时还起到隔离直流的作用，是个非常重要的元件。为了有足够的储能，C_1 通常比较大，一般使用电解电容。

由于 OTL 功率放大电路只有一个电源，图 4.7 所示的总电源电压比图 4.2 所示中的总电源电压低一半，如果想要得到同样的输出信号功率，两者的总电源电压应该相等。图 4.7 所示的最大输出功率为

$$P_o \approx \frac{1}{8}\frac{V_{CC}^2}{R_L}$$

OTL 功率放大器效率与 OCL 功率放大器相同。

图 4.7 所示的 OTL 功率放大器基本模型也是乙类功率放大器，与图 4.2 所示的 OCL 功率放大器一样有交越失真的问题。

实用的 OTL 功率放大电路如图 4.8 所示。电位器 R_2，电阻 R_3、R_4、R_7，电容 C_2 和三极管 VT_1 组成共射放大电路，主要进行信号电压放大，称为功率放大器的前置放大级（也称推动级）。电阻 R_5、R_6，二极管 VD_1，三极管 VD_2、VD_3 组成互补推挽 OTL 功放电路，三极管 VT_2、VT_3 是一对参数对称的 NPN 和 PNP 型三极管。

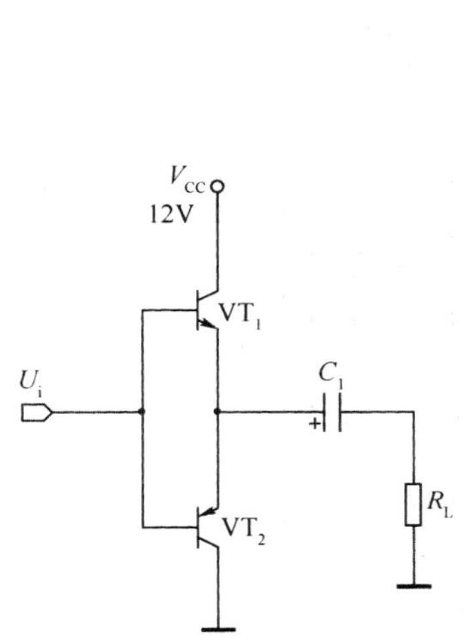

图 4.7　OTL 电路的基本模型

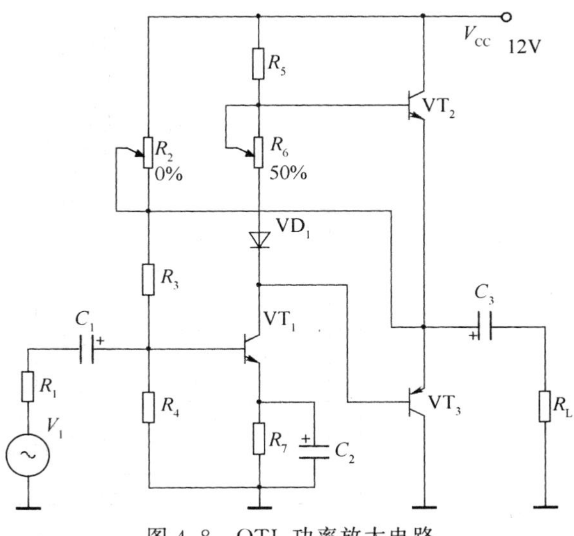

图 4.8　OTL 功率放大电路

VT_1 管工作于甲类状态，工作状态由电位器 R_2 进行调节。调节 R_6，可以使 VT_2、VT_3 得到合适的静态电流而工作于甲乙类状态，以克服交越失真。

OTL 功率放大电路信号波形，如图 4.9 所示。上面的波形为输入信号，下面的波形为输

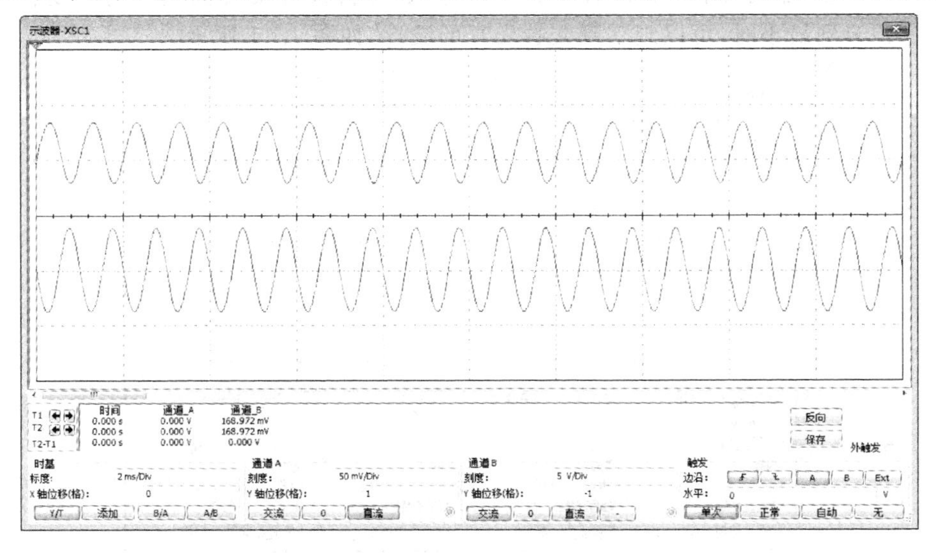

图 4.9　OTL 功率放大电路信号波形

出信号。通过对比可以看到输出与输入反相，输出电压比输入大很多倍，这主要是由前置放大级 VT_1 造成的。

实际操作 1：OTL 功率放大电路的仿真

（1）用 Multisim 软件绘制电路图，如图 4.10 所示。图中 XDA_1 为失真分析仪，XSC_1 为示波器，XBP_1 为波特测试仪。

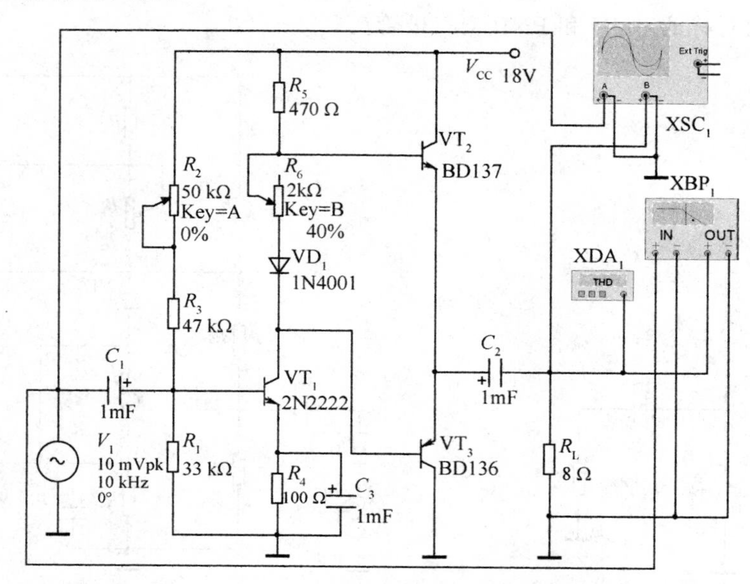

图 4.10　OTL 功率放大电路仿真

（2）运行仿真，用示波器观察输入、输出波形，测试电路通频带宽度，测试失真度，测试电压放大倍数，测试负载 R_L 上的功率。

（3）调节电位器 R_6，用示波器观察波形，用失真分析仪观察失真度数值的变化。当电位器 R_6 阻值调节到最小时，可以观察到交越失真的波形，如图 4.11 所示。

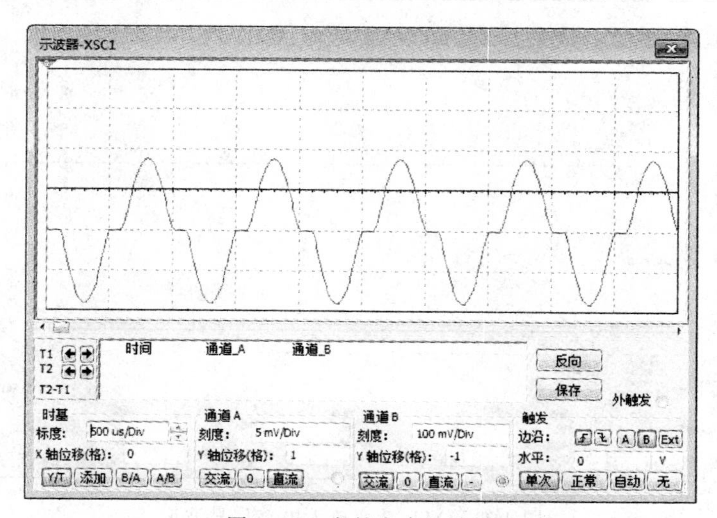

图 4.11　交越失真的波形

(4) 图 4.10 所示的 OTL 功率放大电路通频带不能覆盖较低的频率，在 1 kHz 以下电压放大倍数较小，失真较大，可以采用负反馈拓展通频带，如图 4.12 所示，图中 R_4 是直流负反馈，R_7 既是直流负反馈，也是交流负反馈。直流负反馈的总反馈电阻值没有变化，而交流负反馈的引入降低了放大倍数，展宽了通频带。

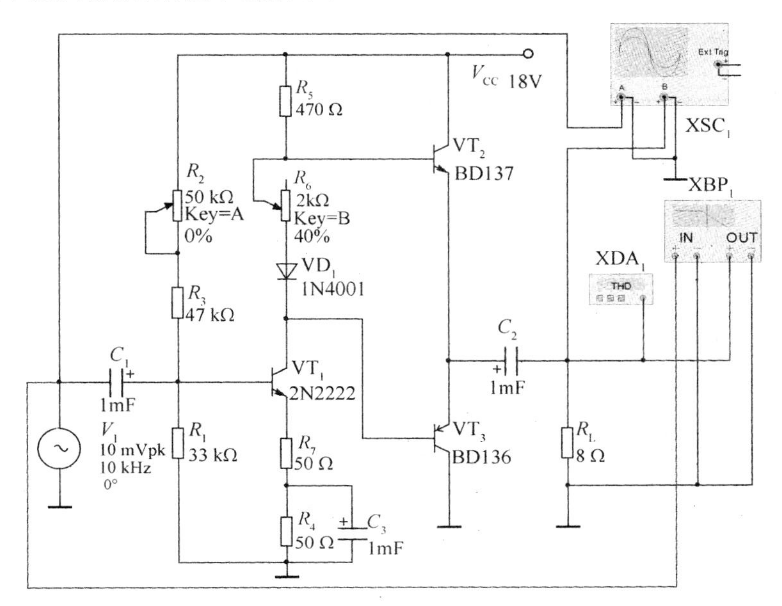

图 4.12　负反馈展宽通频带

(5) OTL 功率放大电路的电源电压虽然较高，但是输出信号的幅度却不能充分利用电源电压的幅度，引入自举电路可以改善这种情况。图 4.13 所示为引入自举电路的 OTL 功率放大电路，图中 C_4 和 R_8 是构成自举电路的主要元件。当 C_4 和 R_8 的充放电时间常数比较大时，电容 C_4 两端的电压提升了三极管 VT_2 的基极和发射极之间的电压。

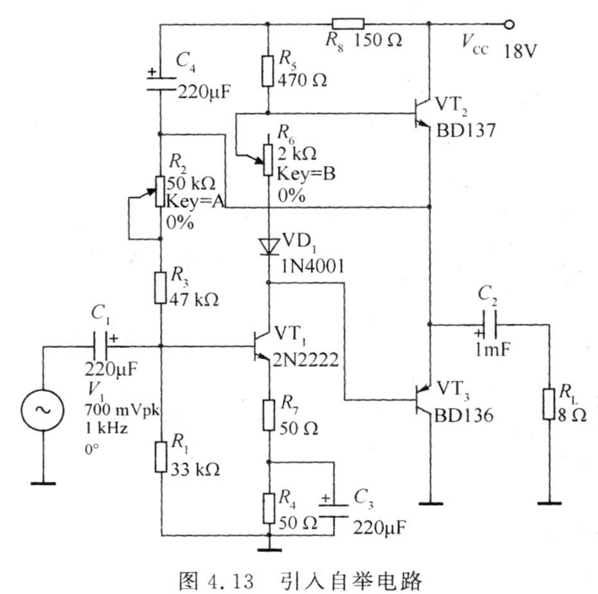

图 4.13　引入自举电路

实际操作 2：OTL 功率放大器的制作与调试

（1）按照表 4.1 所列元器件和耗材进行装接准备工作，对元器件进行检查测试。可用备注中的 3 个三极管取代图 4.13 所示中的 3 个三极管。用扬声器取代图 4.13 所示中的负载 R_L。

表 4.1　OTL 功率放大器耗材清单

序号	标号	名称	型号	数量	备注
1	R_1	电阻	33 kΩ	1	
2	R_2	电位器	50 kΩ	1	
3	R_3	电阻	47 kΩ	1	
4	R_4、R_7	电阻	50 Ω	2	
5	R_5	电阻	470 Ω	1	
6	R_6	电位器	2 kΩ	1	
7	R_8	电阻	150 Ω	1	
8	C_1、C_3、C_4	电解电容	220 μ/25 V	3	
9	C_2	电解电容	1 000 μ/25 V	1	
10	VT_1	三极管	2N2222	1	3DG6
11	VT_2	三极管	BD137	1	3DG12
12	VT_3	三极管	BD136	1	3CG12
13	VD_1	二极管	1N4001	1	
14	SPEAKER	扬声器	0.5 W，8 Ω	1	负载 R_L
15		万能板	单面三联孔	1	焊接用
16		单芯铜线	ϕ0.5 mm		若干
17		稳压电源	18 V	1	

（2）按照图 4.13 所示安装、焊接元器件，剪去多余引脚，检查焊点，清除多余焊渣。

（3）通电前检查有无短路情况，电路连接是否可靠，元器件有无错装、漏装现象。

（4）通电检查，应密切注意观察有无煳味、有无冒烟或集成电路过热等现象，一旦发现异常应立即断电，断电之后详细检查电路。

（5）通电检查没问题后，用函数发生器当作信号源进行调试，用示波器观察输入、输出信号波形，调节电位器 R_2 和 R_6，使输出波形失真较小，幅度较大。若有失真分析仪，调试时应使用失真分析仪监督失真度的变化，使失真度尽可能小。调试过程中应注意观察有无元器件过热现象。

（6）用交流电压表测量输入、输出电压并记录，计算电压放大倍数。用功率表（瓦特计）测量扬声器上的功率。

（7）若有条件，可以使用频率特性测试仪测量电路的幅频特性，通过改变 R_4 和 R_7 观察负反馈对放大倍数和通频带的影响。

(8) 使用双电源±9 V 供电，去除电容 C_2，将电路改造为 OCL 功率放大器，进行测试。

(9) 尝试前级加上话筒和项目二制作的小信号放大器，使用项目一制作的直流稳压电源供电。

4.3.2　实验项目九：OTL 互补对称功率放大电路调测

1. 实验目的

(1) 了解功率放大电路的交越失真现象；

(2) 熟悉功率放大电路的工作原理及特点；

(3) 掌握 OTL 互补对称功率放大电路调测方法。

2. 实验设备

(1) 数字双踪示波器；

(2) 数字万用表；

(3) 信号发生器；

(4) TPE-A5Ⅱ型模拟电路实验箱。

3. 实验电路

实验电路如图 4.14 所示。

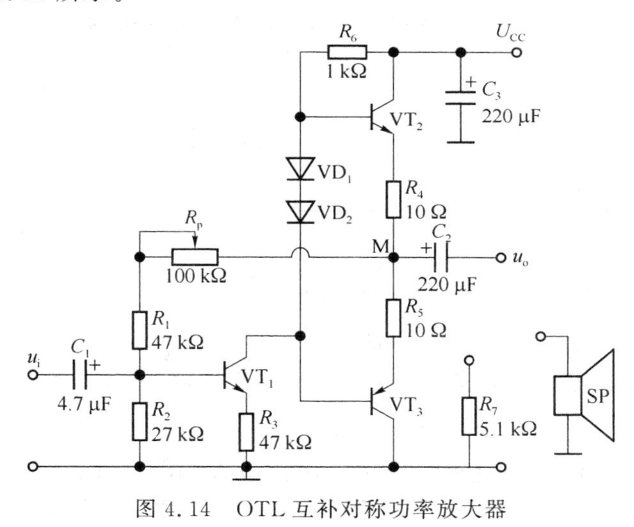

图 4.14　OTL 互补对称功率放大器

4. 实验内容

(1) 调整直流工作点，使 M 点电压为 $0.5U_{CC}$。

(2) 测量最大不失真输出功率与效率。

(3) 改变电源电压(例如由+12 V 变为+5 V)，测量并比较输出功率和效率。

(4) 测量放大电路在带 8 Ω 负载(扬声器)时的功耗和效率。

本电路由两部分组成，一部分是由 VT_1 组成的共射放大电路，为甲类功率放大；另一部分是互补对称功率放大电路，其中，VD_1、VD_2、R_6 使 VT_2、VT_3 处于临界导通状态，以消除交越失真现象，为甲乙类功率放大电路。实验结果如表 4.2～表 4.5 所示。

① U_{CC}=12.14 V，U_M=5.97 V 时测量静态工作点，然后输入频率为 5 kHz 的正弦波，调节输入幅值使输出波形最大且不失真(以下输入、输出值均为峰值)。

表 4.2 $U_{CC}=12$ V,$U_M=6$ V 时静态和动态测量

测量参数	U_B/V	U_C/V	U_E/V	$u_i=0.1$ V	$R_L=+\infty$	$R_L=5.1$ kΩ	$R_L=8$ Ω
VT_1				u_o/V			
VT_2				P_o/W			
VT_3				A_u			

② $U_{CC}=9.02$ V,$U_M=4.50$ V 时测量静态工作点,然后输入频率为 5 kHz 的正弦波,调节输入幅值使输出波形最大且不失真(以下输入、输出值均为峰值)。

表 4.3 $U_{CC}=9$ V,$U_M=4.5$ V 时静态和动态测量

测量参数	U_B/V	U_C/V	U_E/V	$u_i=0.1$ V	$R_L=+\infty$	$R_L=5.1$ kΩ	$R_L=8$ Ω
VT_1				u_o/V			
VT_2				P_o/W			
VT_3				A_u			

③ $U_{CC}=6$ V,$U_M=3$ V 时测量静态工作点,然后输入频率为 5 kHz 的正弦波,调节输入幅值使输出波形最大且不失真(以下输入、输出值均为峰值)。

表 4.4 $U_{CC}=6$ V,$U_M=3$ V 时静态和动态测量

测量参数	U_B/V	U_C/V	U_E/V	$u_i=0.1$ V	$R_L=+\infty$	$R_L=5.1$ kΩ	$R_L=8$ Ω
VT_1				u_o/V			
VT_2				P_o/W			
VT_3				A_u			

5. 实验报告要求

(1) 分析实验结果,计算实验内容要求的参数。

(2) 总结功率放大电路特点及测量方法。

(3) 完成 OTL 互补对称功率放大电路调测实验报告,如表 4.5 所示,并从实验中得出基本结论。

表 4.5 模拟电子技术实验报告十:OTL 互补对称功率放大电路调测

<table>
<tr><td colspan="2">实验地点</td><td colspan="2"></td><td>时间</td><td></td><td>实验成绩</td><td></td></tr>
<tr><td>班级</td><td></td><td>姓名</td><td></td><td>学号</td><td></td><td>同组姓名</td><td></td></tr>
<tr><td colspan="2">实验目的</td><td colspan="6"></td></tr>
<tr><td colspan="2">实验设备</td><td colspan="6"></td></tr>
</table>

续 表

实验内容

1. 画出实验电路原理图

2. $U_{CC}=12$ V, $U_M=6$ V 时静态动态测量

测量参数	U_B/V	U_C/V	U_E/V	$u_i=0.1$ V	$R_L=+\infty$	$R_L=5.1$ kΩ	$R_L=8$ Ω
VT_1				u_o/V			
VT_2				P_o/W			
VT_3				A_u			

3. 画出输出端交越失真的波形

4. 总结功率放大电路特点及测量方法

续表

实验过程中遇到的问题及解决方法	
实验体会与总结	
指导教师评语	

4.4 集成功率放大器

目前，利用集成电路工艺已经能够生产出品种繁多的集成功率放大器。集成功率放大器除了具有一般集成电路的共同特点，如可靠性高、使用方便、性能好、轻便小巧、成本低廉等之外，还具有温度稳定性好、电源利用率高、功耗较低、非线性失真较小等优点，它还可以将各种保护电路，如过流保护、过热保护以及过压保护等也集成在芯片内部，使用更加安全。

从电路结构来看，和集成运放类似，集成功率放大器也包括输入级、中间级和功率输出级，以及偏置电路、稳压、过流过压保护等附属电路。除此以外，基于功率放大电路输出功率大的特点，在内部电路的设计上还要满足一些特殊要求，如输出级采用复合管、采用更高的直流电源电压、要求外壳装散热片等。

集成功放的种类很多，按用途来划分，可分为通用型功放和专用型功放。从芯片内部的构成划分，有单通道功放和双通道功放。从输出功率划分，有小功率功放和大功率功放等。本节以一种通用型小功率集成功率放大器 LM386 为例进行介绍。

4.4.1　LM386 内部电路

LM386 电路简单，通用性强，是目前应用较广的一种小功率集成功放。它具有电源电压范围宽（4～16 V）、功耗低（常温下为 660 mW）、频带宽（300 kHz）等优点，输出功率 0.3～0.7 W，最大可达 2 W。另外，该集成功率放大器电路外接元件少，不必外加散热片，使用方便，广泛应用于各类功率放大电路中。

LM386 的内部电路原理图，如图 4.15 所示。图 4.16 所示是其引脚排列图，封装形式为双列直插。

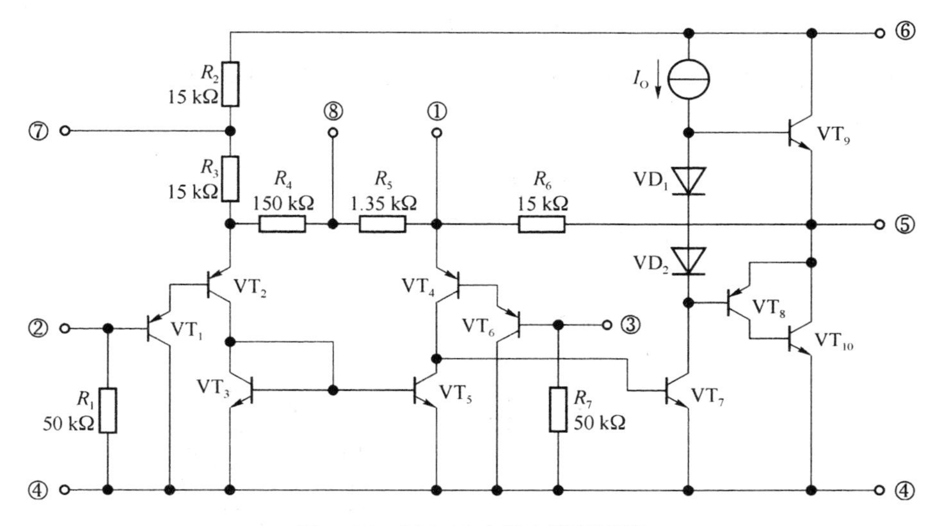

图 4.15　LM386 内部电路原理图

与集成运放类似，它是一个三级放大电路。输入级为差动放大电路；中间级为共射放大电路，为 LM386 的主增益级；第三级为准互补输出级。引脚 2 为反相输入端，引脚 3 为同相输入端。电路由单电源供电，故为 OTL 电路。

应用时，通常在 7 脚和地之间外接电解电容组成直流电源去耦滤波电路；在 1、8 两脚之间外接一个阻容串联电路，构成差放管射极的交流反馈，通过调节外接电阻的阻值就可调节该电路的放大倍数。其中，1、8 两脚开路时，负反馈量最大，电压放大倍数最小，约为 20。1、8 两脚之间短路时或只外接一个大电容时，电压放大倍数最大，约为 200。

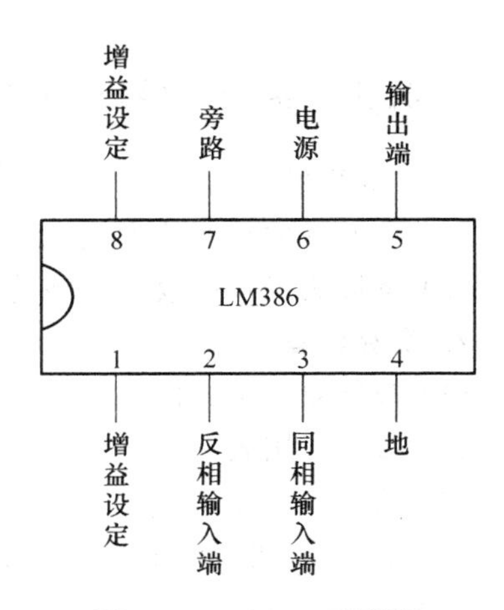

图 4.16　LM386 引脚图

4.4.2　LM386 的典型应用电路

图 4.17 所示为 LM386 的实验电路。图中接于 1、8 脚的 C_2 用于调节电路的电压放大倍数。因 LM386 为 OTL 电路，所以需要在 LM386 的输出端接一个大电容，在图中外接一个

220 μF 的耦合电容 C_4。C_5、R 组成容性负载，以抵消扬声器音圈电感的部分感性，防止信号突变时，音圈的反电动势击穿输出管，在小功率输出时 C_5、R 也可不接。C_5 与内部电阻 R 组成电源的去耦滤波电路。若电路的输出功率不大、电源的稳定性又好，则只需在输出端 5 外接一个耦合电容和在 1、8 两端外接放大倍数调节电路就可以使用。实验电路图 4.17 中，开关与 C_2 控制增益，C_3 为旁路电容，C_1 为去耦电容滤掉电源的高频交流部分，C_4 为输出隔直电容，C_5 与 R 串联构成校正网络来进行相位补偿。当负载为 R_L 时，$P_{omax} \approx \left(\frac{U_{om}}{\sqrt{2}}\right)^2 / R_L$，当输出信号峰峰值接近电源电压时，有

$$U_{om} \approx \frac{U_{CC}}{2}, \quad P_{omax} \approx \frac{U_{CC}^2}{8R_L}$$

LM386 广泛用于收音机、对讲机、方波和正弦波发生器等电子电路中。

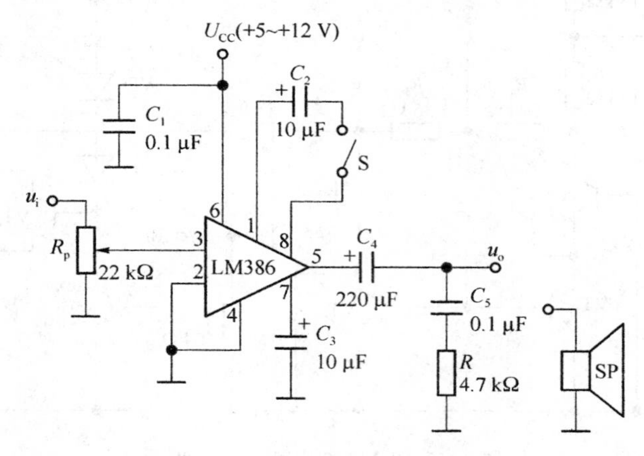

图 4.17 LM386 实验电路

4.4.3 实验项目十：集成功率放大电路调测

1. 实验目的

(1) 熟悉集成功率放大电路的特点；

(2) 掌握集成功率放大电路的主要性能指标及测量方法。

2. 实验设备

(1) 数字双踪示波器；

(2) 数字万用表；

(3) 信号发生器；

(4) TPE-A5Ⅱ型模拟电路实验箱。

3. 预习要求

(1) 复习集成功率放大电路工作原理，对照图 4.17 所示分析电路工作原理。

(2) 阅读实验内容，准备记录表格。

4. 实验内容

(1) 按图 4.17 所示电路在实验板上插装电路。不加信号时测静态工作电流。

(2) 在输入端接 1 kHz 信号，用示波器观察输出波形、逐渐增加输入电压幅度，直至出现

失真为止，记录此时输入电压，输出电压幅值，并记录波形。

(3) 去掉 10 μF 电容，重复上述实验。

(4) 改变电源电压(选 5 V、9 V 两挡)重复上述实验。将数据填入表 4.6 中。

表 4.6　负载和电源电压不同时的 u_o 的测量与 A_u 和 P_{omax} 的计算

U_{CC}	C_2	不接 R_L				$R_L=8\ \Omega$(喇叭)			
		I_Q/mA	u_i/mV	u_o/V	A_u	u_i/mV	u_o/V	A_u	P_{omax}/W
+12 V	接		10			10			
	不接		10			10			
+9 V	接		10			10			
	不接		10			10			
+5 V	接		10			10			
	不接		10			10			

以上输入、输出值均为峰值(峰峰值的一半)。

5. 实验报告要求

(1) 绘出实验原理电路图，标明实验的元件参数。

(2) 根据实验测量值，计算各种情况下的 P_{omax} 和 A_u。

(3) 完成集成功率放大电路调测实验报告，如表 4.7 所示。

表 4.7　模拟电子技术实验报告十一：集成功率放大电路调测

实验地点				时间		实验成绩	
班级		姓名		学号		同组姓名	
实验目的							
实验设备							
实验内容	1. 记录实测 u_o 数据，计算各种情况下的 P_{omax} 和 A_u 并填入表中						

U_{CC}	C_2	不接 R_L				$R_L=8\ \Omega$(喇叭)			
		I_Q/mA	u_i/mV	u_o/V	A_u	u_i/mV	u_o/V	A_u	P_{omax}/W
+12 V	接		10			10			
	不接		10			10			
+9 V	接		10			10			
	不接		10			10			
+5 V	接		10			10			
	不接		10			10			

续表

实验内容	2. 画出输出端 u_o 的波形 3. 总结集成功率放大电路特点及测量方法
实验过程中遇到的问题及解决方法	
实验体会与总结	
指导教师评语	

本章小结

(1) 对功率放大电路的主要要求是能够向负载提供足够的输出功率，同时应有较高的效率和较小的非线性失真。功率放大电路的主要技术指标为：最大输出功率 P_{om} 和效率 η。

(2) 按照功放管的工作状态，可以将常用低频功率放大电路分为甲类、乙类和甲乙类三

种。其中甲类功放的失真小，但效率最低；互补对称的乙类功放效率最高，在理想情况下，其效率可以达到 78.5%，但存在交越失真。所以采用互补对称的甲乙类功率放大电路，既消除了交越失真，也可以获得接近乙类功放的效率。

(3) 根据互补对称功率放大电路的电路形式，有双电源互补对称电路（OCL 电路）和单电源互补对称电路（OTL 电路）两种。对于单电源互补对称电路，计算输出功率、效率、管耗和直流电源提供的功率时，只需将 OCL 电路计算公式中的 U_{CC} 用 $U_{CC}/2$ 代替即可。

(4) 集成功放种类繁多，大多工作在音频范围。集成功放有通用型和专用型之分，输出功率从几十毫瓦至几瓦，有些集成功放既可以双电源供电，又可以单电源供电。由于集成功放具有许多突出优点，如温度稳定性好、电源利用率高、功耗较低、非线性失真较小等，目前已经得到了广泛的应用。

习　题　4

4-1　填空题。

(1) 按照功放管的工作状态，功率放大器可分为________、________、________、________四种。

(2) 输出信号功率是指输出信号电流的________值与输出信号电压________值的乘积。

(3) OCL 功放电路由________电源供电，静态时，输出端直流电位为________，可以直接连接对地的负载，不需要________的耦合。

(4) OTL 功放电路采用________电源供电，输出端与负载间必须连接________。

(5) 单电源互补对称功率放大电路正常工作时，其输出端中点电压应为电源电压的________。

(6) 为了提高功率放大器的输出功率和效率，三极管应工作在________类状态。若要避免交越失真，则应工作在________类状态。

(7) 对功率放大器所关心的主要性能参数是________和________。

(8) 设计一个输出功率为 20 W 的扩音机电路，若用乙类互补对称功率放大，则功放管的 P_{CM} 应满足________ W。

4-2　选择题。

(1) 功率放大电路的最大输出功率是在输入电压为正弦波，且输出基本不失真的情况下，负载可能获得的最大________。

A. 交流功率　　B. 直流功率　　C. 平均功率

(2) 功率放大电路的转换效率是指________。

A. 输出功率与三极管所消耗的功率之比

B. 最大输出功率与电源提供的平均功率之比

C. 三极管所消耗的功率与电源提供的平均功率之比

(3) 在 OCL 乙类功放电路中，若最大输出功率为 1 W，则电路中功放管的集电极最大功耗约为________。

A. 1 W　　B. 0.5 W　　C. 0.2 W

(4) 在选择功放电路中的三极管时，应当特别注意的参数有________。

A. β　　B. I_{CM}　　C. I_{CBO}

D. U_{CEO}　　E. P_{CM}　　F. f_T

(5) 克服乙类互补对称功率放大电路交越失真的有效措施是________。

A. 选择一对特性相同的互补管　　B. 加上合适的偏置电压

C. 加输出电容　　D. 加上适当的负反馈

(6) 在双电源互补对称功率放大电路中，要求在 8 Ω 负载上获得 9 W 最大不失真功率，应选的电源电压为________。

A. 6 V　　B. 9 V　　C. 12 V　　D. 24 V

(7) 双电源功放电路中，输出端中点静态电位为________。

A. U_{CC}　　B. 0　　C. $U_{CC}/2$　　D. $2U_{CC}$

(8) 组成互补对称电路的两个三极管是________。

A. 同类型的　　B. 不同类型的　　C. 复合管　　D. NPN 型

(9) 作为输出级的互补对称电路常采用的接法是________。

A. 共射法　　B. 共集法　　C. 共基法　　D. 差动法

(10) 乙类互补对称功率放大电路产生的失真是________。

A. 线性失真　　B. 截止失真　　C. 饱和失真　　D. 交越失真

4-3　判断题。

(1) 甲类功率放大电路中，在没有输入信号时，电源的功耗最少。 (　　)

(2) 乙类功率放大电路存在交越失真。 (　　)

(3) 乙类功率放大电路的交越失真是由三极管输入特性的非线性引起的。 (　　)

(4) 甲乙类功率放大器可以减小交越失真。 (　　)

(5) OTL 功率放大电路一定采用双电源供电。 (　　)

(6) 功率放大电路的最大输出功率是指在基本不失真情况下，负载上可能获得的最大交流功率。 (　　)

(7) 若 OCL 电路的最大输出功率为 1 W，功放管集电极最大耗散功率应大于 1 W。 (　　)

(8) 功率放大电路与电压放大电路、电流放大电路的共同点如下。

① 都使输出电压大于输入电压； (　　)

② 都使输出电流大于输入电流； (　　)

③ 都使输出功率大于信号源提供的输入功率。 (　　)

(9) 功率放大电路与电压放大电路的区别如下。

① 前者比后者电源电压高； (　　)

② 前者比后者电压放大倍数数值大； (　　)

③ 前者比后者效率高； (　　)

④ 在电源电压相同的情况下，前者比后者的最大不失真输出电压大。 (　　)

4-4　什么是功率放大器？与一般电压放大器相比，对功率放大器有何特殊要求？

4-5　如何区分三极管工作在甲类、乙类还是甲乙类？画出在三种工作状态下的静态工作点及与之相应的工作波形示意图。

4-6　什么是交越失真？如何克服交越失真？

4-7　某 OCL 互补对称电路如图 4.18 所示，已知三极管 VT_1、VT_2 的饱和压降 $U_{CES}=1\ V$，$U_{CC}=18\ V$，$R_L=8\ \Omega$。

(1) 计算电路的最大不失真输出功率 P_{omax}；

(2) 计算电路的效率；

(3) 求每个三极管的最大管耗 P_{Tmax}；

(4) 为保证电路正常工作，所选三极管的 U_{CEO} 和 I_{CM} 应为多大？

4-8　OTL 互补对称电路，如图 4.19 所示，试分析电路的工作原理。

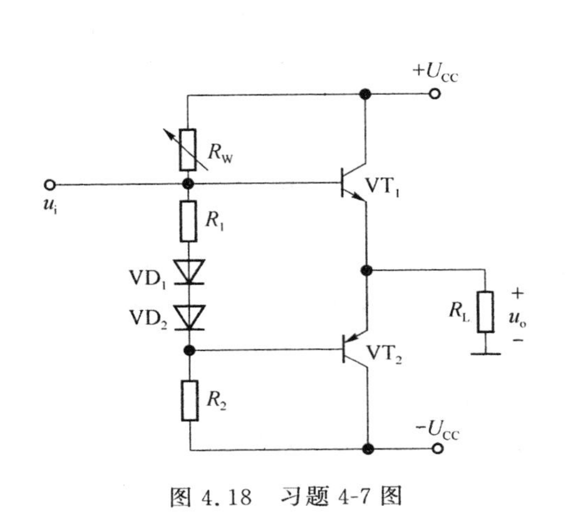

图 4.18　习题 4-7 图

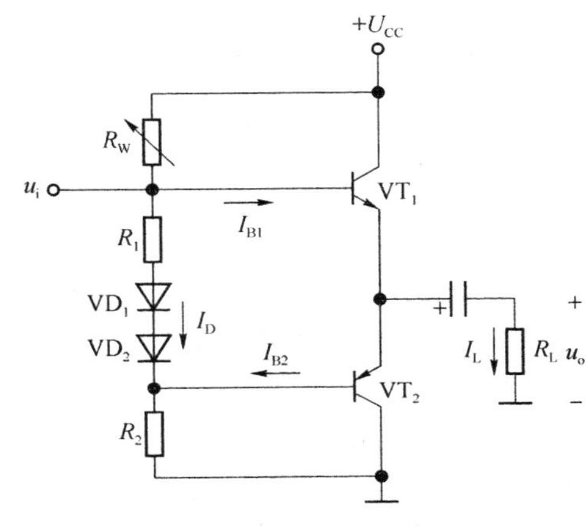

图 4.19　习题 4-8 图

(1) 电阻 R_1 与二极管 VD_1、VD_2 的作用是什么？

(2) 静态时 VT_1 管射极电位 $U_E=$？负载电流 $I_L=$？

(3) 电位器 R_w 的作用是什么？

(4) 若电容 C 的容量足够大，$U_{CC}=15\ V$，三极管饱和压降 $U_{CES}=1\ V$，$R_L=8\ \Omega$，则负载 R_L 上得到的最大不失真输出功率 P_{omax} 为多大？

4-9　OCL 互补电路，如图 4.20 所示。

(1) 在图中标明 $VT_1 \sim VT_4$ 管的类型；

(2) 静态时输出 u_o 端的直流电位 U_o 怎样调整？

(3) VT_5 管和电阻 R_2、R_3 组成电路的名称及其作用是什么？

4-10　OCL 互补电路，如图 4.21 所示。已知 $U_{CC}=15\ V$，$R_L=12\ \Omega$，$R_1=10\ k\Omega$，试回答下述问题或计算有关参数。

(1) 要稳定电路的输出电压，应引入何种形式的反馈？请在图中标明相应的反馈支路。

(2) 为使电路的闭环增益为 80，试确定反馈电阻 R_f 的阻值。

(3) 设 VT_1、VT_2 饱和压降 $U_{CES}\approx 2\ V$，试计算运放最大输出幅值为多大时 R_L 上有最大不失真的输出幅度 U_{om}？U_{om} 约为多少？

(4) 设 $U_{CES}\approx 2\ V$，求负载 R_L 上最大不失真的输出功率 P_{omax} 为多大？

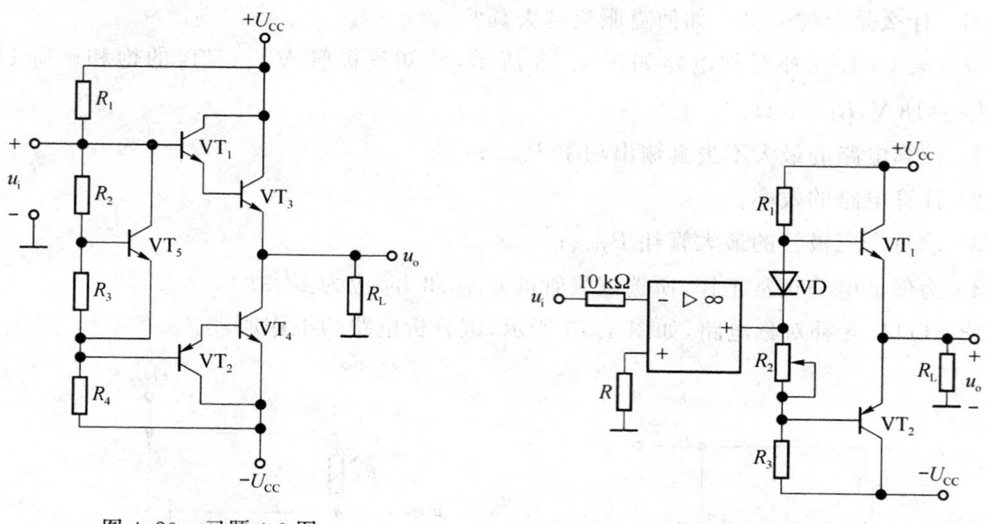

图 4.20　习题 4-9 图　　　　图 4.21　习题 4-10 图

4-11　运放驱动的 OCL 互补功放电路如图 4.22 所示。已知 $U_{CC}=18$ V，$R_L=16\ \Omega$，$R_1=10$ kΩ，$R_f=150$ kΩ，运放最大输出电流为±25 mA，VT_1、VT_2管饱和压降 $U_{CES}\approx 2$ V。

(1) VT_1、VT_2管的 β 满足什么条件时，负载 R_L上有最大的输出电流？

(2) 为使负载 R_L上有最大不失真的输出电压，输入信号的幅度 U_{im}应为多大？

(3) 试计算运放输出幅度足够大时，负载 R_L上的最大不失真输出功率 P_{omax}。

(4) 试计算电路的效率。

(5) 若在该电路输出 u_o端出现交越失真，电路应怎样调整才能消除之？

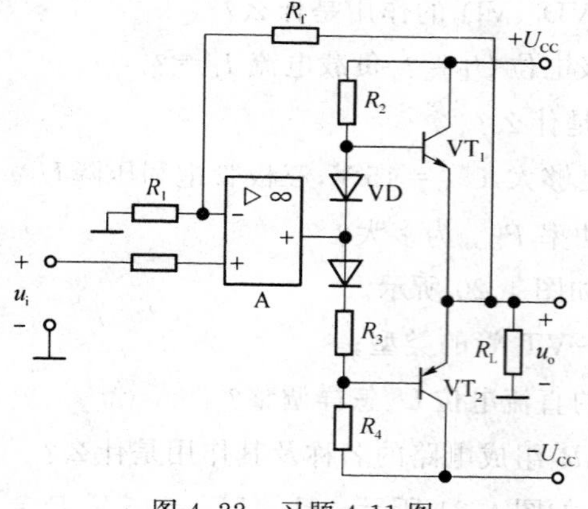

图 4.22　习题 4-11 图

第 5 章

集成运算放大电路

本章导读：集成运算放大器最早应用于信号的运算，它可完成信号的加、减、微分、积分、对数、指数以及乘、除等基本运算，故此得名运算放大器。至今，信号的运算仍是集成运放一个重要而基本的应用。

在不同的应用电路中，运放可工作在两个不同的区域：线性区和非线性区。运放工作在不同的区域时，有不同的特点：工作在线性区时，有"虚短"和"虚断"两个特点；而工作在非线性区时，只有"虚断"这一特点，但此时运放输出只有高、低电平两种状态。这些特点是分析和设计应用电路的基本出发点。本章从运放工作区的不同将应用电路分为两大类：线性应用电路和非线性应用电路。线性应用电路主要介绍运算电路：比例、求和、积分和微分电路及有源滤波电路；非线性应用电路主要介绍电压比较器。实训内容包括：比例求和运算电路调测，积分与微分电路调测，有源滤波电路调测，电压比较电路调测。

本章基本要求：掌握区分运放工作在不同区域的方法；掌握利用运放工作在不同区域的特点，分析运放应用电路的方法；熟悉常用运放应用电路的结构特点。掌握各类实验电路的调测方法。

5.1 集成运算放大器概述

5.1.1 集成运放的基本组成

集成运算放大器简称集成运放，它实质上是一个具有高电压放大倍数的多级直接耦合放大电路。从 20 世纪 60 年代发展至今已经历了四代产品，类型和品种相当丰富，但在结构上基本一致，其内部通常包含四个基本组成部分：输入级、中间级、输出级以及偏置电路，如图 5.1 所示。

为了抑制零点漂移，输入级一般采用差动放大电路。为提高放大倍数，中间级一般采用共射放大电路。输出级为功率放大电路，为提高电路的带负载能力，多采用互补对称输出级电路。偏置电路的作用是供给各级电路合理的偏置电流。

图 5.2 所示为集成运算放大器的电路符号。由于集成运算放大器的输入级是差动输入，

因此有两个输入端:用"+"表示同相输入端,用"-"表示反相输入端,输出电压表示为 $u_o=A_{ud}(u_+-u_-)$。当从反相输入端输入电压信号且同相输入端接地时,输出电压信号与输入信号反相。集成运放可以有同相输入、反相输入及差动输入三种输入方式。

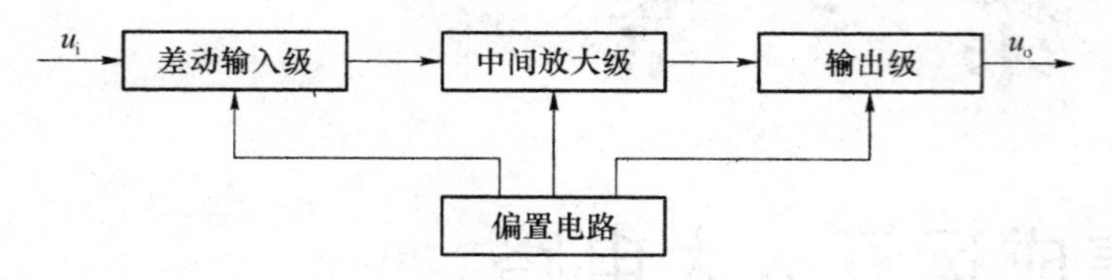

图 5.1　集成运放的基本组成部分

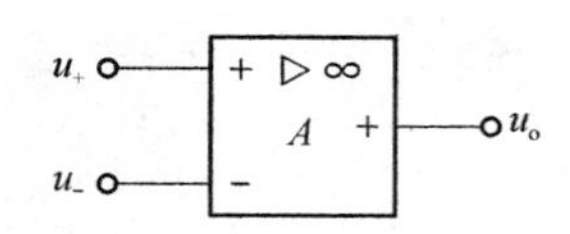

图 5.2　集成运放的电路符号

5.1.2　集成运放的主要性能指标

1. 开环差模电压放大倍数

开环差模电压放大倍数(A_{od})是指集成运放在开环(无外加反馈)的状态下的差模电压放大倍数,即

$$A_{od}=\frac{u_o}{u_{id}}$$

对于集成运放而言,A_{od}应大且稳定。目前高增益集成运放的 A_{od}可高达 10^7倍,即140 dB,理想集成运放认为 A_{od}为无穷大。

2. 输入失调电压

输入失调电压 U_{IO}是指为了使输出电压为零而在输入端加的补偿电压(去掉外接调零电位器),其大小反映了电路的不对称程度和调零的难易。对集成运放,要求输入为零时,输出也为零,但实际中往往输出不为零,将此电压折合到集成运放的输入端的电压,常称为输入失调电压 U_{IO},其值在 1~10 mV 范围,要求越小越好。

3. 输入偏置电流

输入偏置电流(I_{IB})是指静态时输入级两差放管基极(栅极)电流 I_{B1}和 I_{B2}的平均值,用 I_{IB}表示,即

$$I_{IB}=\frac{I_{B1}+I_{B2}}{2}$$

输入偏置电流越小,信号源内阻变化引起的输出电压变化也越小,一般为 10 nA~1 μA。

4. 输入失调电流

输入失调电流(I_{IO})是指当输出电压为零时,流入放大器两输入端的静态基极电流之差,即

$$I_{IO}=|I_{B1}-I_{B2}|$$

它反映了放大器的不对称程度,所以希望它越小越好,其值为 1 nA~0.1 μA。

5. 输入失调电压温漂和输入失调电流温漂

输入失调电压温漂和输入失调电流温漂可以用来衡量集成运放的温漂特性。

输入失调电压温漂 $\Delta U_{IO}/\Delta T$ 是指在规定的温度范围内,输入失调电压随温度的变化率,

它是反映集成运放电压漂移特性的指标，不能用外接调零装置来补偿，其范围一般为(10～30 μV)/℃。

输入失调电流温漂 $\Delta I_{IO}/\Delta T$ 是指在规定的温度范围内，输入失调电流随温度的变化率，它是反映集成运放电流漂移特性的指标，其范围一般在(5～50 nA)/℃。

6. 共模抑制比

共模抑制比(K_{CMR})反映了集成运放对共模输入信号的抑制能力，其定义同差动放大电路，即差模电压放大倍数与共模电压放大倍数之比称为共模抑制比。K_{CMR}越大越好，高质量运放的 K_{CMR}目前可达 160 dB。

7. 差模输入电阻

运算放大器开环时从两个差动输入端之间看进去的等效交流电阻，称为差模输入电阻，表示为 r_{id}。r_{id}的大小反映了集成运放输入端向差模输入信号源索取电流的大小。要求 r_{id}越大越好，一般集成运放 r_{id}为几百千欧至几兆欧，故输入级常采用场效应管来提高输入电阻 r_{id}。

8. 输出电阻

从集成运放的输出端和地之间看进去的等效交流电阻，称为运放的输出电阻，记为 r_{od}。r_{od}的大小反映了集成运放在小信号输出时的带负载能力。

此外，还有最大差模输入电压 U_{idmax}、最大共模输入电压 U_{icmax}、−3 dB 带宽 f_H、转换速率 S_R 等参数。

集成运放种类较多，有通用型，还有为适应不同需要而设计的专用型，如高速型、高阻型、高压型、大功率型、低功耗型、低漂移型等。

5.1.3　集成运放的选择与使用

1. 集成运放的选择

通常在设计集成运放应用电路时，需要根据设计需求寻找具有相应性能指标的芯片。一般应根据以下几方面的要求选择运放。

(1) 信号源的性质

根据信号源是电压源还是电流源、内阻的大小、输入信号的幅值以及频率变化范围等选择运放的差模输入电阻 r_{id}、−3 dB 带宽(或单位增益带宽)、转换速率 S_R 等指标参数。

(2) 负载的性质

根据负载电阻的大小，确定所需运放的输出电压和输出电流的幅值。对于容性负载或感性负载，还要考虑它们对频率参数的影响。

(3) 精度要求

对模拟信号的放大、运算等处理，往往提出精度要求；对模拟信号的电压比较等处理，往往提出响应时间、灵敏度等要求。根据这些要求选择运放的开环差模增益 A_{ud}、失调电压 U_{IO}、失调电流 I_{IO}以及转换速率 S_R 等指标参数。

(4) 环境条件

根据环境温度的变化范围，可以正确选择运放的失调电压、电流的温漂 $\Delta U_{IO}/\Delta T$、

$\Delta I_{IO}/\Delta T$等参数；根据所能提供的电源(如有些情况下只能用于电池)选择运放的电源电压；根据对功耗有无限制，选择运放的功耗，等等。

根据上述分析就可以通过查阅手册等手段选择某一型号的运放，必要时还可以通过各种EDA软件进行仿真，最终确定最满意的芯片。目前，各种专用运放种类繁多，采用它们会大大提高电路的质量。但从性能价格比方面考虑，应尽量采用通用型运放，只有在通用型运放不能满足应用要求时才采用特殊型运放。

2. 集成运放参数的测试

当选定集成运放的产品型号后，通常只要查阅有关器件手册即可得到各项参数值，而不必逐个测试。但手册中给出的往往只是典型值，由于材料和制造工艺的分散性，每个运放的实际参数与手册上给定的典型值之间可能存在差异，因此有时仍需对参数进行测试。

在成批生产或其他需要大量使用集成运放的场合，可以考虑使用专门的参数测试仪器进行自动测量。在没有专用测试仪器时，可采用一些简易的电路和方法进行手工测量。如可用万用表测量引脚之间的电阻，检测引脚之间有无短路和断路现象，来判断参数的一致性；也可用万用表估测运放的放大能力。以 μA741 为例，其引脚排列如图 5.3(a)所示。其中 2 脚为反相输入端，3 脚为同相输入端，7 脚接正电源 15 V，4 脚接负电源 −15 V，6 脚为输出端，1 脚和 5 脚之间应接调零电位器。μA741 的开环电压增益 A_{ud} 约为 94 dB(5×10^4倍)。

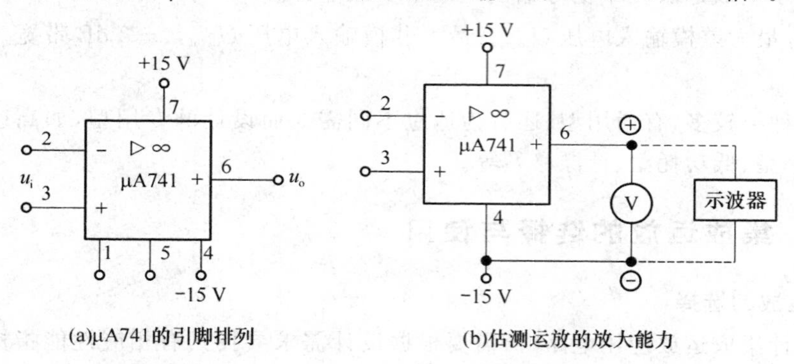

图 5.3　μA741 参数设置

用万用表估测 μA741 的放大能力时，需接上±15 V 电源。万用表拨至 50 V 挡，电路如图 5.3(b)所示。测量之前，输入端开路，运放处于截止状态，对于大多数 μA741 来说，处于正向截止状态，即输出端 6 脚对负电源 4 脚的电压约为 28 V。万用表红表笔接 6 脚，黑表笔接 4 脚，可测出此时的截止电压。用手握住螺丝刀的绝缘柄，并用金属杆依次碰触同相输入端和反相输入端，表针若从 28 V 摆到 15～20 V，即说明运放的增益很高。若表针摆动很小，说明放大能力很差。如果表针不动，就说明内部已损坏。一般用螺丝刀碰触 2 脚(反相输入端)时，表针摆动较大，而碰触 3 脚(同相输入端)时，表针摆动较小，这属于正常现象。

少数运放在开环时处于反向截止状态，即 6 脚对 7 脚的电压为 −28 V。此时可将万用表接在 6 脚和 7 脚之间，红表笔接 7 脚，黑表笔接 6 脚。假如按上述方法用螺丝刀碰 2 脚时，因输入信号太弱，表针摆动很小，也可以直接用手捏住 2 脚(或 3 脚)，表针应指在 15 V 左右。这是因为人体感应的 50 Hz 电压较高，一般为几伏至几十伏，所以即使运放的增益很低，输出电压仍接近方波。当然，也可采用交流法测量运放参数。

3. 集成运放在使用前必做的工作

(1) 辨认集成运放的引脚

目前集成运放的常见封装方式有金属壳封装和双列直插式封装。双列直插式有8、10、12、14、16引脚等种类，虽然它们的引脚排列日趋标准化，但各制造厂仍略有区别。因此，使用运放前必须查阅有关手册，辨认引脚，以便正确连线。

(2) 参数测量

使用运放之前往往要用简易测试法判断其好坏，例如用万用表中间挡(“×100 Ω”或“×1 kΩ”挡，避免电流或电压过大)对照引脚测试有无短路和断路现象。必要时还可采用测试设备测量运放的主要参数。

(3) 调零或调整偏置电压

由于失调电压及失调电流的存在，输入为零时输出往往不为零。对于内部无自动稳零措施的运放需外加调零电路，使之在零输入时输出为零。

对于单电源供电的运放，有时还需在输入端加直流偏置电压，设置合适的静态输出电压，以便能放大正、负两个方向的变化信号。

4. 集成运放的保护

集成运放在使用中常因以下三种原因被损坏：输入信号过大，使PN结击穿；电源电压极性接反或过高；输出端直接接“地”或接电源，此时，运放将因输出级功耗过大而损坏。因此，为使运放安全工作，也需要从这三个方面进行保护。

(1) 输入保护

图5.4(a)所示是防止差模电压过大的保护电路，限制集成运放两个输入端之间的差模输入电压不超过二极管 VD_1、VD_2 的正向导通电压。图5.4(b)所示是防止共模电压过大的保护电路，限制集成运放的共模输入电压不超过 $+U \sim -U$ 的范围。

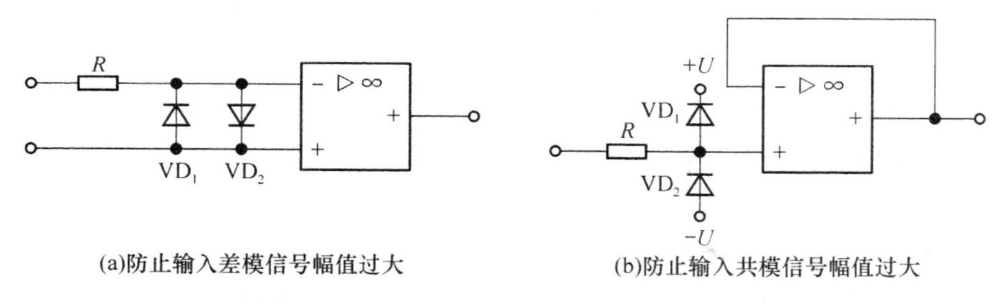

图5.4 输入保护电路

(2) 输出保护

图5.5所示为输出端保护电路，限流电阻 R 与稳压管VZ构成限幅电路。它一方面将负载与集成运放输出端隔离开来，限制了运放的输出电流；另一方面也限制了输出电压的幅值。当然，任何保护措施都是有限度的，若将输出端直接接电源，则稳压管会损坏，使电路的输出电阻大大提高，影响了电路的性能。

(3) 电源端保护

为防止电源极性接反，可利用二极管的单向导电性，在电源端串接二极管来实现保护，如图5.6所示。由图可见，若电源极性接错，则二极管 VD_1、VD_2 不能导通，电源被断开。

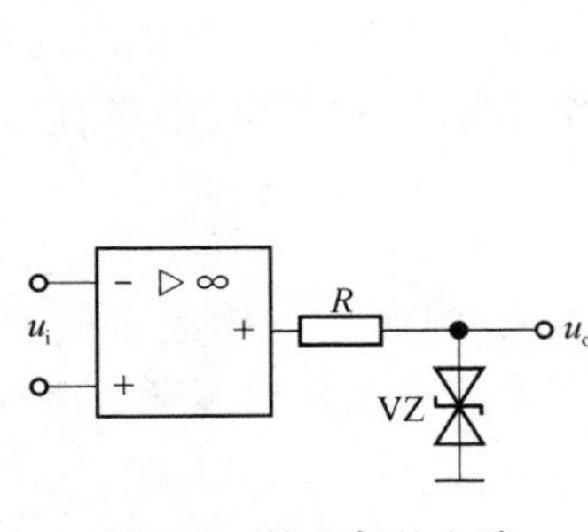

图 5.5　输出保护电路

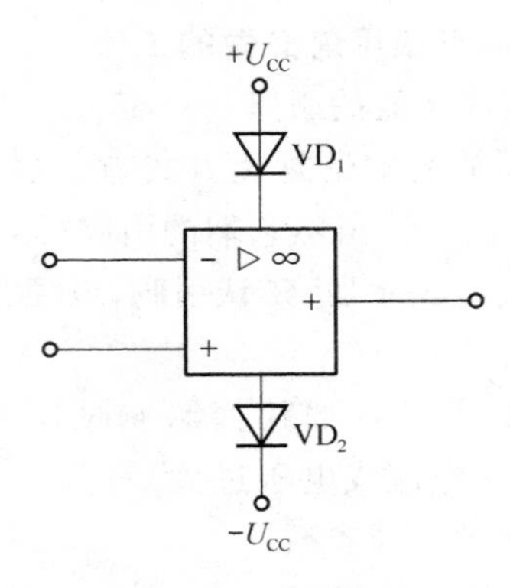

图 5.6　电源端保护

5.2　理想运放及运放工作的两个区域

5.2.1　理想集成运算放大器

理想运放可以理解为实际运放的理想化模型。具体来说，就是将集成运放的各项技术指标理想化，得到一个理想的运算放大器，即

(1) 开环差模电压放大倍数 $A_{od}=\infty$；

(2) 差模输入电阻 $r_{id}=\infty$；

(3) 输出电阻 $r_{od}=0$；

(4) 输入失调电压 $U_{IO}=0$，输入失调电流 $I_{IO}=0$；输入失调电压的温漂 $dU_{IO}/dT=0$，输入失调电流的温漂 $dI_{IO}/dT=0$；

(5) 共模抑制比 $K_{CMR}=\infty$；

(6) 输入偏置电流 $I_{IB}=0$；

(7) -3 dB 带宽 $f_h=\infty$；

(8) 无干扰、噪声。

实际的集成运放由于受集成电路制造工艺水平的限制，各项技术指标不可能达到理想化条件，所以，将实际集成运放作为理想运放分析计算是有误差的，但误差通常不大，在一般工程计算中是允许的。将集成运放视为理想运放，将大大简化运放应用电路的分析。

5.2.2　集成运算放大器的两个工作区域

1. 运放工作在线性工作区时的特点

在集成运放应用电路中，运放的工作范围有两种情况：工作在线性区或工作在非线性区。

线性工作区是指输出电压 u_o 与输入电压 u_i 成正比时的输入电压范围。在线性工作区，集成运放 u_o 与 u_i 之间的关系可表示为

$$u_o = A_{od}u_{id} = A_{od}(u_+ - u_-) \tag{5-1}$$

式中，A_{od}为集成运放的开环差模电压放大倍数，u_+和u_-分别为同相输入端和反相输入端电压。由于集成运放的开环差模电压放大倍数A_{od}很大，而输出电压u_o为有限值，故输入信号的变化范围很小，即集成运放开环时线性区很小。以F007为例，其$A_{od}=10^5$，最大不失真输出电压$U_{om}=\pm10$ V，则由式(5-1)可得其线性区为$-0.1\sim+0.1$ mV。显然，这么小的线性范围是无法对实际输入信号进行放大的。实际应用时，采用外加负反馈的方法，扩大线性范围。这是运放线性应用电路结构的共同点。仍以上述F007为例，如外加负反馈，使闭环差模电压放大倍数降低到100，则线性范围为$-100\sim+100$ mV。这样的线性范围一般可以满足实际输入信号的要求。

对于理想运放，$A_{od}=\infty$；而u_o为有限值，故由式(5-1)可知，工作在线性区时，有：$u_+-u_-\approx0$，即

$$u_+\approx u_- \tag{5-2}$$

这一特性称为理想运放输入端的“虚短”。“虚短”和“短路”是截然不同的两个概念，“虚短”的两点之间，仍然有电压，只是电压十分微小；而“短路”的两点之间，电压为零。

由于理想运放的输入电阻$r_{id}=r_{ic}=\infty$，而加到运放输入端的电压u_+-u_-有限，所以运放两个输入端的电流：

$$i_+=i_-\approx0 \tag{5-3}$$

这一特性称为理想运放输入端的“虚断”。同样，“虚断”与“断路”不同，“虚断”是指某一支路中电流十分微小；而“断路”则表示某支路电流为零。

式(5-2)和式(5-3)是分析理想运放线性应用电路的重要依据。为书写方便，以后将式中的“≈”写为“=”。

2. 运放工作在非线性工作区时的特点

集成运放的非线性工作区是指其输出电压u_o与输入电压u_+-u_-不成比例时的输入电压取值范围。在非线性工作区，运放的输入信号超出了线性放大的范围，输出电压不再随输入电压线性变化，而是达到饱和，输出电压为正向饱和压降U_{OH}（正向最大输出电压）或负向饱和压降U_{OL}（负向最大输出电压），如图5.7所示。

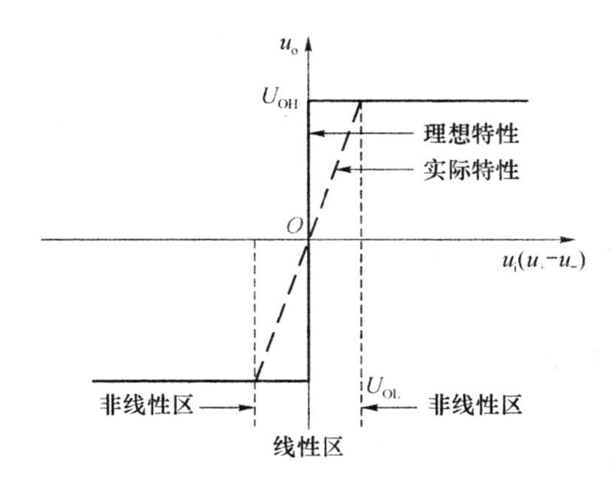

图5.7　集成运放的传输特性

理想运放工作在非线性区时，由于$r_{id}=r_{ic}=\infty$，而输入电压总是有限值，所以不论输入电

压是差模信号还是共模信号，两个输入端的电流均为无穷小，即图 5.1 所示的集成运放的传输特性仍满足“虚断”条件：

$$i_+ = i_- \approx 0 \tag{5-4}$$

为使运放工作在非线性区，一般使运放工作在开环状态，也可外加正反馈。

5.3 信号运算电路

本书按照运放应用电路中运放工作区域的不同，将其应用电路分为线性应用电路和非线性应用电路两大类。线性应用电路中，一般都在电路中加入深度负反馈，使运放工作在线性区，以实现各种不同功能。典型线性应用电路包括各种运算电路及有源滤波电路。信号的运算是运放的一个重要而基本的应用领域。本节介绍信号运算电路。

5.3.1 比例运算电路

1. 反相比例运算电路

反相比例运算电路也称为反相放大器，电路组成如图 5.8 所示。输入电压 u_i 经电阻 R_1 加到集成运放的反相输入端，同相输入端经 R'接地。在输出端和反相输入端之间有负反馈支路 R_f，该负反馈组态为电压并联负反馈。因此，可以认为运放工作在线性区，分析输入输出之间关系时可以利用“虚短”“虚断”特点。

由于“虚断”，$i_+ = 0$，故 R'上没有压降，则 $u_+ = 0$。又因“虚断”，可知：

$$u_+ = u_- = 0 \tag{5-5}$$

式(5-5)说明在反相比例运算电路中，运放的两个输入端电位不仅相等，而且均为零，如同接地，这一特点称为“虚地”。

由于 $i_+ = 0$，可见：$i_i = i_f$，即

$$\frac{u_i - u_+}{R_1} = \frac{u_- - u_o}{R_f}$$

将式(5-5)代入上式，整理可得反相比例运算电路的输出输入电压之比(电压放大倍数)为

$$A_{uf} = \frac{u_o}{u_i} = -\frac{R_f}{R_1} \tag{5-6}$$

可见，反相比例运算电路的输出电压与输入电压相位相反，而幅度呈正比关系，比例系数取决于电阻 R_f 与 R_1 阻值之比。

为使运放输入级的差动放大电路参数保持一致，要求从运放两个输入端向外看的等效电阻相等，因此在同相输入端接入一个平衡电阻 R'，其阻值为 $R' = R_1 /\!/ R_f$。

2. 同相比例运算电路

同相比例运算电路又称为同相放大器，其电路如图 5.9 所示。输入电压加在同相输入端，为保证运放工作在线性区，在输出端和反相输入端之间接反馈电阻 R_f 构成深度电压串联负反馈，R'为平衡电阻，$R' = R_1 /\!/ R_f$。

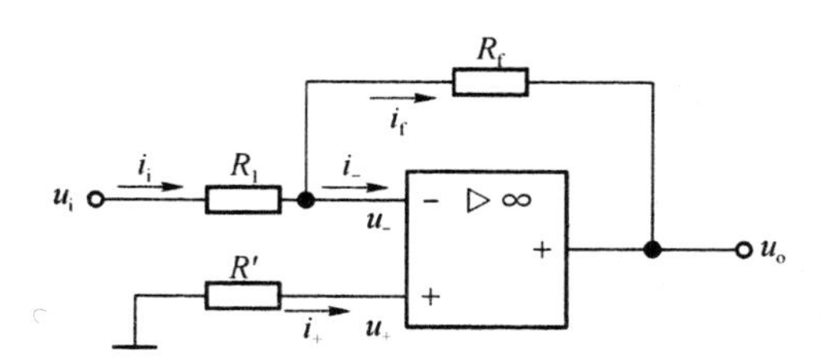

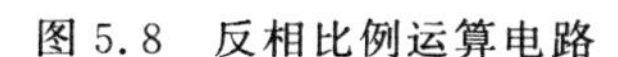
图 5.8　反相比例运算电路

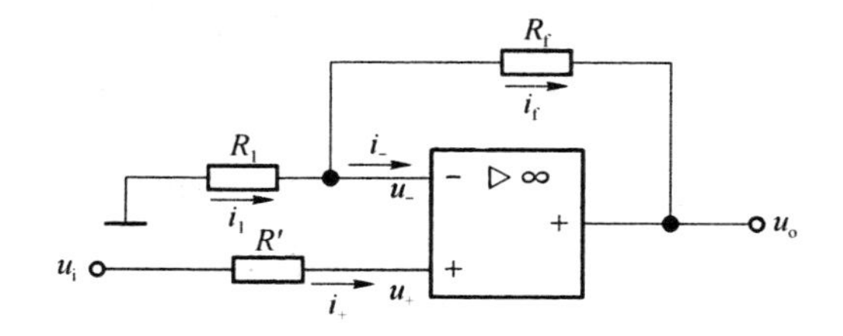

图 5.9　同相比例运算电路

根据“虚断”“虚短”特点，有

$$u_+ = u_- = u_i$$
$$i_+ = i_- = 0 \tag{5-7}$$

则

$$i_i = i_f \quad 或 \quad \frac{u_-}{R_1} = \frac{u_o - u_+}{R_f} \tag{5-8}$$

将式(5-7)代入式(5-8)整理可得输出、输入电压之比，即电压放大倍数为

$$A_{uf} = \frac{u_o}{u_i} = 1 + \frac{R_f}{R_1} \tag{5-9}$$

可见，同相比例运算电路输出、输入电压相位相同，幅度呈正比例关系。比例系数取决于电阻 R_f 与 R_1 阻值之比。

同相比例运算电路中引入了电压串联负反馈，故可以进一步提高电路的输入电阻，降低输出电阻。

图 5.9 所示中，若 $R_f = 0$，则 $u_o = u_i$，此时电路构成电压跟随器，如图 5.10 所示。

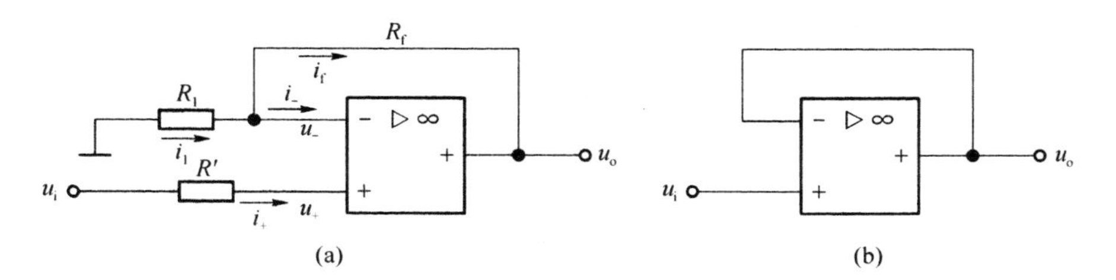

图 5.10　电压跟随器

例题 5-1　理想集成运放构成的电路，如图 5.11 所示，写出 $u_o \sim u_i$ 的关系式。

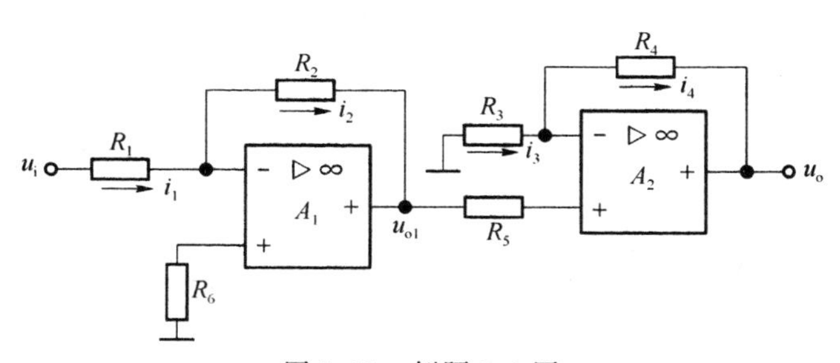

图 5.11　例题 5-1 图

解 由电路可知，运放 A_1 构成的电路是一个反相比例运算电路，于是有

$$\frac{u_{o1}}{u_i}=-\frac{R_2}{R_1} \quad 或 \quad u_{o1}=-\frac{R_2}{R_1}u_i$$

运放 A_2 构成的电路是一个同相比例运算电路，因此有

$$u_o=\left(1+\frac{R_4}{R_3}\right)u_{o1}=-\frac{R_2}{R_1}\left(1+\frac{R_4}{R_3}\right)u_i$$

可见，该电路是一种比例运算电路。

5.3.2 求和运算电路

用集成运放实现求和运算，即电路的输出信号为多个模拟输入信号的和。求和运算电路在电子测量和控制系统中经常被采用。

求和运算电路有反相求和运算电路、同相求和运算电路和代数求和运算电路等几种。

1. 反相求和电路

反相求和电路如图 5.12 所示。图中有两个输入信号 u_{i1}、u_{i2}（实际应用中可以根据需要增减输入信号的数量），分别经电阻 R_1、R_2 加在反相输入端；为使运放工作在线性区，R_f 引入深度电压并联负反馈；R' 为平衡电阻，$R'=R_1/\!/R_2/\!/R_f$。

对电路的反相输入端，根据“虚短”“虚断”可得输出电压与输入电压关系：

$$u_o=-\left(\frac{R_f}{R_1}u_{i1}+\frac{R_f}{R_2}u_{i2}\right) \tag{5-10}$$

可见，电路输出电压 u_o 为输入电压 u_{i1}、u_{i2} 相加所得结果，即电路可以实现求和运算。

例题 5-2 假设一个控制系统中的温度、压力等物理量经传感器后分别转换成为模拟电压 u_{i1}、u_{i2}，设计一个运算电路，使电路输出电压与 u_{i1}、u_{i2} 之间关系为 $u_o=-3u_{i1}-10u_{i2}$。

解 采用图 5.12 所示的反相求和电路，将给定关系式与式(5-10)比较，可得

$$\frac{R_f}{R_1}=3, \quad \frac{R_f}{R_2}=10$$

为了避免电路中的电阻值过大或过小，可先选 $R_f=150\ \text{k}\Omega$，则

$$R_1=50\ \text{k}\Omega, \quad R_2=15\ \text{k}\Omega$$

$$R'=R_f/\!/R_1/\!/R_2=10.7\ \text{k}\Omega$$

为保证精度，以上电阻应选用精密电阻。

2. 同相求和电路

为实现同相求和，可以将各输入电压加在运放的同相输入端，为使运放工作在线性状态，电阻支路 R_f 引入深度电压串联负反馈，如图 5.13 所示。

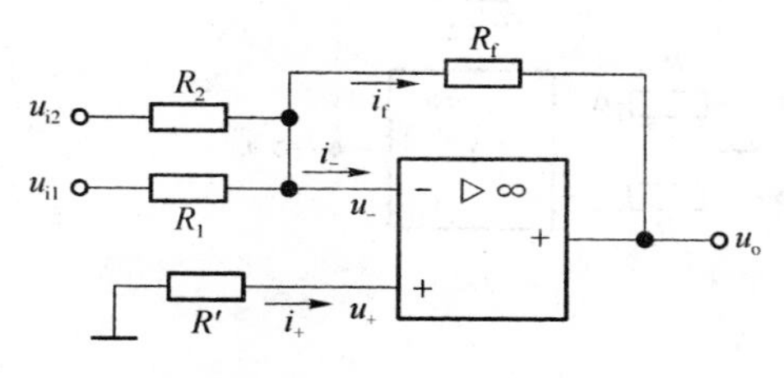

图 5.12 反相求和电路

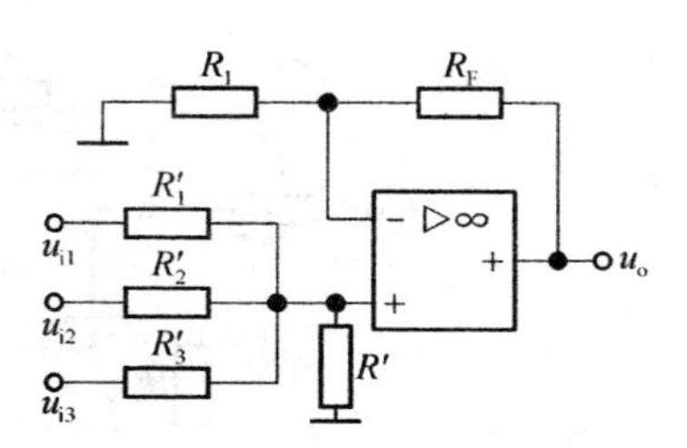

图 5.13 同相求和电路

由“虚断”“虚短”可得输出电压为

$$u_o=\left(1+\frac{R_f}{R_1}\right)u_N=\left(1+\frac{R_f}{R_1}\right)\left(\frac{R_+}{R_1}u_{i1}+\frac{R_+}{R_1}u_{i2}+\frac{R_+}{R_1}u_{i3}\right) \tag{5-11}$$

式中，$R_+=R_1'/\!/R_2'/\!/R_3'/\!/R'$。

可见，该电路能够实现同相求和运算。由于该电路估算和调试过程比较麻烦，实际工作中不如反相求和电路应用广泛。

5.3.3　实验项目十一：比例求和运算电路调测

1. 实验目的

(1) 掌握用集成运算放大电路组成比例、求和电路的特点及性能；

(2) 掌握上述电路的测试和分析方法。

2. 实验设备

(1) 数字双踪示波器；

(2) 数字万用表；

(3) 信号发生器；

(4) TPE-A5Ⅱ型模拟电路实验箱。

3. 预习要求

(1) 计算表 5.1 所示中的 u_o 和 A_{uf}；

(2) 估算表 5.2 所示中的 u_o 和 A_{uf}；

(3) 估算表 5.3 所示中的 u_o 和 A_{uf}；

(4) 计算表 5.4 所示中的 u_o 和 A_{uf}；

(5) 计算表 5.5 所示中的 u_o 和 A_{uf}。

4. 实验内容

(1) 电压跟随电路

实验电路如图 5.14 所示。按表 5.1 所示内容实验并测量记录。

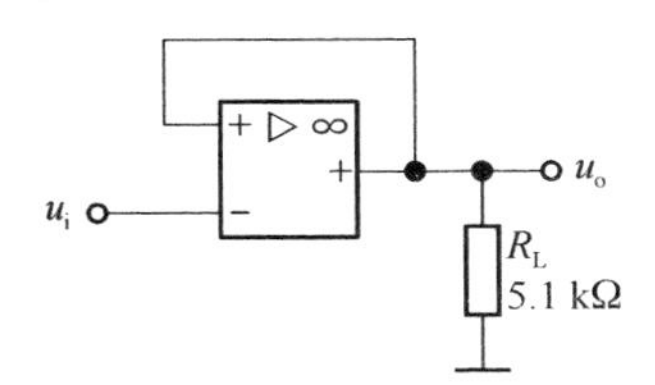

图 5.14　电压跟随电路

电压跟随电路为电压串联负反馈，根据“虚短”有 $u_o=u_-\approx u_+$。

表 5.1　电压跟随电路输入/输出测量记录

u_i/V		−2	−0.5	0	0.5	1
u_o/V	$R_L=\infty$					
	$R_L=5.1\ \text{k}\Omega$					

(2) 反相比例放大器

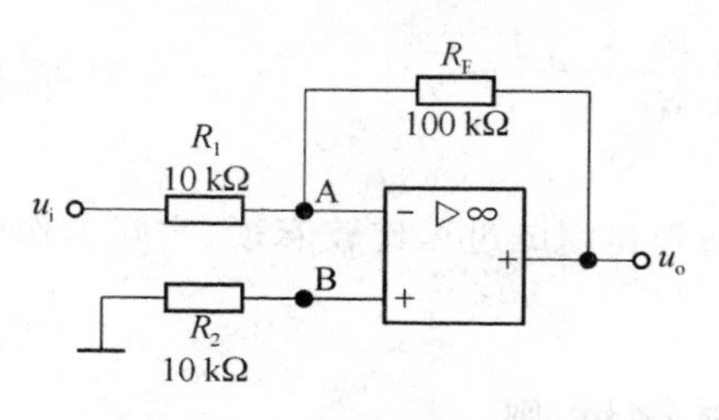

图 5.15　反相比例放大电路

实验电路如图 5.15 所示。

反相比例放大电路电压并联负反馈，由“虚短”有

$$u_A = u_B = 0\ \text{V},\quad i_i = \frac{u_i - u_A}{R_1} = \frac{u_i}{R_1}$$

由“虚断”有

$$i_f = i_i = \frac{u_i}{R_1},\quad u_o = u_A - i_f \cdot R_F = -\frac{R_F}{R_1} u_i$$

按表 5.2 所示内容实验并测量记录。

表 5.2　反相比例放大器输入/输出测量记录

直流输入电压 u_i/mV		30	100	300	1 000	3 000
输出电压 u_o	理论估算/V					
	实际值/V					
	误差/mV					

(3) 同相比例放大电路

电路如图 5.16 所示。按表 5.3 所示实验测量并记录。

同相比例放大电路为电压串联负反馈。

由“虚断”有

$$i_+ = i_- = 0$$

所以

$$u_B = u_i$$

由“虚短”有

$$u_A = u_B = u_i$$

所以

$$u_o = \frac{u_A}{R_1}(R_1 + R_F) = \left(1 + \frac{R_F}{R_1}\right) u_i$$

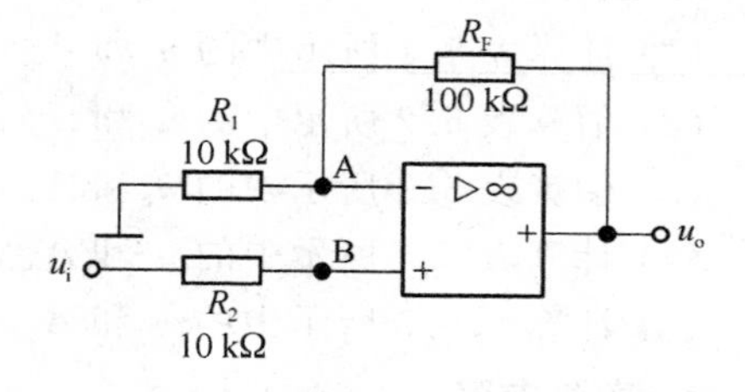

图 5.16　同相比例放大电路

表 5.3　同相比例放大器输入输出测量记录

直流输入电压 u_i/mV		30	100	300	1 000	3 000
输出电压 u_o	理论估算/V					
	实际值/V					
	误差/mV					

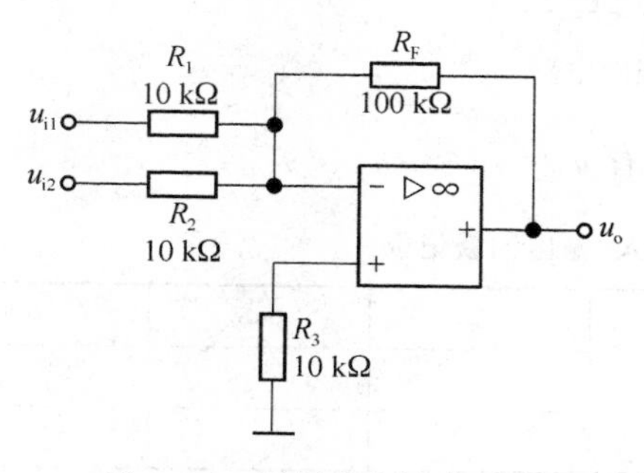

图 5.17　反相求和放大电路

(4) 反相求和放大电路

实验电路如图 5.17 所示。按表 5.4 所示内容进行实验测量，并计算比较。

表 5.4　反相求和放大电路输入/输出测量记录

u_{i1}/V	0.3	−0.3
u_{i2}/V	0.2	0.2
u_o/V		
$u_{o估}$/V		

电压并联负反馈，分析方法与图 5.15 所示的一样：

$$u_o=-R_F\left(\frac{u_{i1}}{R_1}+\frac{u_{i2}}{R_2}\right)$$

(5) 双端输入求和放大电路

实验电路如图 5.18 所示。减法电路，电压串并联反馈电路。

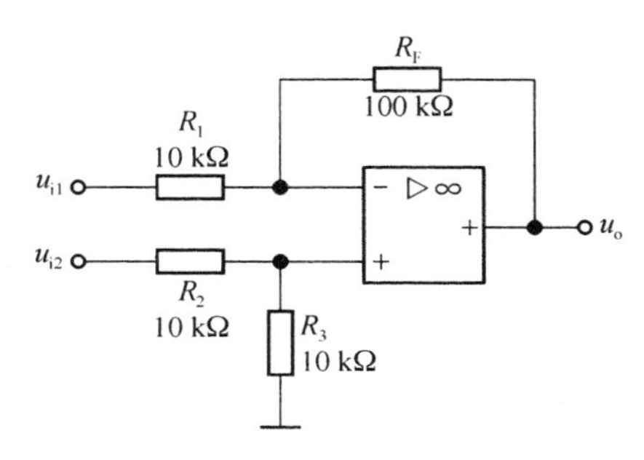

图 5.18　双端输入求和电路

$$u_o=\frac{R_3}{R_2+R_3}\cdot\frac{R_1+R_F}{R_1}u_{i2}-\frac{R_F}{R_1}u_{i1}=10(u_{i2}-u_{i1})$$

按表 5.5 所示要求实验并测量记录。

表 5.5　双端输入求和放大电路输入输出测量记录

u_{i1}/V	1	2	0.2
u_{i2}/V	0.5	1.8	−0.2
u_o/V			
$u_{o估}$/V			

5. 实验报告要求

(1) 绘出实验原理电路图，标明实验的元件参数。

(2) 总结本实验中 5 种运算电路的特点及性能。

(3) 分析理论计算与实验结果误差的原因。

(4) 完成比例求和运算电路调测实验报告，如表 5.6 所示。

表 5.6　模拟电子技术实验报告十二：比例求和运算电路调测

<table>
<tr><td colspan="2">实验地点</td><td colspan="2"></td><td>时间</td><td></td><td>实验成绩</td><td></td></tr>
<tr><td>班级</td><td></td><td>姓名</td><td></td><td>学号</td><td></td><td>同组姓名</td><td></td></tr>
<tr><td colspan="2">实验目的</td><td colspan="6"></td></tr>
<tr><td colspan="2">实验设备</td><td colspan="6"></td></tr>
</table>

续 表

实验内容

1. 画出实验电路原理图

2. 电压跟随电路

u_i/V		−2	−0.5	0	0.5	1
$R_L=\infty$	$R_L\infty$					
	$R_L=5.1\ \text{k}\Omega$					

$A_{uf}=$

3. 反相比例放大器

直流输入电流 u_i/mV		30	100	300	1 000	3 000
输出电压 u_o	理论估算/V					
	实际值/V					
	误差/mV					

$A_{uf}=$

4. 同相比例放大电路

直流输入电压 u_i/mV		30	100	300	1 000	3 000
输出电压 u_o	理论估算/V					
	实际值/V					
	误差/mV					

$A_{uf}=$

5. 反相求和放大电路

u_{i1}/V	0.3	−0.3
u_{i2}/V	0.2	−0.2
u_o/V		
$u_{o估}$/V		

$A_{uf}=$

6. 双端输入求和放大电路

u_{i1}/V	1	2	0.2
u_{i2}/V	0.5	1.8	−0.2
u_0/V			
$u_{0估}$/V			

$A_{uf}=$

续 表

实验过程中遇到的问题及解决方法	
实验体会与总结	
指导教师评语	

5.3.4　积分与微分电路

1. 积分电路

积分电路可以完成对输入信号的积分运算，即输出电压与输入电压的积分成正比。这里介绍常用的反相积分电路，如图 5.19 所示。电容 C 引入电压并联负反馈，运放工作在线性区。

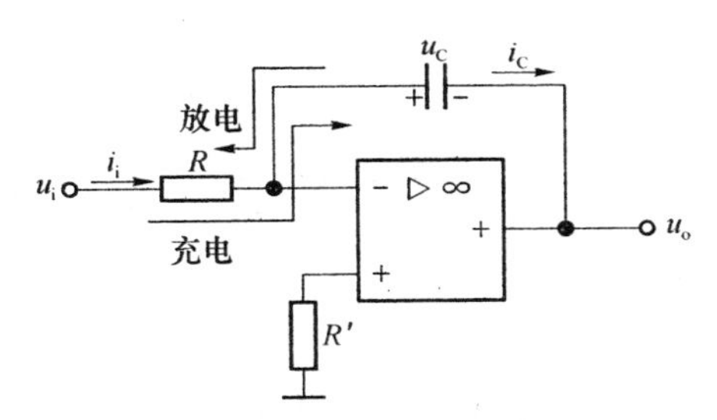

图 5.19　反相积分电路基本形式

根据“虚短”“虚断”以及电容、电流、电压关系：

$$u_C = \frac{1}{C}\int i_C \cdot \mathrm{d}t \tag{5-12}$$

或

$$u_C(t_0) = \frac{1}{C}\int_{-\infty}^{t_0} i_C \cdot \mathrm{d}t = \frac{1}{C}\int_{0}^{t_0} i_C \cdot \mathrm{d}t + u_C(0)$$

式中，$u_C(0)$是电容两端电压初始值，令 $u_C(0)=0$，可得电路输出输入电压关系：

$$u_o = \frac{1}{RC}\int u_i \cdot \mathrm{d}t \tag{5-13}$$

式(5-13)表示了输出电压 u_o 与输入电压 u_i 的积分运算关系。

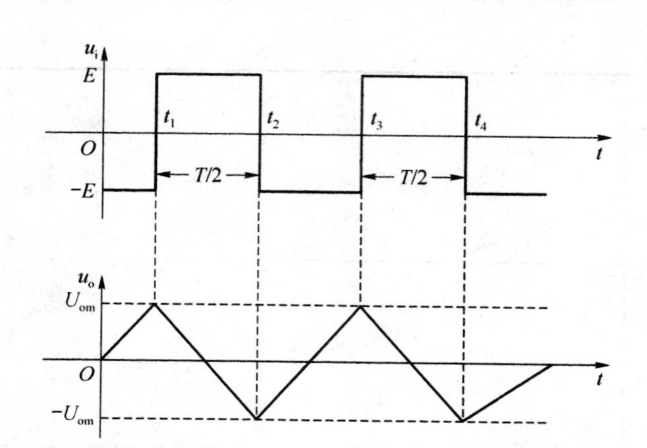

图 5.20　基本积分电路的积分波形

积分电路可以用于波形变换。若输入为方波信号，由式(5-13)分析可得输出信号为三角波，如图 5.20 所示。

例题 5-3　理想运放构成的积分运算电路如图 5.19 所示，$R=10\ \mathrm{k\Omega}$，$C=0.1\ \mu\mathrm{F}$，$u_i=2$ V，电容上初始电压为 0 V，经 $t=2$ ms 后，电路输出电压 u_o 为多少？

解　由式(5-13)可知，当 u_i = 常数时，有

$$u_0(t_0)=\frac{1}{RC}\int_{-\infty}^{t_0}u_i\cdot \mathrm{d}t=\frac{1}{RC}\int_{0}^{t_0}u_i\cdot \mathrm{d}t+u_o(0)=-\frac{u_i}{RC}t_0$$

将参数代入可得：当 $t=2$ ms 时电路的输出电压为

$$u_o=-\frac{u_i}{RC}t_0=-4\ \mathrm{V}$$

2. 微分电路

微分是积分的逆运算，微分电路的输出电压是输入电压的微分，电路如图 5.21 所示。

图中 R 引入电压并联负反馈使运放工作在线性区。利用“虚短”“虚断”可知，运放两输入端为“虚地”，所以

$$u_o=-i_F R=-(-i_C R)=-RC\frac{\mathrm{d}u_i}{\mathrm{d}t} \tag{5-14}$$

可见输出电压与输入电压的微分成正比。由式(5-14)可得输出信号波形，如图 5.22 所示。

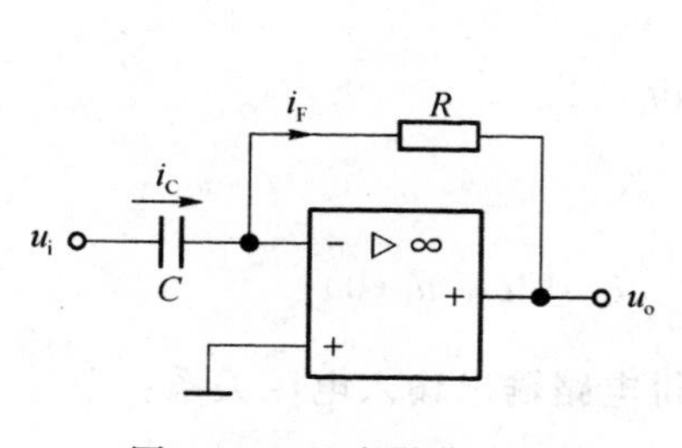

图 5.21　基本微分电路

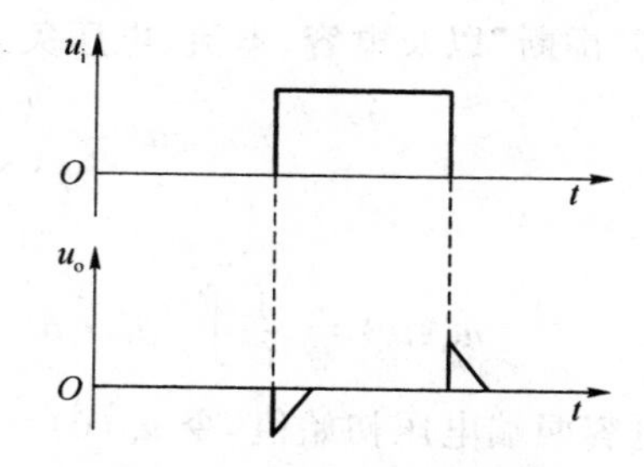

图 5.22　微分电路信号波形

5.3.5　实验项目十二:积分与微分电路调测

1. 实验目的

(1) 掌握用运算放大器组成积分微分电路;

(2) 熟悉积分微分电路的特点及性能。

2. 实验设备

(1) 数字双踪示波器;

(2) 数字万用表;

(3) 信号发生器;

(4) TPE-A5Ⅱ型模拟电路实验箱。

3. 预习要求

(1) 分析图 5.23 电路,若输入正弦波,u_o与 u_i相位差是多少?当输入信号为 100 Hz 正弦波,有效值为 2 V 时,u_o=?

(2) 分析图 5.23 所示电路,若输入方波,u_o与 u_i相位差多少?当输入信号为 160 Hz 方波,幅值为1 V时,输出 u_o=?

(3) 拟定实验步骤,做好记录表格。

4. 实验内容

(1) 积分电路

实验电路如图 5.23 所示。

反相积分电路:$u_o=-\frac{1}{R_1C}\int_{t_0}^{t}u_i(t)\mathrm{d}t+u_0(t_0)$。实用电路中为防止低频信号增益过大,往往在积分电容两边并联一个电阻 R_f,它可以减少运放的直流偏移,但也会影响积分的线性关系,一般取 $R_f \gg R_1=R_2$。

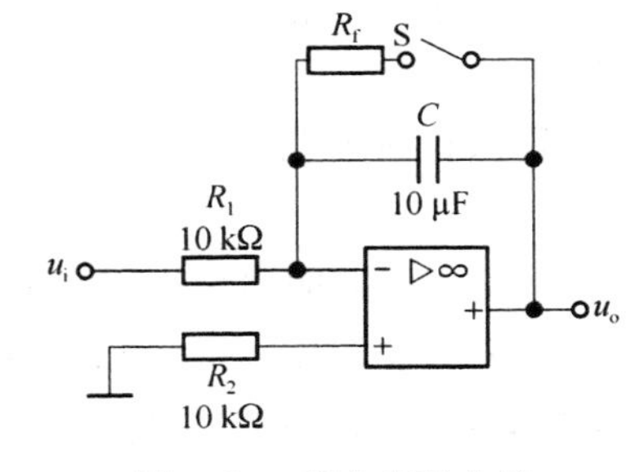

图 5.23　积分实验电路

① 取 $u_i=-1$ V,断开开关 S(开关 S 用一连线代替,拔出连线一端作为断开),用示波器观察 u_o变化。

② 测量饱和输出电压及有效积分时间。u_o直线上升,大约在 1.1 s 时间内输出饱和电压 11.4 V。

③ 把图 5.23 所示中积分电容改为 0.1 μF,在积分电容两端并接 100 kΩ 电阻,断开 S,u_i分别输入频率为 100 Hz、幅值为±1 V($u_{P-P}=2$ V)的正弦波和方波信号,观察和比较 u_i与 u_o的幅值大小及相位关系,并记录波形。

当输入 100 Hz、$u_{P-P}=2$ V 的方波时,根据反向积分法则产生三角波。当方波为$-u_Z$时,三角波处于上升沿,反之处于下降沿,输出三角波的峰峰值为 $u_{P-P}=\frac{1}{R_1C}u_Z\ \frac{T}{2}=5$(V)。当不加上 R_f 时,示波器观察输出三角波往往出现失真,此时使用直流输入观察就会发现,三角波的中心横轴大约在+10 V 或-10 V 的地方,因为直流偏移太大,所以输出会产生失真。在电容两端并上大电位器,调节它在 500 kΩ~1 MΩ 的范围,可以观察到不失真的三角波,峰峰值为 5 V,此时仍有一定的直流偏移。当并上 $R_f=100$ kΩ 时,直流偏移在 1 V 以下,但输出三角波已经变成近似积分波,幅值也有所下降。

当输入 100 Hz、$u_{P-P}=2$ V 的正弦波时，有 $u_i=1\cos(100\cdot 2\pi t)$，根据积分公式有 $u_o\approx -1.59\sin(100\cdot 2\pi t)$。因此输出波形的相位比输入波形的相位超前 90°。当不加上 R_f 时，示波器观察输出正弦波往往出现切割失真，同样是直流偏移太大的原因。在电容两端并上大电位器，调节它在 500 kΩ～1 MΩ 的范围，可以观察到不失真的波形，峰峰值约为 3.2 V，此时仍有一定的直流偏移。当并上 $R_f=100$ kΩ 时，直流偏移在 1 V 以下，幅值也有所下降。

④ 改变信号频率(20～400 Hz)，观察 u_i 与 u_o 的相位、幅值及波形的变化。当改变信号频率时，输出信号的波形、相位不变，幅值随着频率的上升而下降。

(2) 微分电路

实验电路如图 5.24 所示。

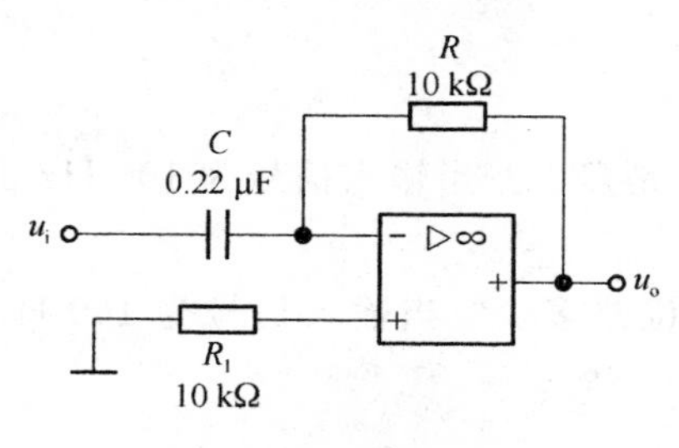

图 5.24　微分实验电路

由微分电路的理想分析得到公式：

$$u_o(t)=-RC\frac{du_i(t)}{dt}$$

但对于图 5.24 所示电路，对于阶跃变化的信号或是脉冲式大幅值干扰，都会使运放内部放大管进入饱和或截止状态，以至于即使信号消失也不能回到放大区，形成堵塞现象，使电路无法工作。同时由于反馈网络为滞后环节，它与集成运放内部滞后环节相叠加，易产生自激震荡，从而使电路不稳定。为解决以上问题，可在输入端串联一个小电阻 R_1，以限制输入电流和高频增益，消除自激。以上改进是针对阶跃信号(方波、矩形波)或脉冲波形，对于连续变化的正弦波，除非频率过高不必使用，当加入电阻 R_1 时，电路输出为近似微分关系。

① 输入正弦波信号，$f=160$ Hz，有效值为 1 V，用示波器观察 u_i 与 u_o 波形并测量输出电压。

② 改变正弦波频率(20～400 Hz)，观察 u_i 与 u_o 的相位、幅值变化情况并记录。

③ 输入方波信号，$f=200$ Hz，$u=\pm 200$ mV($u_{P-P}=400$ mV)，在微分电容左端接入 400 Ω 左右的电阻(通过调节 1 kΩ 电位器得到)，用示波器观察 u_o 波形。

④ 输入方波信号，$f=200$ Hz，$u=\pm 200$ mV($u_{P-P}=400$ mV)，调节微分电容左端接入的电位器(1 kΩ)，观察 u_i 与 u_o 幅值及波形的变化情况并记录。

不接入电阻时：当输入方波从 $-u_Z$ 上升到 u_Z 时，输出先产生一个饱和负脉冲(−11 V 左右)，负脉冲回到零开始震荡，震荡的幅值越来越低，最后归零；当输入方波从 u_Z 下降到 $-u_Z$ 时，输出波形相反，这是电路自激震荡产生的。

接入电位器，逐渐加大电阻，震荡的幅值减小，观察到震荡的次数也减小。当电阻为400 Ω 时，输出波形为幅值大约 8.8 V 的正负脉冲。

5. 实验报告要求

(1) 绘出实验原理电路图，标明实验的元件参数。

(2) 整理实验中的数据及波形，总结积分、微分电路特点。

(3) 分析实验结果与理论计算的误差原因。

(4) 完成积分与微分电路调测实验报告，如表 5.7 所示。

表 5.7　模拟电子技术实验报告十三:积分与微分电路调测

实验地点			时间		实验成绩	
班级		姓名		学号		同组姓名
实验目的						
实验设备						
实验内容	1. 画出实验电路原理图					
	2. 积分电路 断开 S,u_i分别输入频率为 100 Hz、幅值为±1 V($u_{P-P}=2$ V)的正弦波和方波信号,观察和比较 u_i与 u_o的幅值大小及相位关系,并记录波形。					
	3. 微分电路 (1) 输入正弦波信号,$f=160$ Hz,有效值为 1 V,用示波器观察 u_i与 u_o波形并测量输出电压。 (2) 改变正弦波频率(20～400 Hz),观察 u_i与 u_o的相位、幅值变化情况并记录。 (3) 输入方波信号,$f=200$ Hz,$u=\pm200$ mV($u_{P-P}=400$ mV),在微分电容左端接入400 Ω左右的电阻(通过调节 1 kΩ 电位器得到),用示波器观察 u_o波形。 (4) 输入方波信号,$f=200$ Hz,$u=\pm200$ mV($u_{P-P}=400$ mV),调节微分电容左端接入的电位器(1 kΩ),观察 u_i与 u_o幅值及波形的变化情况并记录。					
实验过程中遇到的问题及解决方法						
实验体会与总结						
指导教师评语						

5.4 有源滤波电路

滤波电路是通信、测量、控制系统及信号处理等领域常用的一种信号处理电路，其作用实质上是“选频”，使所需的特定频段的信号能够顺利通过，而使其他频段的信号急剧衰减（即被滤掉）。

滤波电路种类繁多，分类方法各异。按照所用器件不同，可分为无源滤波电路、有源滤波电路及晶体滤波电路等。无源滤波电路是指由 R、L、C 等无源器件所构成的滤波器；有源滤波电路是指由放大电路和 RC 网络构成的滤波电路。

按照工作频率的不同，滤波电路可分为低通滤波（Low Pass Filter，LPF）、高通滤波（High Pass Filter，HPF）、带通滤波（Band Pass Filter，BPF）、带阻滤波（Band Elimination Filter，BEF）等。低通滤波电路允许低频信号通过，将高频信号衰减；高通滤波电路的性能与之相反，即允许高频信号通过，而将低频信号衰减；带通滤波器允许某一频带范围内的信号通过，而将此频带之外的信号衰减；带阻滤波器的性能与之相反，即阻止某一频带范围内信号通过，而允许此频带之外的信号通过。上述各种滤波器的特性，如图 5.25 所示，图中同时给出了滤波器的理想特性和实际特性。

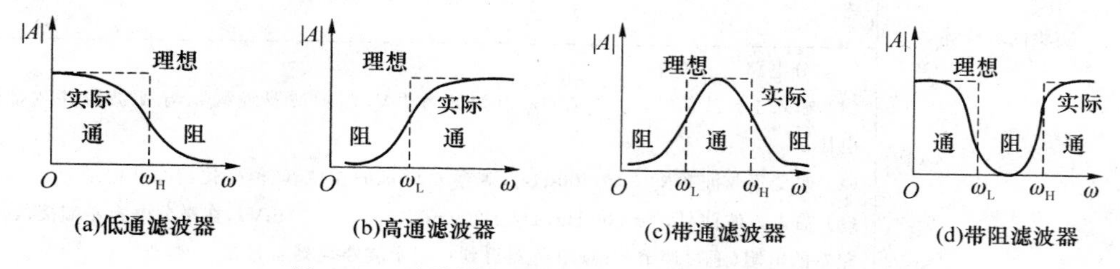

图 5.25 滤波器的理想特性和实际滤波器特性

本节所指的有源滤波电路仅指以集成运放作为放大器件（有源器件）和 RC 网络组成的滤波电路。

分析滤波器的特性，需要计算滤波电路的传递函数，通过对传递函数的幅频特性的分析得出滤波器的特性。按照传递函数分母中频率的最高指数分为一阶、二阶和高阶滤波器。

5.4.1 低通滤波电路

一阶有源低通滤波电路如图 5.26 所示，它由集成运放和一阶 RC 无源低通滤波电路组成，R_f 引入负反馈使运放工作在线性区。

根据“虚短”“虚断”，并由电路结构可得传递函数为

$$\dot{A}_u=\frac{\dot{U}_o}{\dot{U}_i}=\left(1+\frac{R_f}{R_1}\right)\frac{1}{1+j\omega RC}=\frac{A_{up}}{1+j\dfrac{f}{f_o}} \tag{5-15}$$

式中，A_{up} 为通带电压放大倍数；f_o 为截止频率。其中

$$A_{up}=1+\frac{R_f}{R_1} \tag{5-16}$$

$$f_o=\frac{1}{2\pi RC} \tag{5-17}$$

由式(5-15)可以画出该滤波电路的幅频特性，如图 5.27 所示。低通滤波电路的通带电压放大倍数 A_{up} 是当工作频率趋于零时，输出电压与其输入电压之比。截止频率 f_o 为电压放大倍数(传递函数的幅值)下降到最大值 A_{up} 的 $1/\sqrt{2}$(或 0.707)时对应的频率。

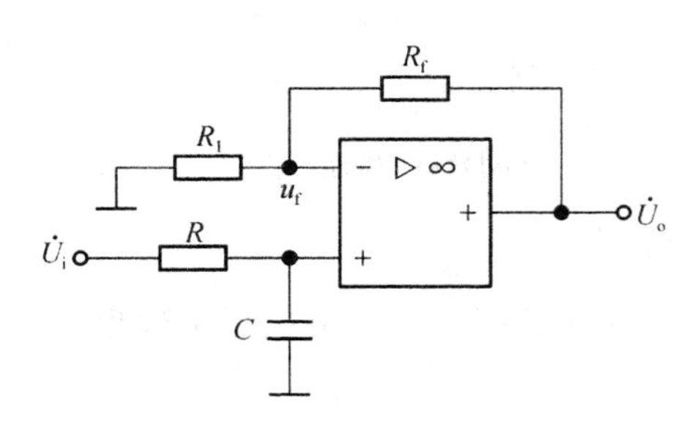

图 5.26　一阶有源低通滤波电路

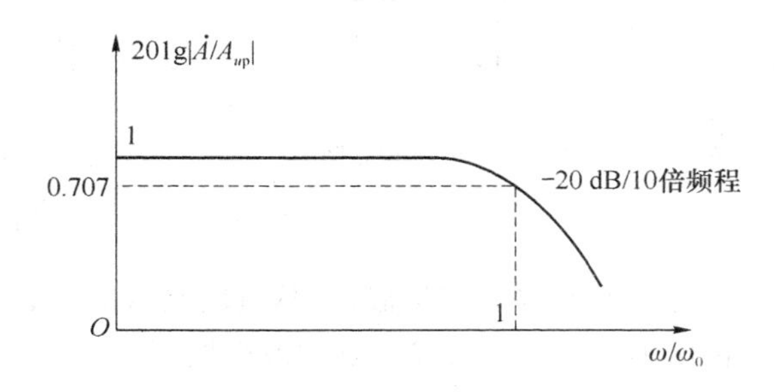

图 5.27　一阶有源低通滤波电路的幅频特性

一阶有源低通滤波电路结构简单，但由图 5.27 可以看出，其滤波特性与理想低通滤波特性相比差距很大。为使低通滤波器的滤波特性更接近于理想情况，常采用二阶低通滤波器。

常用的二阶低通滤波器是在一阶低通滤波器基础上改进的，如图 5.28 所示，将 RC 无源滤波网络由一阶改为两阶，同时将第一级 RC 电路的电容不直接接地，而接在运放输出端，引入反馈以改善截止频率附近的幅频特性。

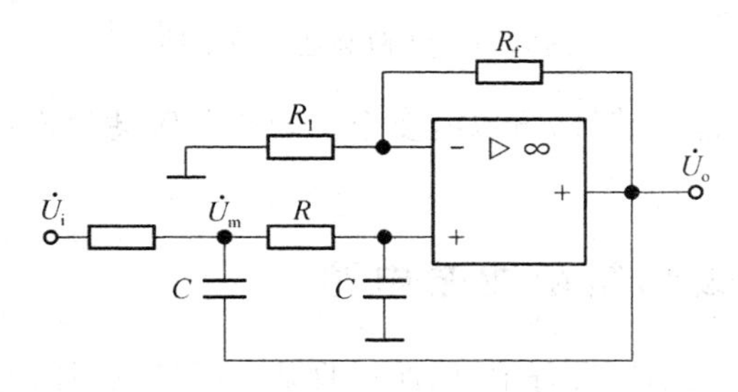

图 5.28　二阶低通滤波电路

5.4.2　高通滤波电路

高通滤波电路和低通滤波电路存在对偶关系，将低通滤波电路中起滤波作用的电阻和电容的位置交换，即可组成相应的高通滤波电路。图 5.29(a)即为一阶高通滤波电路。

可以推出该滤波电路的传递函数为

$$\dot{A}_u=\frac{\dot{U}_o}{\dot{U}_i}=\frac{A_{up}}{1-\mathrm{j}\dfrac{f_0}{f}} \tag{5-18}$$

式中

$$A_{up}=1+\frac{R_f}{R_1},\quad f_o=\frac{1}{2\pi RC}$$

其对数幅频特性如图 5.29(b)所示。

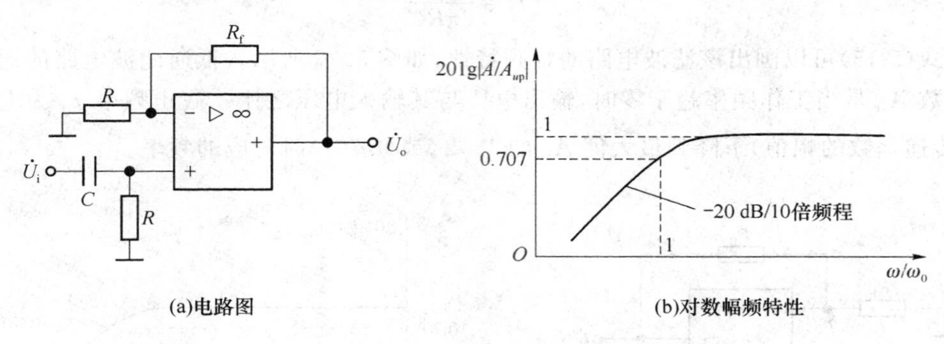

图 5.29　一阶高通滤波电路

与低通滤波电路类似，一阶电路在低频处衰减较慢，为使其幅频特性更接近于理想特性，可再增加一级 RC 组成二阶滤波电路，如图 5.30 所示。

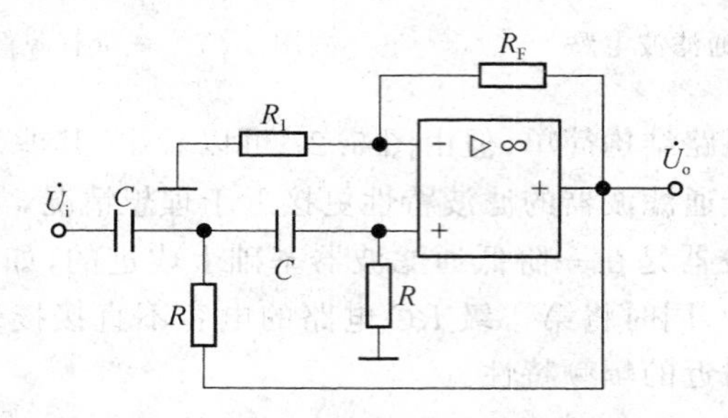

图 5.30　二阶高通滤波电路

为了得到更加理想的滤波特性，可以将多个一阶或二阶滤波电路串接起来组成高阶高通滤波器。

5.4.3　带通滤波和带阻滤波电路

带通滤波电路常用于抗干扰设备中，以便接收某一频带范围内的有用信号，而消除高频段及低频段的干扰和噪声；而带阻滤波电路也常用于抗干扰设备中以阻止某个频带范围内的干扰和噪声信号通过。

将截止频率为 f_h 的低通滤波电路和截止频率为 f_l 的高通滤波电路进行不同的组合，就可以得到带通滤波电路和带阻滤波电路。带通滤波如图 5.31(a)所示。将一个低通滤波电路和一个高通滤波电路串联连接即可组成带通滤波电路，$f>f_h$ 的信号被低通滤波电路滤掉，$f<f_l$的信号被高通滤波电路滤掉，只有 $f_l<f<f_h$ 的信号才能通过，显然，$f_l<f_h$ 才能组成带通电路。

图 5.31(b)所示为一个低通滤波电路和一个高通滤波电路并联连接组成的带阻滤波电路，$f<f_h$ 的信号从低通滤波电路中通过，$f<f_l$ 的信号从高通滤波电路通过，只有 $f_h<f<f_l$ 的信号无法通过，所以 $f_h<f_l$ 才能组成带阻电路。

带通滤波和带阻滤波的典型电路，如图 5.32 所示。

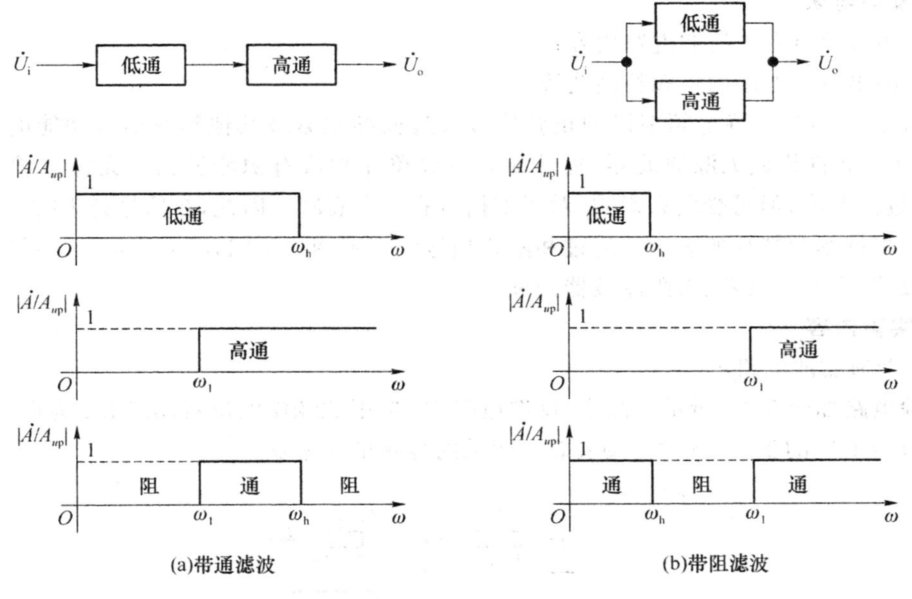

图 5.31 带通滤波和带阻滤波电路的组成原理

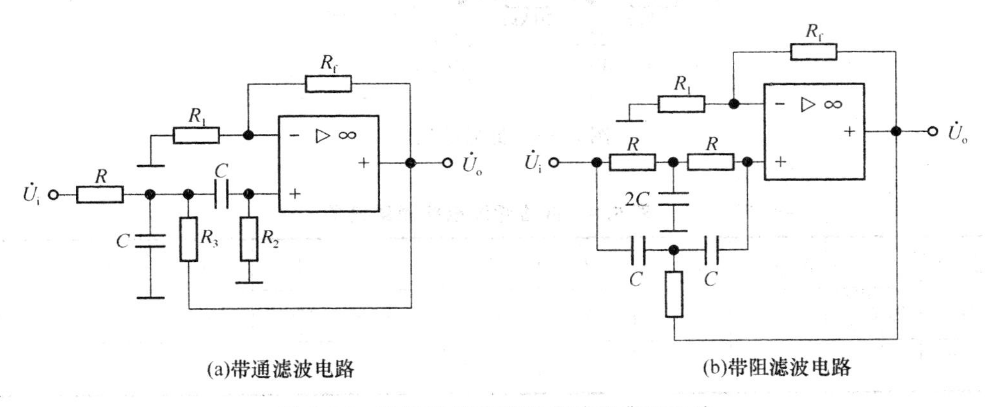

图 5.32 带通滤波和带阻滤波的典型电路

5.4.4 实验项目十三：有源滤波电路调测

1. 实验目的

(1) 熟悉有源滤波电路构成及其特性；

(2) 掌握测量有源滤波电路幅频特性。

2. 仪器及设备

(1) 数字双踪示波器；

(2) 数字万用表；

(3) 信号发生器；

(4) TPE-A5Ⅱ型模拟电路实验箱。

3. 预习要求

(1) 预习教材有关滤波电路内容;

(2) 画出三个电路的幅频特性曲线。

滤波器是具有让特定频率段的正弦信号通过而抑制衰减其他频率信号功能的双端口网络,常用*RC*元件构成无源滤波器,也可加入运放单元构成有源滤波器。无源滤波器结构简单,可通过大电流,但易受负载影响,对通带信号有一定衰减。因此,在信号处理时多使用有源滤波器。根据幅频特性所表示的通过和阻止信号频率范围的不同,滤波器可分为低通滤波器、高通滤波器、带通滤波器、带阻滤波器四种。

4. 实验内容

(1) 低通滤波电路

实验电路如图5.33所示。图中,反馈电阻R_F选用22 kΩ电位器,5.7 kΩ为设定值,输入端加峰值为1 V的正弦波信号,按表5.8所示内容测量并记录。

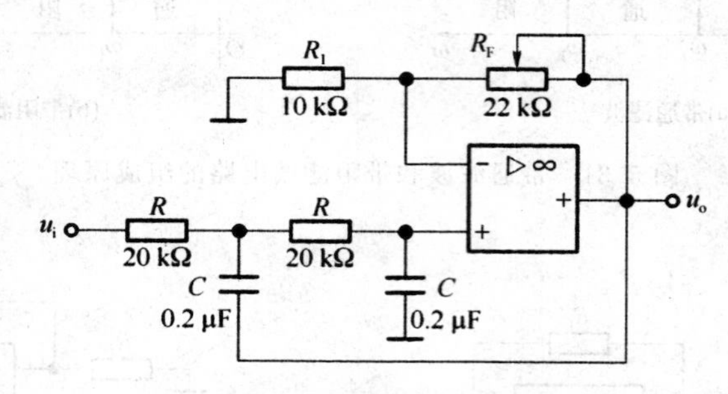

图 5.33 低通滤波电路

表 5.8 低通滤波电路测量记录

u_i/V	1	1	1	1	1	1	1	1	1	1
f/Hz	5	10	15	30	60	100	150	200	300	400
u_o/V										

(2) 高通滤波电路

实验电路如图5.34所示。设定R_F为5.7 kΩ,输入端加峰值为1 V的正弦波信号,按表5.9所示内容测量并记录。

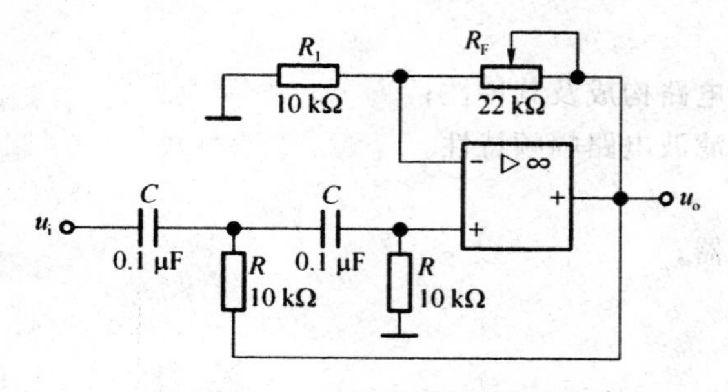

图 5.34 高通滤波电路

表 5.9　高通滤波电路测量记录

u_i/V	1	1	1	1	1	1	1	1	1	1
f/Hz	10	20	30	50	100	130	160	200	300	400
u_o/V										

(3) 带阻滤波电路

实验电路如图 5.35 所示。输入端加峰值为 1 V 的正弦波信号,按表 5.10 所示内容测量并记录。

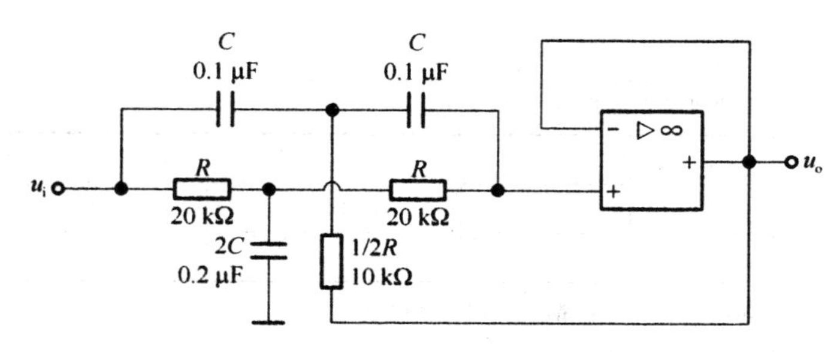

图 5.35　带阻滤波电路

表 5.10　带阻滤波电路内容测量记录

u_i/V	1	1	1	1	1	1	1	1	1	1
f/Hz	5	10	20	30	50	60	70	80	90	100
u_o/V										
u_i/V	1	1	1	1	1					
f/Hz	130	160	200	300	400					
u_o/V										

① 实测电路中心频率。

② 以实测中心频率为中心,测出电路幅频特性。

5. 实验报告要求

(1) 绘出实验原理电路图,标明实验的元件参数。

(2) 整理实验数据,画出各电路幅频特性曲线。

(3) 如何组成带通滤波电路?

(4) 完成有源滤波电路调测实验报告,如表 5.11 所示。

表 5.11　模拟电子技术实验报告十四:有源滤波电路调测

实验地点				时间		实验成绩	
班级		姓名		学号		同组姓名	
实验目的							
实验设备							

实验内容

1. 画出实验电路原理图

2. 低通滤波电路,$u_i = \sin \omega t$(V)

u_i/V	1	1	1	1	1	1	1	1	1	1
f/Hz	5	10	15	30	60	100	150	200	300	400
u_o/V										

画出低通滤波电路的幅频特性曲线:

3. 高通滤波电路,$u_i = \sin \omega t$(V)

u_i/V	1	1	1	1	1	1	1	1	1	1
f/Hz	10	20	30	50	100	130	160	200	300	400
u_o/V										

画出高通滤波电路的幅频特性曲线:

4. 带阻滤波电路,$u_i = \sin \omega t$(V)

u_i/V	1	1	1	1	1	1	1	1	1	1
f/Hz	5	10	20	30	50	60	70	80	90	100
u_o/V										
u_i/V	1	1	1	1	1					
f/Hz	130	160	200	300	400					
u_o/V										

画出带阻滤波电路的幅频特性曲线:

续 表

实验过程中遇到的问题及解决方法	
实验体会与总结	
指导教师评语	

5.5　电压比较器

电压比较器是一种常见的模拟信号处理电路，它将一个模拟输入电压与一个参考电压进行比较，并将比较的结果输出。比较器的输出只有两种可能的状态：高电平或低电平，即为数字量；而输入信号是连续变化的模拟量，因此，比较器可作为模拟电路和数字电路的“接口”。在自动控制及自动测量系统中，比较器可用于越限报警、模/数转换及各种非正弦波的产生和变换。

由于比较器的输出只有高、低电平两种状态，故其中的运放常工作在非线性区。从电路结构来看，运放常处于开环状态或加入正反馈。

根据比较器的传输特性不同，其可分为单限比较器、滞回比较器和双限比较器等。下面分别进行介绍。

5.5.1　单限比较器

单限比较器是指只有一个门限电压的比较器。当输入电压等于门限电压时，输出端的状态发生跳变。图 5.36(a)所示为一种形式的单限比较器。图中，输入信号 u_i 接运放的同相输入端，作为基准的参考电压 U_R 接在反相输入端，运放工作在开环状态。根据理想运放工作在非线性区的特点，当 $u_i > U_R$ 时，$u_o = U_{OH}$；当 $u_i < U_R$ 时，$u_o = U_{OL}$。由此可画出该比较器的传输特性，如图 5.36(b)所示。

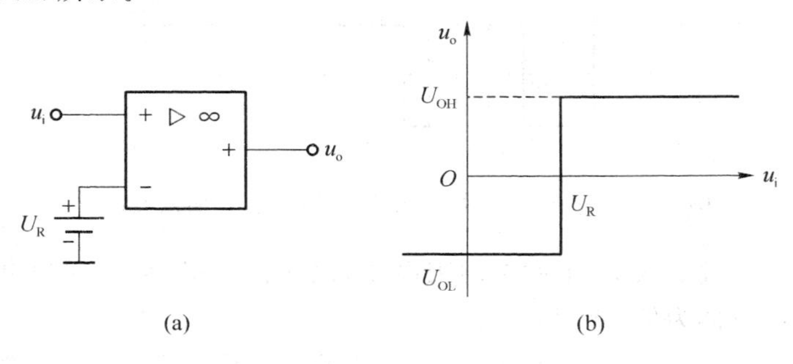

图 5.36　单限比较器电路和其传输特性

由传输特性可见，当输入电压由低逐渐升高经过 U_R 时，输出电压由低电平跳变到高电平；相反，当输入电压由高逐渐降低经过 U_R 时，输出电压由高电平跳变到低电平。比较器输出电压由一种状态跳变为另一种状态时，所对应的输入电压通常称为阈值电压或门限电压，用 U_{TH} 表示。可见，这种单限比较器的阈值电压 $U_{TH} \approx U_R$。

若 $U_R = 0$，即运放反相输入端接地，则比较器的阈值电压 $U_{TH} = 0$。这种单限比较器也称为过零比较器。利用过零比较器可以将正弦波变为方波，输入、输出波形如图 5.37 所示。

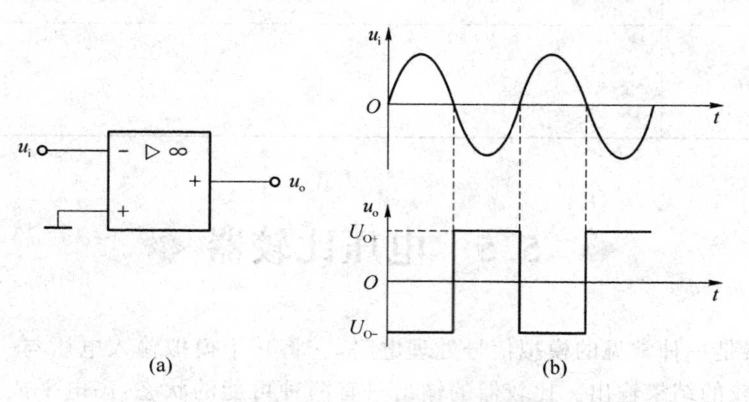

图 5.37　简单过零比较器电路和输入、输出波形

5.5.2　滞回比较器

单限比较器电路简单，灵敏度高，但其抗干扰能力差。如果输入电压受到干扰或噪声的影响，在门限电平上下波动，则输出电压将在高、低两个电平之间反复跳变，如图 5.38 所示。若用此输出电压控制电动机等设备，将出现误操作。为解决这一问题，常常采用滞回电压比较器（也称为迟滞比较器）。

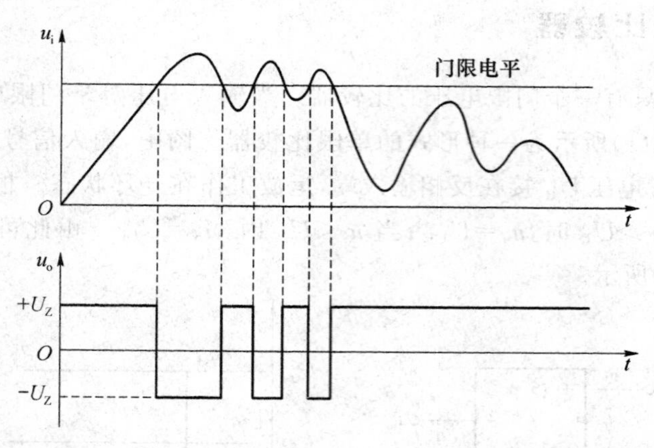

图 5.38　存在干扰时，单限比较器的输出、输入波形

滞回电压比较器通过引入上、下两个门限电压，以获得正确、稳定的输出电压。下面以反相输入的滞回电压比较器为例，介绍其工作原理。

如图 5.39(a)所示电路，输入信号 u_i 接在运放的反相输入端，而同相输入端接参考电压

U_{REF}，电路还通过引入正反馈电阻 R_f 加速集成运放的状态转换速度。另外，在输出回路中，接有起限幅作用的电阻和双向稳压管，将输出电压的幅度限制在 $\pm U_Z$。

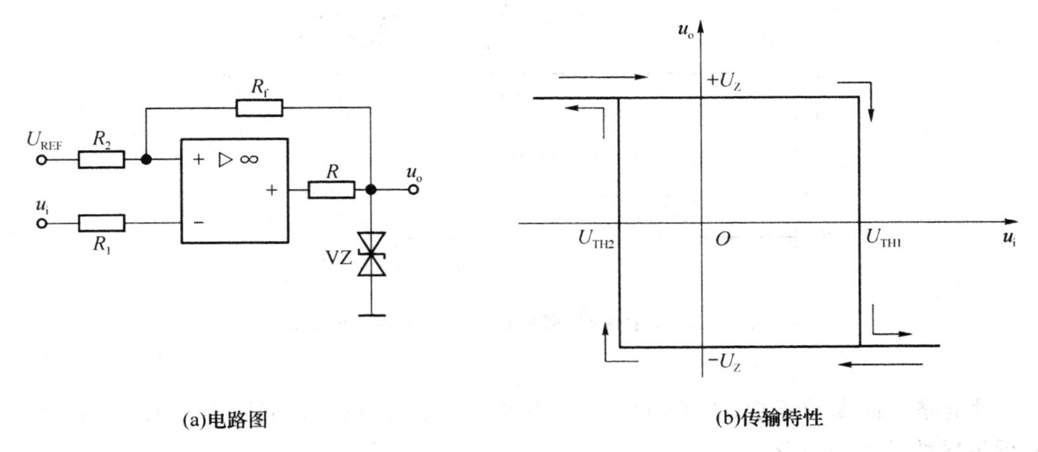

图 5.39　反相滞回电压比较器

根据运放工作在非线性区的特点，当反相输入端与同相输入端电位相等时，即 $u_+=u_-$ 时，输出端的状态发生跳变。其中 $u_+=u_i$；u_+ 则由参考电压 U_{REF} 及 u_o 共同决定，u_o 有两种可能的状态，$+U_Z$ 或 $-U_Z$。由此可见，使输出电压由 $+U_Z$ 跳变为 $-U_Z$，以及由 $-U_Z$ 跳变为 $+U_Z$ 所需的输入电压值是不同的。也就是说，这种电压比较器有两个门限电压，故传输特性呈滞回形状，如图 5.39(b)所示。

该比较器的两个门限电压可由下式求出：

$$U_{TH1}=\frac{R_f}{R_2+R_f}U_{REF}+\frac{R_2}{R_2+R_f}U_Z \tag{5-19}$$

$$U_{TH2}=\frac{R_f}{R_2+R_f}U_{REF}-\frac{R_2}{R_2+R_f}U_Z \tag{5-20}$$

上述两个门限电压之差称为门限宽度或回差，用符号 ΔU_{TH} 表示。由式(5-19)和式(5-20)可得

$$\Delta U_{TH}=U_{TH1}-U_{TH2}=\frac{2R_2}{R_2+R_f}U_Z \tag{5-21}$$

可见，门限宽度取决于稳压管的稳定电压 U_Z 以及电阻 R_2 和 R_f 的值，而与参考电压 U_{REF} 无关。改变 U_{REF} 的大小可以同时调节两个门限电压 U_{TH1} 和 U_{TH2} 的大小，但两者之差不变，即滞回曲线的宽度保持不变。

滞回电压比较器用于控制系统时，主要优点是抗干扰能力强。当输入信号受干扰或噪声的影响而上下波动时，只要根据干扰或噪声电平适当调整滞回电压比较器两个门限电平 U_{TH1} 和 U_{TH2} 的值，就可以避免比较器的输出电压在高、低电平之间反复跳变，如图 5.40 所示。

例题 5-4　在图 5.39(a)所示的滞回比较器中，假设参考电压 $U_{REF}=6$ V，双向稳压管的稳定电压 $U_Z=4$ V，电路其他参数为 $R_2=30$ kΩ，$R_f=10$ kΩ，$R_1=7.5$ kΩ。

① 试估算两个门限电平 U_{TH1} 和 U_{TH2} 以及门限宽度 ΔU_{TH}；

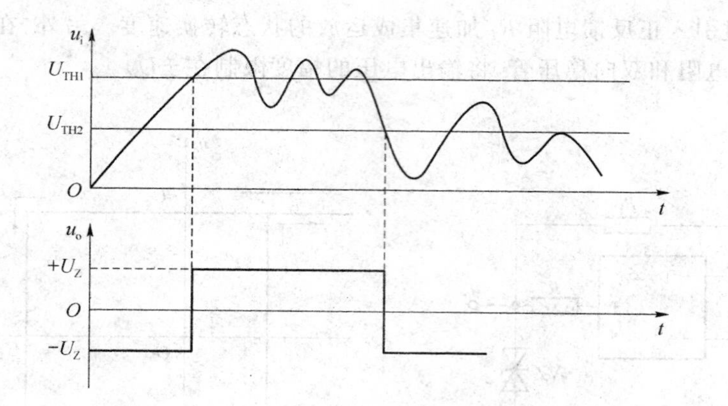

图 5.40　存在干扰时，滞回比较器的输入、输出波形

② 设电路其他参数不变，参考电压 U_{REF} 由 6 V 增大至 18 V，估算 U_{TH1}、U_{TH2} 及 ΔU_{TH} 的值，分析传输特性如何变化；

③ 设电路其他参数不变，U_Z 增大，定性分析两个门限电平及门限宽度将如何变化。

解　① 由式(5-19)、式(5-20)和式(5-21)可得

$$U_{TH1}=\frac{R_f}{R_2+R_f}U_{REF}+\frac{R_2}{R_2+R_f}U_Z=4.5\ \text{V}$$

$$U_{TH2}=\frac{R_f}{R_2+R_f}U_{REF}-\frac{R_2}{R_2+R_f}U_Z=-1.5\ \text{V}$$

$$\Delta U_{TH}=U_{TH1}-U_{TH2}=6\ \text{V}$$

② 当 $U_{REF}=18$ V 时，

$$U_{TH1}=\left(\frac{10}{30+10}\times 18+\frac{30}{30+10}\times 4\right)\text{V}=7.5\ \text{V}$$

$$U_{TH2}=\left(\frac{10}{30+10}\times 18-\frac{30}{30+10}\times 4\right)\text{V}=1.5\ \text{V}$$

$$\Delta U_{TH}=7.5\ \text{V}-1.5\ \text{V}=6\ \text{V}$$

可见当 U_{REF} 增大时，U_{TH1} 和 U_{TH2} 同时增大，但门限宽度 ΔU_{TH} 不变。此时传输特性将向右平行移动，全部位于纵坐标右侧。

③ 由式(5-19)～式(5-21)可知，当 U_Z 增大时，U_{TH1} 将增大，U_{TH2} 将减小，故 ΔU_{TH} 将增大，即传输特性将向两侧伸展，门限宽度变宽。

5.5.3　实验项目十四：电压比较电路调测

1. 实验目的

(1) 掌握比较电路的电路构成及特点；

(2) 掌握测试比较电路的方法。

2. 仪器及设备

(1) 数字双踪示波器；

(2) 数字万用表；

(3) 信号发生器；

(4) TPE-A5Ⅱ型模拟电路实验箱。

3. 预习要求

(1) 按实验内容准备记录表格及记录波形的坐标纸。

(2) 电压比较器中集成运放工作在开环或正反馈状态，只要两个输入端之间电压稍有差异，输出端便输出饱和电压，因此基本工作在饱和区，输出只有正负饱和电压。

4. 实验内容

(1) 过零比较电路

实验电路如图 5.41 所示。

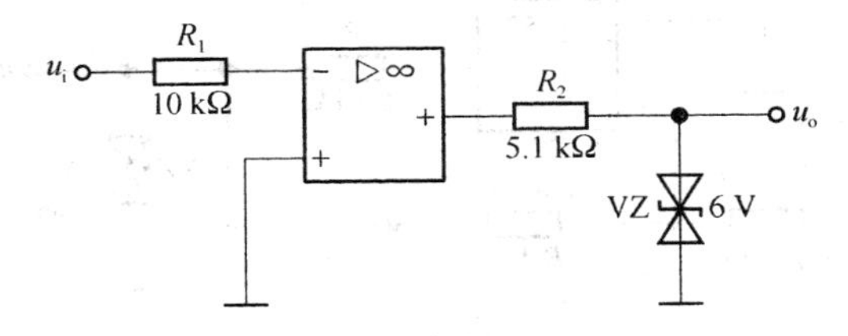

图 5.41　过零比较电路

① 按图 5.41 所示接线，在 u_i悬空时测输出电压 u_o。

② u_i输入 500 Hz 有效值为 1 V 的正弦波，观察 u_i和 u_o波形并记录。

③改变 u_i幅值，观察 u_o变化。

由于 $u_+=0$ V，当输入电压 $u_i>0$ V 时，u_o 输出 $-U_Z$，反之输出 U_Z。实测：悬空时，输出电压为 5.57 V。输入正弦波时，输出 ±5.6 V 的方波，当正弦波处于上半周时，方波处于 −5.6 V；当正弦波处于下半周时，方波处于 +5.6 V。改变输入幅值，随着幅值增大，方波的过渡斜线变得更竖直。

(2) 反相滞回比较电路

实验电路如图 5.42 所示。

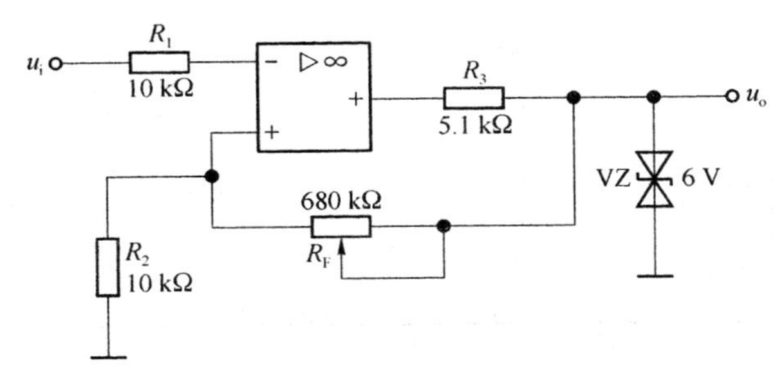

图 5.42　反相滞回比较电路

由于参考电压 $U_{REF}=0$ V，分析电路可得

$$U_{TH1}=\frac{R_f}{R_2+R_f}U_{REF}+\frac{R_2}{R_2+R_f}U_Z=\frac{R_2}{R_2+R_f}U_Z$$

$$U_{TH2}=\frac{R_f}{R_2+R_f}U_{REF}-\frac{R_2}{R_2+R_f}U_Z=-\frac{R_2}{R_2+R_f}U_Z$$

① 按图 5.42 接线，并将 R_F 调为 100 kΩ，u_i接直流可调电压源，测出 u_o由 $+U_Z\sim-U_Z$ 时 u_i的临界值 U_{TH2}。

② 同①要求，u_o由 $-U_Z\sim+U_Z$ 时 u_i的临界值 U_{TH1}。

③ u_i接 500 Hz 有效值 1 V 的正弦信号，观察并记录 u_i和 u_o波形。

④ 将电路中 R_F调为 200 kΩ，重复上述实验。

(3) 同相滞回比较电路。实验电路如图 5.43 所示。

① 参照(2) 自拟实验步骤及方法。

② 将结果与(2) 相比较。

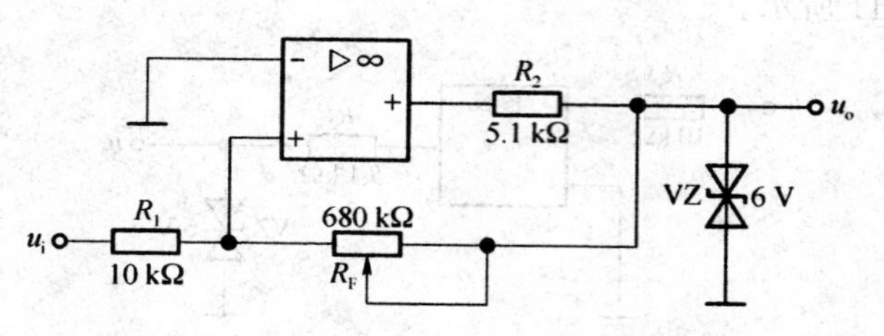

图 5.43 同相滞回比较电路

5. 实验报告要求

(1) 绘出实验原理电路图，标明实验的元件参数。

(2) 整理实验数据及波形图，并与预习计算值比较。

(3) 总结几种比较电路的特点。

(4) 完成电压比较电路调测实验报告，如表 5.12 所示。

表 5.12 模拟电子技术实验报告十五：电压比较电路调测

实验地点				时间		实验成绩	
班级		姓名		学号		同组姓名	
实验目的							
实验设备							

续 表

<table>
<tr><td rowspan="3">实验内容</td><td>1. 画出实验电路原理图</td></tr>
<tr><td>2. 过零比较电路
(1) 按图接线，u_i悬空时测 u_o电压。
(2) u_i输入 500 Hz 有效值为 1 V 的正弦波，观察 u_i和 u_o波形并画出。</td></tr>
<tr><td>3. 反相滞回比较电路
(1) 按图 5.42 所示接线，并将 R_F 调为 100 kΩ，u_i接直流可调电压源，测出 u_o由 $+U_Z \sim -U_Z$ 时 u_i的临界值 U_{TH2}。
(2) 同(1)，测出 u_o由 $-U_Z \sim +U_Z$ 时 u_i的临界值 U_{TH1}。
(3) u_i接 500 Hz 有效值 1 V 的正弦信号，观察并记录 u_i和 u_o波形。
(4) 将电路中 R_F调为 200 kΩ，重复上述实验。</td></tr>
<tr><td>实验过程中遇到的问题及解决方法</td><td></td></tr>
<tr><td>实验体会与总结</td><td></td></tr>
<tr><td>指导教师评语</td><td></td></tr>
</table>

◆本章小结◆

(1) 本章主要介绍利用集成运放对信号进行运算及处理的电路。常用的电路有线性电路与非线性电路。

(2) 在线性电路中常见的有比例、加减、积分、微分等运算电路。分析问题的关键是正确应用“虚短”“虚断”的概念。

(3) 在非线性电路中,电压比较器为开环应用和正反馈应用,不能用“虚短”概念分析。

(4) 有源滤波器是一种重要的信号处理电路,它可以突出有用频段的信号,衰减无用频段的信号,抑制干扰和噪声信号,达到选频和提高信噪比的目的,同时还具有放大作用。实际使用时,应根据具体情况选择低通、高通、带通或带阻滤波器,并确定滤波器的具体形式。

◆习 题 5◆

5-1 填空题。

(1) 集成运算放大电路的内部主要由________、________、________、________四部分组成。

(2) 集成运放有两个输入端,其中,标有“－”号的称为________输入端,标有“＋”号的称为________输入端。

(3) 理想运放的参数具有以下特征:开环差模电压放大倍数 $A_{od}=$________,开环差模输入电阻 $r_{id}=$________,输出电阻 $r_o=$________,共模抑制比 $K_{CMR}=$________。

(4) 理想集成运放工作在线性区的两个特点是________和________。(公式表示)

(5) 理想集成运放工作在非线性区的特点是________。(公式表示)

(6) 同相比例电路属________负反馈电路,而反相比例电路属________负反馈电路。

(7) 在运算放大器线性应用电路中,通常引入________反馈;在运算放大器构成的比较器中,通常引入________反馈。

(8) 为了避免 50 Hz 电网电压的干扰进入放大器,应选用________滤波电路。

(9) 为了获得输入电压中的低频信号,应选用________滤波电路。

5-2 选择题。

(1) 集成运放输入级一般采用的电路是________。

A. 差动放大电路　　B. 射极输出电路

C. 共基极电路　　D. 电流串联负反馈电路

(2) 集成运放有________。

A. 一个输入端、一个输出端　　B. 一个输入端、两个输出端

C. 两个输入端、一个输出端　　D. 两个输入端、两个输出端

(3) 集成运放的电压传输特性之中的线性运行部分的斜率愈陡,则表示集成运放的________。

A. 闭环放大倍数越大　　　　　　　B. 开环放大倍数越大

C. 抑制漂移的能力越强　　　　　　D. 对放大倍数没有影响

(4) 若集成运放的最大输出电压幅度为U_{OM},则在________情况下,集成运放的输出电压为$-U_{OM}$。

A. 同相输入信号电压高于反相输入信号

B. 同相输入信号电压高于反相输入信号,并引入负反馈

C. 反相输入信号电压高于同相输入信号,并引入负反馈

D. 反相输入信号电压高于同相输入信号,并开环

(5) ________电路的输入阻抗大,________电路的输入阻抗小。

A. 反相比例　　　　　　　　　　B. 同相比例

C. 基本积分　　　　　　　　　　D. 基本微分

(6) 在________电路中,电容接在集成运放的负反馈支路中,而在________电路中,电容接在输入端,负反馈元件是电阻。

A. 反相比例　　　　　　　　　　B. 同相比例

C. 基本积分　　　　　　　　　　D. 基本微分

(7) 欲实现$A_u=100$的放大电路,应选用________。

A. 反相比例运算电路　　　　　　B. 同相比例运算电路

C. 低通滤波电路　　　　　　　　D. 单限比较器

(8) 欲将正弦波电压转换成方波电压,应选用________。

A. 反相比例运算电路　　　　　　B. 同相比例运算电路

C. 低通滤波电路　　　　　　　　D. 单限比较器

5-3 判断题。

(1) 直流放大器只能放大直流信号。　( )

(2) 理想的集成运放电路输入阻抗为无穷大,输出阻抗为零。　( )

(3) 反相比例运放是一种电压并联负反馈放大器。　( )

(4) 同相比例运放是一种电流串联负反馈放大器。　( )

(5) 理想运放中的“虚地”表示两输入端对地短路。　( )

(6) 同相输入比例运算电路的闭环电压放大倍数数值一定大于或等于1。　( )

(7) 运算电路中一般均引入负反馈。　( )

(8) 当集成运放工作在非线性区时,输出电压不是高电平,就是低电平。　( )

(9) 一般情况下,在电压比较器中,集成运放不是工作在开环状态,就是引入了正反馈。　( )

(10) 简单的单限比较器,比滞回比较器抗干扰能力强,而滞回比较器比单限比较器灵敏度高。　( )

5-4 比例运算电路如图5.44所示,图中$R_1=10\ \text{k}\Omega$,$R_f=30\ \text{k}\Omega$,试估算它的电压放大倍数和输入电阻,并估算R'应取多大?

5-5 同相比例电路如图5.45所示,图中$R_1=3\ \text{k}\Omega$,若希望它的电压放大倍数等于7,试估算电阻R_f和R'应取多大?

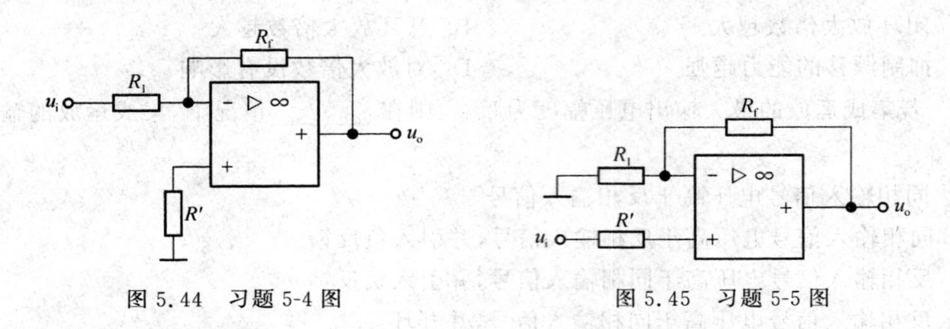

图 5.44　习题 5-4 图　　　　图 5.45　习题 5-5 图

5-6　在图 5.19 所示的基本积分电路中，设 $u_i = 2\sin\omega t$(V)，$R = R' = 10\ \text{k}\Omega$，C=1 μF，试求 u_o 的表达式；并计算当 $f = 100$ Hz、$f = 1\,000$ Hz、$f = 10\,000$ Hz 时 u_o 的幅度(有效值)和相位。

5-7　设图 5.19 中基本积分电路输入信号 u_i 波形如图 5.46 所示，试画出相应的 u_o 波形图。设 $t=0$ 时，$u_o=0$，$R = R' = 10\ \text{k}\Omega$，$C = 1\ \mu\text{F}$。

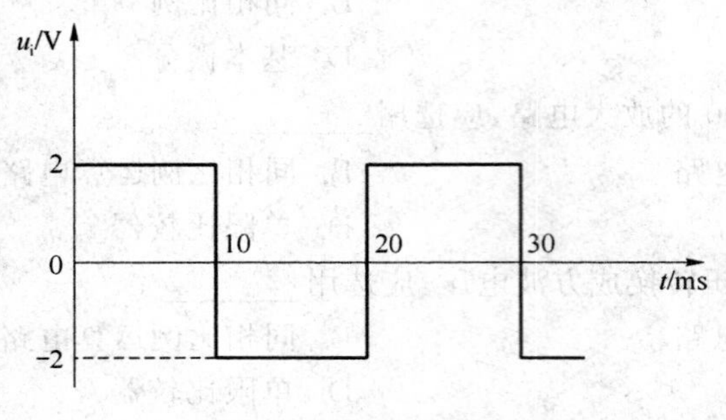

图 5.46　习题 5-7 图

5-8　简述低通滤波器、高通滤波器、带通滤波器以及带阻滤波器的功能，并画出它们的理想幅频特性。

5-9　试判断图 5.47 中各电路是什么类型的滤波器(低通、高通、带通或带阻滤波器，有源还是无源)。

5-10　图 5.48 所示为一波形转换电路，输入信号 u_i 为矩形波。设集成运放为理想运放，在 $t=0$ s 时，电容器两端的初始电压为零。试进行下列计算，并画出 u_{o1}、u_o 的波形。

(1) $t=0$ s 时，$u_{o1}=$? $u_o=$?

(2) $t=10$ s 时，$u_{o1}=$? $u_o=$?

(3) $t=20$ s 时，$u_{o1}=$? $u_o=$?

(4) 将 u_{o1}、u_o的波形画在下面，时间要对应并要求标出幅值。

5-11　设图 5.49(a)中运放为理想。

(1) 写出 u_o的表达式。

(2) u_{i1}和 u_{i2}的波形如图 5.49(b)所示，画出 u_o的波形，并在图中标出 $t=1$ s 和 $t=2$ s 时的 u_o值。设 $t=0$ 时电容上电压为零。

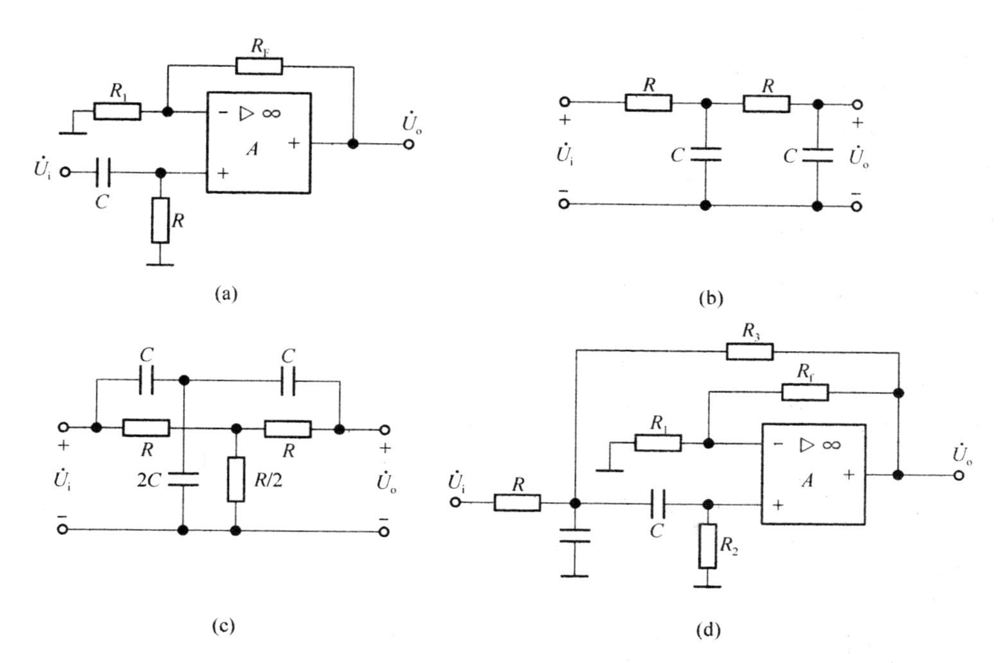

图 5.47　习题 5-9 图

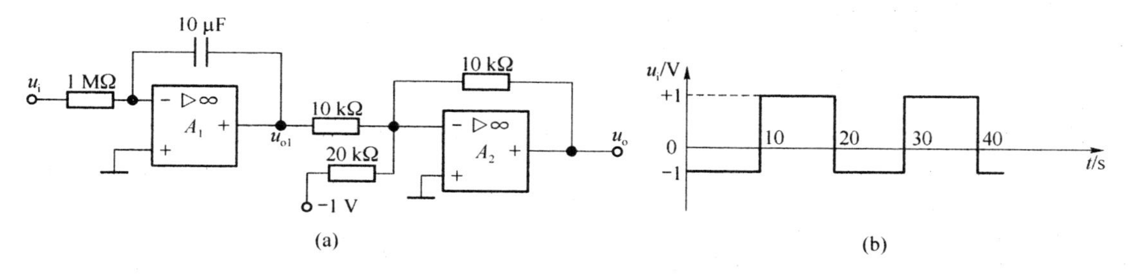

图 5.48　习题 5-10 图

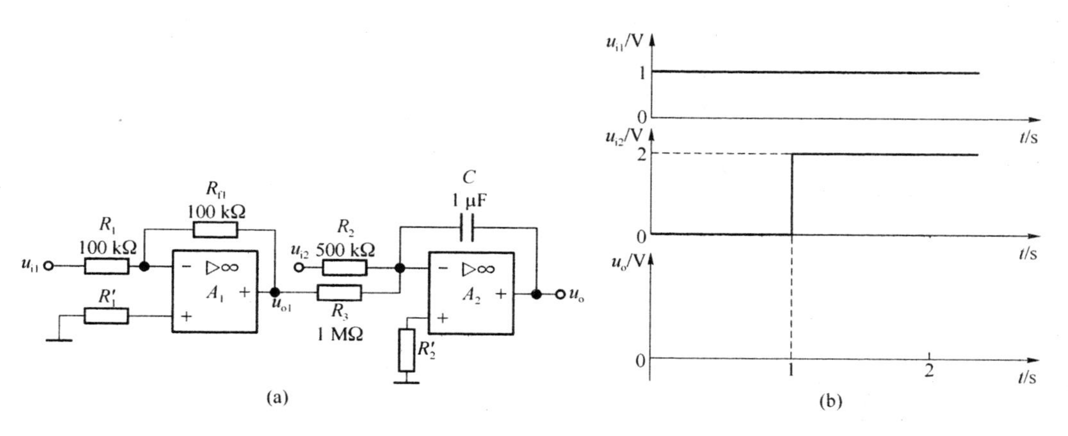

图 5.49　习题 5-11 图

5-12　电路如图 5.50 所示，图中运放均为理想运放。

(1) 分析电路由哪些基本电路组成？

(2) 设 $u_{i1}=u_{i2}=0$ 时，电容上的电压 $U_C=0$，$u_o=+12$ V，求当 $u_{i1}=-10$ V，$u_{i2}=0$ V 时，经过多长时间 u_o 由 +12 V 变为 −12 V？

(3) u_o 变为 −12 V 后，u_{i2} 由 0 V 改为 +15 V，求再经过多少时间 u_o 由 −12 V 变为 +12 V？

(4) 画出 u_{o1} 和 u_o 的波形。

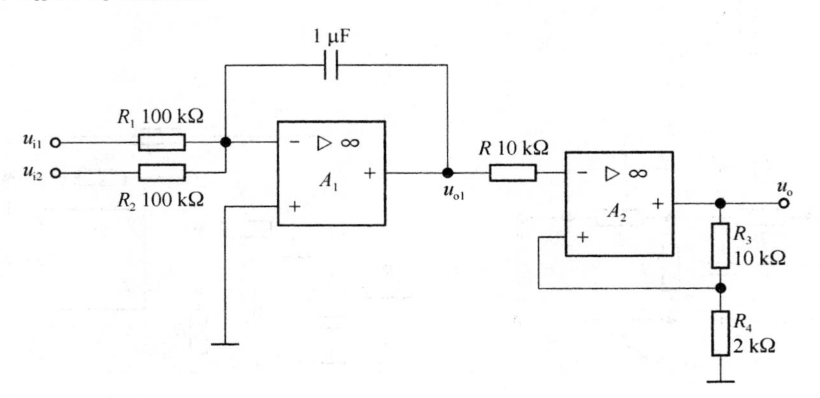

图 5.50　习题 5-12 图

5-13　假设在图 5.51(a)所示的反相输入滞回比较器中，比较器的最大输出电压为 $\pm U_Z=\pm 6$ V，参考电压 $U_R=9$ V，电路中各电阻的阻值为：$R_2=20$ kΩ，$R_F=30$ kΩ，$R_1=12$ kΩ。

(1) 试估计两个门限电压 U_{TH1} 和 U_{TH2} 以及门限宽度 ΔU_{TH}；

(2) 画出滞回比较器的传输特性；

(3) 当输入如图 5.51(b)所示波形时，对应画出滞回比较器的输出波形。

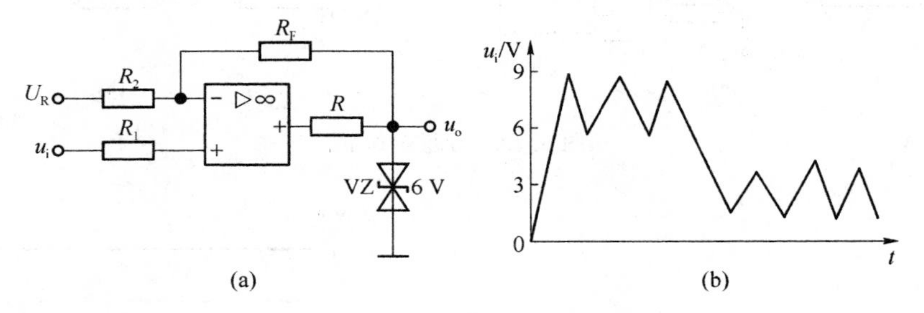

图 5.51　习题 5-13 图

第 6 章

正弦波振荡器的制作

项目剖析

(1) 功能要求

实现正弦波振荡器功能。

(2) 技术指标

输出:有效值 1 V、频率 5 kHz 正弦波,幅度和频率可以微调。

(3) 系统结构

信号发生器是常见的基本电路单元,最重要的组成部分就是振荡器。振荡器不需要外部输入信号,由通电冲击电流和各种干扰就能启动工作,工作时能自我激励,维持源源不断的信号输出。

振荡器常采用正反馈结构,也有采用负阻器件的负阻振荡器,两者电路结构不同,但都形成了自我激励的效果。

不同场合的信号发生器功能、结构都有所不同。例如,函数发生器就比较复杂,能输出正弦波、三角波和矩形波,输出幅度还能调节,很多电子设备内部的信号发生器就很简单,仅仅产生固定频率和幅度的正弦波。

本项目采用正反馈振荡器,为减少负载对振荡电路的影响,增强带负载能力,输出环节采用电压跟随器电路。幅度调节采用同相比例放大电路,系统结构框图比较简单,如图 6.1 所示。

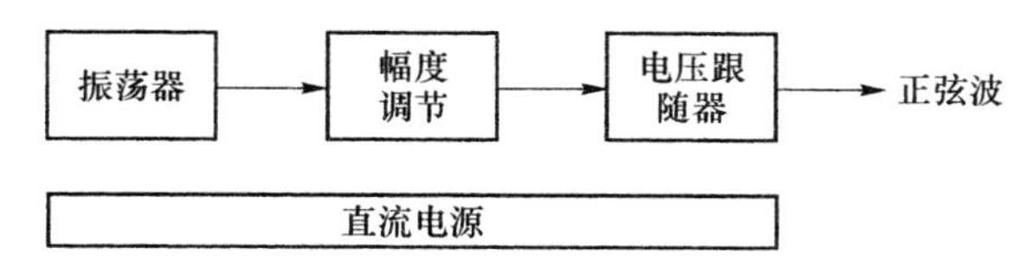

图 6.1　正弦波振荡器系统结构框图

项目目标

(1) 知识目标

① 了解信号发生器的含义;

② 理解正反馈的含义、结构和特点;

③ 掌握 *RC* 正弦波振荡器的电路结构和特点;

④ 会计算 *RC* 正弦波振荡器的输出频率;

⑤ 了解石英晶体的特点；
⑥ 熟悉石英晶体振荡器的特点；
⑦ 熟悉石英晶体在振荡器电路中的两种用法。
(2) 技能目标
① 能够比较熟练地按照电路原理图安装电路；
② 能依据电路工作原理对电路进行调试；
③ 能较为熟练地利用电烙铁和吸锡器拆装元器件；
④ 能针对电路的关键参数提出测量方案；
⑤ 能熟练运用万用表和示波器对电路进行测量；
⑥ 能熟练运用仿真软件进行辅助设计。

6.1 *RC* 正弦波振荡器

6.1.1 信号发生器

凡是不需要输入信号就能输出一定频率、波形、幅度电信号的仪器，都可以称为信号发生器，也称为信号源。信号发生器应用十分广泛，绝大多数电子仪器设备中都有信号发生器电路。

信号发生器按照频率划分可以分为低频信号发生器、视频信号发生器、高频信号发生器、甚高频信号发生器和超高频信号发生器等。低频信号发生器的频率一般在 1 Hz～1 MHz，视频信号发生器的频率一般在 20 Hz～10 MHz，高频信号发生器的频率一般在 100 kHz～30 MHz，甚高频信号发生器的频率一般在 30～300 MHz，超高频信号发生器的频率一般在 300 MHz以上。

信号发生器按照波形还可以分为正弦波信号发生器、脉冲信号发生器、噪声信号发生器和函数信号发生器等。其中，正弦波信号发生器只能输出正弦波；脉冲信号发生器有的能输出矩形脉冲，有的能输出锯齿波等其他波形的脉冲信号，其共同特点是信号具有比较陡峭的脉冲边沿，从频谱角度来说，具有较宽的带宽；噪声信号发生器输出的波形不规则，没有固定形状，没有固定周期，幅度变化也不可预知，属于随机信号，用于模拟噪声，主要用来对设备的抗干扰能力进行测试；函数信号发生器输出的信号波形、频率和幅度都是确定的，常见的函数信号发生器能够产生正弦波、三角波和矩形波，能调整三角波的波形，能调整矩形波的占空比，也能在一定范围内调整幅度和频率。

信号发生器的主要指标如下。

1. 带宽(输出频率范围)

带宽是指输出信号的频率的范围。一般来讲信号源输出的正弦波和矩形波的频率范围不一致，例如，某函数发生器产生正弦波的频率范围是 1～240 MHz，而输出矩形波的频率范围是 1～120 MHz，这主要是因为矩形波的陡峭边沿包含了大量的高频成分。

2. 频率(定时)分辨率

频率分辨率，即最小可调频率分辨率，也就是创建波形时可以使用的最小时间增量。

3. 频率准确度

信号源显示的频率值与真值之间的偏差，通常用相对误差表示，低挡信号源的频率准确度只有 1%，而采用内部高稳定晶体振荡器的频率准确度可以达到 1 ppm(百万分之一)。

4. 频率稳定度

频率稳定度是指在外界环境不变的情况下，在规定时间内，信号发生器输出频率相对于设置读数的偏差值的大小。频率稳定度一般分为长期频率稳定度(长稳)和短期频率稳定度(短稳)。其中，短期频率稳定度是指经过预热后，15 min 内信号频率所发生的最大变化；长期频率稳定度是指信号源经过预热时间后，信号频率在任意 3 h 内所发生的最大变化。

5. 输出阻抗

信号源的输出阻抗是指从输出端看去，信号源的等效阻抗。例如，低频信号发生器的输出阻抗通常为 600 Ω，高频信号发生器通常只有 50 Ω，电视信号发生器通常为 75 Ω。

6. 输出电平范围

输出幅度一般由电压或者分贝表示，指输出信号幅度的有效范围。另外，信号发生器的输出幅度读数定义为输出阻抗匹配的条件下，所以必须注意输出阻抗匹配的问题。

6.1.2　正反馈

在第 3 章中曾经提到正反馈的概念，在图 3.1 中，负反馈 $X_{id}=X_i-X_f$，正反馈 $X_{id}=X_i+X_f$。换句话说，如果只考虑绝对值的话，净输入 X_{id}大于输入量 X_i时，该反馈就是正反馈；净输入 X_{id}小于输入量 X_i时，该反馈就是负反馈；净输入 X_{id}等于输入量 X_i时，反馈量为 0，该反馈消失，变成了开环系统。

负反馈减弱了输入量变化带来的影响，使系统趋于平静稳定；正反馈加剧了输入量的影响，迅速使系统脱离原来的状态。由于系统都是有边界的，正反馈将使系统迅速到达系统边界，如果没有约束，系统将崩溃，以电子设备来说，电源电压就是电压的边界约束，发生电压正反馈的时候，如果没有特殊设计拦阻，系统输出将迅速接近或达到电源电压。仅仅输出电源电压的系统并没有什么用处，所以，要么系统采用负反馈避免正反馈，要么系统在设计时控制正反馈的速度或者进程，巧妙利用正反馈实现设计目的。振荡器就是控制正反馈，使系统输出电压在电源的两个边界之间摇摆，达到输出一定频率周期信号的目的。

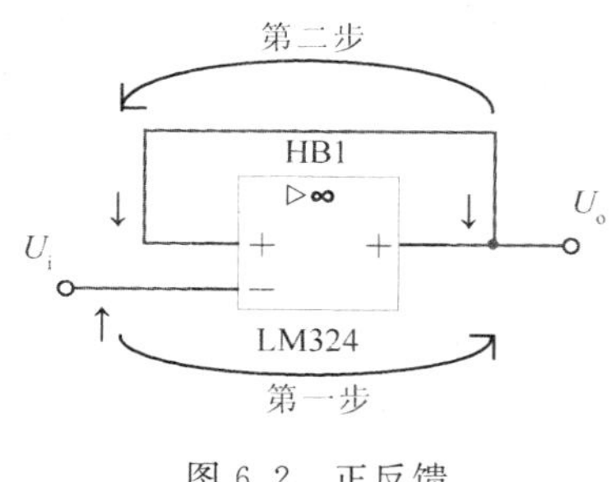

图 6.2　正反馈

正反馈也可以采用瞬时极性法进行判断，如图 6.2 所示。分析方法如下。

第一步，假设某时刻输入信号 u_i突然有一个小的正跃变(增大了)，该输入接在运放的反相输入端上：

$$u_i = u_-$$

根据运放的输入输出关系式：

$$u_o = A_{od}(u_+ - u_-)$$

可知，该跃变将使输出 u_o变小，在输出端用↓表示。

跃变传导过程是：$u_i\uparrow \to u_-\uparrow \to (u_+ - u_-)\downarrow \to u_o\downarrow$

第二步，输出端负向跃变的信号经反馈导线连接到 LM324 的同相输入端，导线不会导致信号极性变化，所以 LM324 的同相输入端也会有负向跃变，用↓表示。

跃变传导过程是：$u_o\downarrow\rightarrow u_+\downarrow$

第三步，根据运放的输入输出关系式，同相输入端变小将会减小 u_o，这与第一步的效果相同。

跃变传导过程是：$u_+\downarrow\rightarrow(u_+-u_-)\downarrow\rightarrow u_o\downarrow$

综上所述，若没有反馈，输入 u_i的正向跃变将使输出 u_o变小，而加入反馈后，反馈也会使 u_o变小，两者合力作用，会使 u_o迅速减小到最小值，所以该反馈为正反馈。

6.1.3 *RC* 正弦波振荡器

1. 振荡器的组成环节

振荡器是不需要输入信号就能源源不断输出一定频率、幅度波形的设备或电路单元，振荡器的原理类似于荡秋千，荡秋千主要有两个条件：一是要有能量补充，不然不可能振荡起来，即使振荡起来之后撤销能量补充，也会由于空气阻力和拉环摩擦力逐渐停下来；二是补充的能量必须顺势而为，不能反向作用，否则就会减弱振荡，不能越荡越高。荡秋千的这两个条件对应于振荡器的幅度条件和相位条件。

振荡器的幅度条件就是指电路必须要有放大功能，把直流电源的能量补充到交流信号中去，否则电路中的阻抗会使信号衰减到 0；相位条件就是补充进来的能量必须起到推波助澜的效果，信号才能越来越大，信号大到一定程度后，补充进来的能量必须及时反转方向，使信号减小，这样才能反复振荡。

振荡器内部通常都有正反馈、放大、选频和稳幅等环节。

振荡器有两类电路结构来完成相位条件，一类使用正反馈满足相位条件，这类电路最多。还有一类振荡器没有正反馈结构，而是采用了负阻器件来实现移相的效果。

振荡器都有放大环节，用于给信号补充能量，起振时使信号幅度增大和抵抗电路中的各种衰减。

振荡器的选频环节非常重要，选频环节滤除无用频率分量，实现特定频率的输出。选频和滤波是同一件事情的两个描述角度，选频侧重于选择有用频率，滤波侧重于滤除无用频率，类似于筛子，关键是看想要漏下去的东西，还是想要留在筛子里的东西。

稳幅环节用于稳定输出信号幅度，避免输出信号幅度发生波动。很多场合对信号幅度的稳定性都有要求，尤其是在调幅发射机里，振荡器幅度的稳定度是个非常重要的参数。稳幅方法分为内稳幅和外稳幅两种。内稳幅利用放大电路的非线性实现幅度的稳定，很多放大电路在信号幅度比较小时，放大倍数较大，信号幅度较大时，电路接近饱和状态，放大倍数变小，从而实现幅度的基本稳定。外稳幅是借助二极管等非线性元件实现的幅度稳定，需要额外的非线性元件。

2. *RC* 滤波器基本单元

RC 振荡器采用了电阻和电容作为选频电路元件，电路简单，抗干扰性强，有较好的低频性能，并且容易得到标准系列的阻电阻、电容元件，所以常用于低频选频或滤波。

RC 滤波基本单元有两种，一种是低通滤波器，如图 6.3 所示；另一种是高通滤波器，如图 6.4所示。

图 6.3 所示中电阻与电容串联分压，输出电压为电容上所分得的电压。由电容阻低频、通高频的性质易知：频率越高，电容上分得的电压越低，输出电压就越小。对于频率极低的情况，

电容接近于开路，若空载，输出电压将等于输入电压（无电流，则 R_1 无压降）。所以该电路为低通滤波器，意为低频信号容易通过。通过仿真可知，图中电路的通频带为 0～8 Hz。

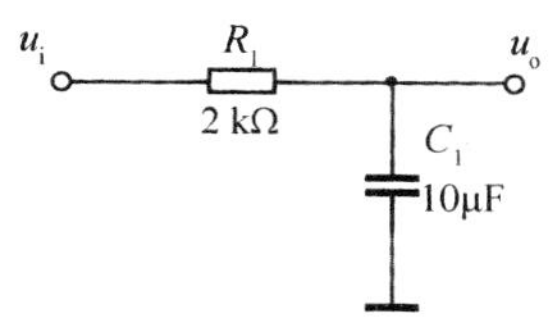

图 6.3　*RC* 低通滤波器

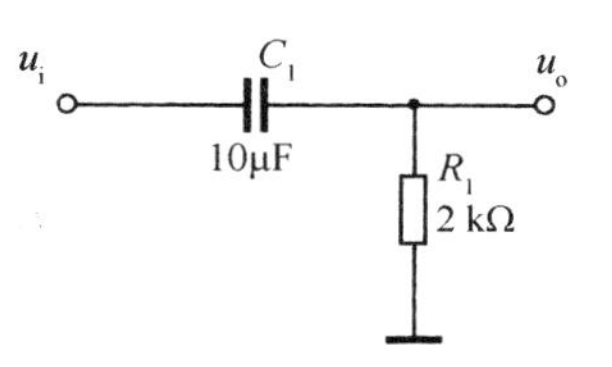

图 6.4　*RC* 高通通滤波器

图 6.4 所示中电阻与电容也是串联分压的情况，只不过与图 6.3 比，图中电阻和电容的位置互换了，输出电压为电阻上所分得的电压。同样由电容阻低频、通高频的性质易知：频率越高，电阻上分得的电压越高，输出电压就越大。对于频率极低的情况，电容接近于开路，几乎没有电流流过电容，若空载，输出电压将等于 0（无电流，则 R_1 无压降）。所以该电路为高通滤波器，意为高频信号容易通过。通过仿真可知，图中电路的通频带为大于 8 Hz。

3. *RC* 振荡器中的滤波电路

RC 振荡器中的滤波电路，如图 6.5 所示。

根据电容通高频、阻低频的特点可知，图 6.5 所示中 u_i 信号中的极低频成分很难通过电容 C_1 到达输出端，所以 u_o 中几乎没有频率特别低的成分，而 u_i 中的极高频成分虽然很容易透过电容 C_1，但是会被电容 C_2 所旁路，所以 u_o 中也没有频率特别高的成分。对于频率既不是特别高，也不是特别低的信号，C_1、R_1 串联与 C_2、R_2 并联，输出信号是它们对输入信号的分压。也就是说，某些频率的信号能够比较容易地通过电路，其他频率信号很难通过该电路，这种电路被称为带通滤波电路。

为了定量计算图 6.5 中的电路，可以将 C_1、R_1 等效为 Z_1，将 C_2、R_2 等效为 Z_2，如图 6.6 所示。

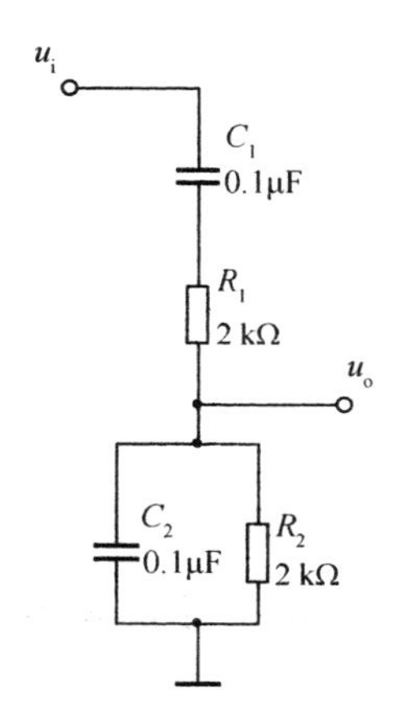

图 6.5　*RC* 振荡器中的滤波电路

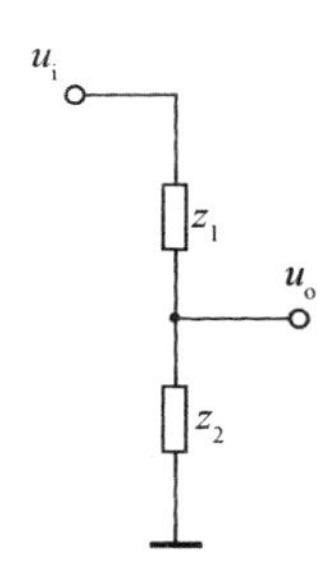

图 6.6　*RC* 振荡器中的滤波等效电路

$$Z_1 = R_1 + \frac{1}{\mathrm{j}\omega C_1}$$

$$Z_2 = \frac{1}{\dfrac{1}{R_2} + \mathrm{j}\omega C_2}$$

$$u_o = \frac{Z_2}{Z_1 + Z_2} u_i$$

$$u_o = \frac{\dfrac{1}{\dfrac{1}{R_2} + j\omega C_2}}{R_1 + \dfrac{1}{j\omega C_1} + \dfrac{1}{\dfrac{1}{R_2} + j\omega C_2}} u_i$$

经整理可得

$$\frac{u_o}{u_i} = \frac{1}{\left(1 + \dfrac{R_1}{R_2} + \dfrac{C_2}{C_1}\right) + j\left(\omega R_1 C_2 - \dfrac{1}{\omega R_2 C_1}\right)}$$

显然该式有极大值，当 $\omega R_1 C_2 = \dfrac{1}{\omega R_2 C_1}$ 时

$$\left(\frac{u_o}{u_i}\right)_{max} = \frac{1}{1 + \dfrac{R_1}{R_2} + \dfrac{C_2}{C_1}}$$

此时电路呈现纯阻性，电抗分量为0，相移为0。此时的电路状态称为谐振状态，工作频率称为谐振频率，谐振角频率记作 ω_0。

若 $R_1 = R_2 = R$ 且同时 $C_1 = C_2 = C$

$$\left(\frac{u_o}{u_i}\right)_{max} = \frac{1}{3}$$

$$\omega_0 RC = \frac{1}{\omega_0 RC}$$

即

$$\omega_0 = \frac{1}{RC}$$

因为

$$\omega = 2\pi f$$

所以谐振频率

$$f_0 = \frac{1}{2\pi RC}$$

对图6.5仿真，可得幅频特性曲线如图6.7所示，相频特性曲线如图6.8所示，可知谐振频率约800 Hz，谐振点相移为0，通频带为240 Hz～2.6 kHz。

4. *RC* 振荡器

RC 振荡器的电路如图6.9所示，图中 C_1、R_1、C_2 和 R_2 构成正反馈网络，R_3 和 R_4 构成负反馈网络。

根据前面的分析可知，在谐振频率，正反馈的反馈电压为输出电压的 $\frac{1}{3}$。负反馈负责控制放大倍数，为了补充信号能量，放大倍数应为3倍，该放大电路为同相比例放大电路，因此 R_3 应为 R_4 的2倍。考虑到开始起振时，信号从小变大的过程，R_3 应比 R_4 的2倍略大一些。

对该电路进行仿真，可以清晰地看到起振过程，如图6.10所示。

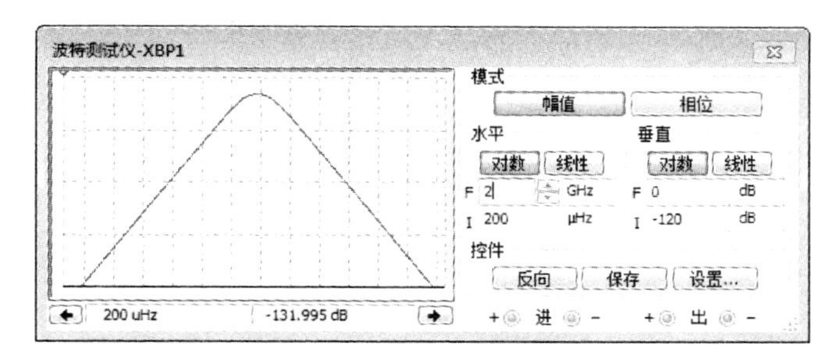

图 6.7　*RC* 振荡器选频电路的幅频特性曲线

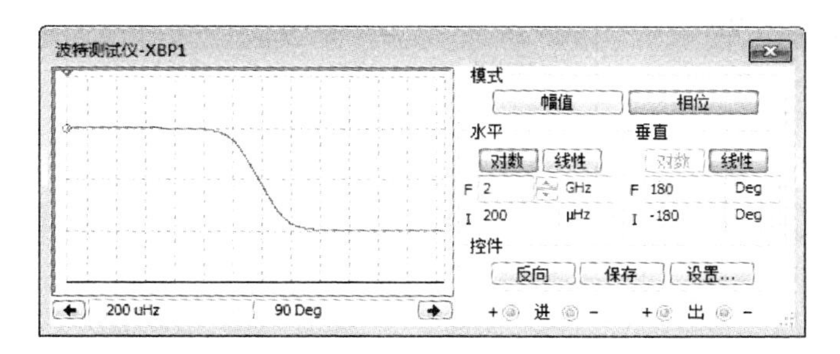

图 6.8　*RC* 振荡器选频电路的相频特性曲线

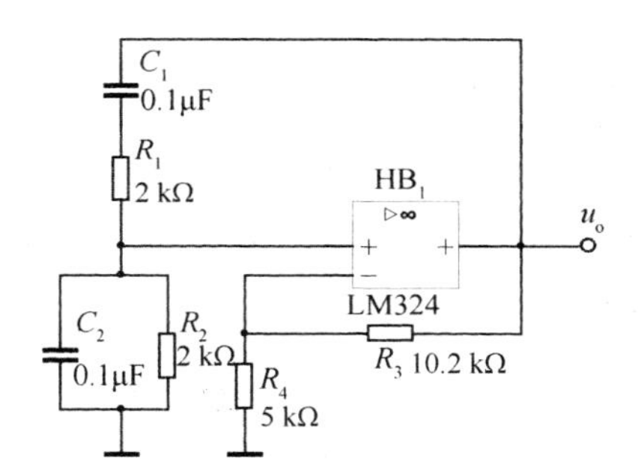

图 6.9　*RC* 振荡器

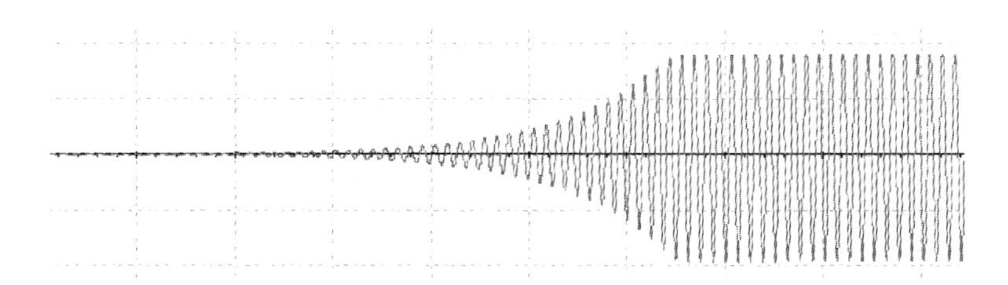

图 6.10　振荡器起振

由于运放的线性区内线性度非常好，和非线性区交界区域非常窄，很难实现内稳幅，所以运放在线性区内波形非常好，只要超出线性区进入非线性区，波形立刻被削平，出现严重失真，如图 6.11 所示。

使用运放作为放大环节的 *RC* 振荡器常采用二极管作为外稳幅器件，对电路做出改进，如图 6.12 所示。改进之后的波形没有明显失真，如图 6.13 所示。

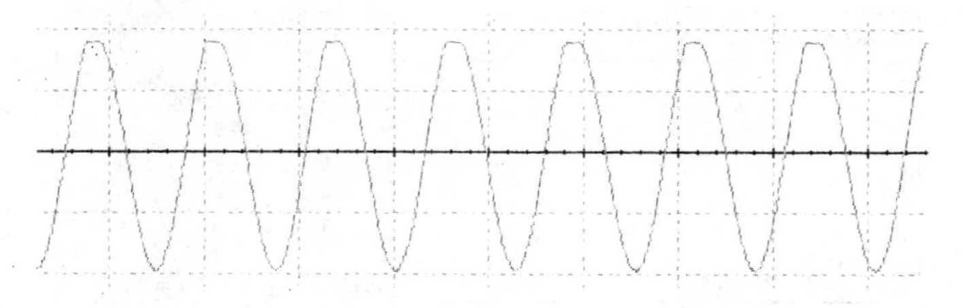

图 6.11 顶部出现失真

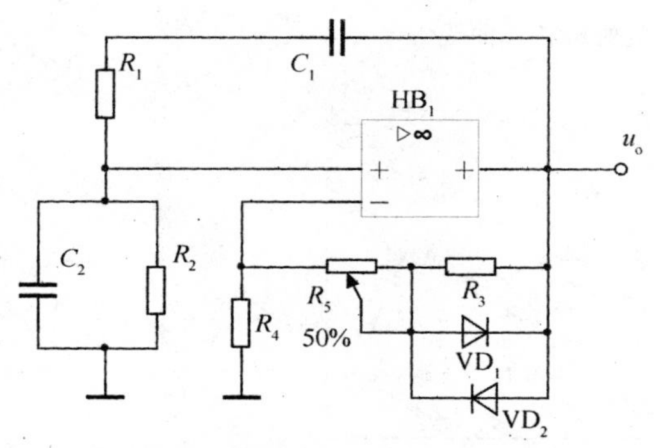

图 6.12 改进的 *RC* 振荡电路

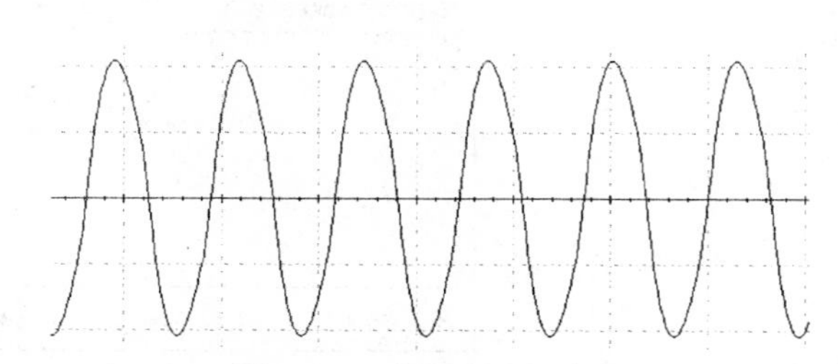

图 6.13 改进之后的波形

实际操作 1：*RC* 正弦波振荡器的仿真

(1) 用 Multisim 软件绘制电路图，如图 6.14 所示。图中 XFC_1 为频率计数器，XSC_1 为示波器，V_{CC}为正电源，V_{EE}为负电源，R_1、C_1、R_2和 C_2为选频网络，同时也是正反馈网络电阻，电位器 R_3和电阻 R_4构成负反馈网络。

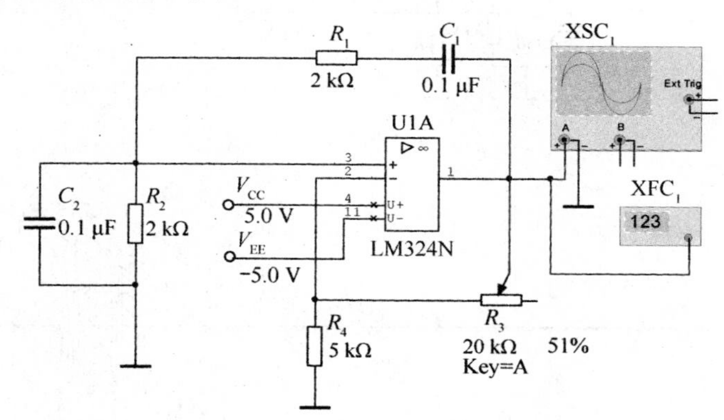

图 6.14 *RC* 振荡器仿真电路

(2) 运行仿真。用示波器观察振荡器输出信号波形，用频率计数器测量其频率，测量时应根据信号幅度大小调节频率计数器的灵敏度，如图 6.15 所示。记录测量结果，并与理论计算值进行比对。

(3) 用示波器观察同相输入端和反相输入端的波形，并进行比较，说明运放的工作状态。

(4) 改变电路中电阻和电容的大小，重新启动仿真，用示波器观察电路能否起振，波形和频率是否发生变化。

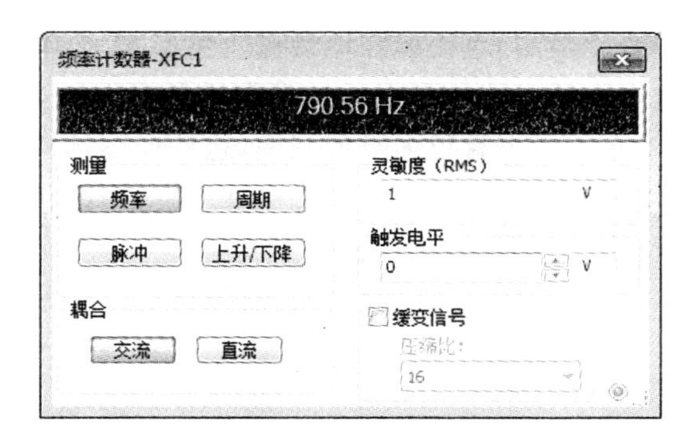

图 6.15　频率计数器

(5) 用图 6.16 所示的改进电路进行仿真，观察振荡器输出波形和频率。

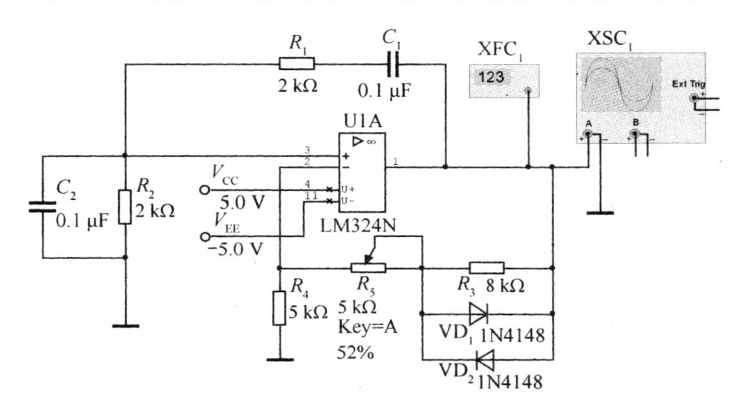

图 6.16　*RC* 振荡器改进电路的仿真

6.1.4　设计 *RC* 正弦波振荡器

1. 设计简单电路的主要流程

设计简单电路和复杂系统有所不同，简单电路往往有固定几种方案可供选择。在设计类似振荡器这样的常见电路单元的时候，一般根据电路的功能和技术指标选择成熟的电路类型，比如普通低频场合首选 *RC* 振荡器，一般高频场合首选 *LC* 振荡器，对稳定度要求高的场合必选石英晶体振荡器等。

在确定电路类型后，要确定电路结构，电路结构非常重要，不过，常见的电路结构都已经非常成熟了，优点和缺点都很明确，如果没有特殊需求，很容易选择。

电路结构确定后，就要计算和选择元器件参数，成熟电路的计算都可以直接套用公式，困难的是选择元器件参数，主要是没有经验，不知道应该选用元器件的参数大致范围，这可以通过参考别的电路设计图进行借鉴学习来提高设计水平。

有了电路结构和元器件参数，就可以绘制出原理图了，原理图设计完成。在设计原理图过程中，仿真软件的使用是必要的，仿真软件的合理使用能够大大降低电路设计失败的风险，提高设计效率，降低工作强度。

广义的电路设计不仅是设计原理图，还需要将原理图细化成实用电路图。比如，在设计原理图时，计算出某个电容需要 1 微法，直接标在原理图上就可以了，但实际安装电路时就要面临很多问题：这个 1 微法电容耐压应该是多少？有没有正负极性的要求？用瓷片电容还是用电解电容？体积大小重要不重要？还有很多类似问题，这些问题都考虑清楚了，才算完成了实用电路图。在设计实用电路图时往往还需要考虑电磁兼容性、系统稳定性等因素，批量生产的话，还需要绘制印制电路板的版图。

另外，广义的电路设计还包括工艺设计，就是安装、调试的过程是怎样的，详细内容相当复杂，此处不赘述。

2. 电路结构设计

按照本项目要求，振荡器需要能输出有效值 1 V、频率 5 kHz 正弦波，幅度和频率可以微调。这个频率属于低频范畴，所以首选 *RC* 振荡器。电路结构就采用改进后的 *RC* 振荡器结构，如图 6.12 所示。

项目要求频率可以微调，根据公式

$$f_o = \frac{1}{2\pi RC}$$

可知，改变振荡器电阻阻值或者电容容量都可以调节振荡器输出信号的频率。那么，是改变电阻合理呢？还是改变电容合理呢？还是两者都改变更好呢？通常一个电路越简洁越好，因为电路越简洁，一般来说，电路可靠性越好，越省电，体积越小，成本越低，越易于维修。所以，同时调节电容和电阻显然不如只调一种好，除非只调一种不能满足频率范围的要求。

那么，只调一种是调电容好，还是调电阻好？通常可调电容的调节范围较窄，能调节范围较大的电容往往体积也非常大，而电阻在这些方面优势明显。根据公式可知，两者在改变频率方面的贡献相同，所以应该选择调节电阻的方案。

振荡器输出信号的幅度调节是个难题，通过前面的学习和仿真可以知道，振荡器的输出信号幅度主要由电源电压和运放的自身参数决定，难以调节大小。常见的电路输出幅度调节方案有两种：一种方案是通过电阻衰减实现的，例如，收音机的音量调节就是内部采用了一个电位器，利用电阻分压对信号进行衰减输出；另一种方案是调节后级放大倍数，从而改变输出幅度。在振荡器的电路里一般都是采用后一种方案，原因在于调节振荡器的负载容易改变振荡器的工作状态，造成振荡器工作不稳定。采用调节放大倍数方案的电路如图 6.17 所示。当然也可以在振荡器后面加一级隔离电路。例如，电压跟随器，在电压跟随器后面再用电位器对信号进行衰减，如图 6.18 所示。

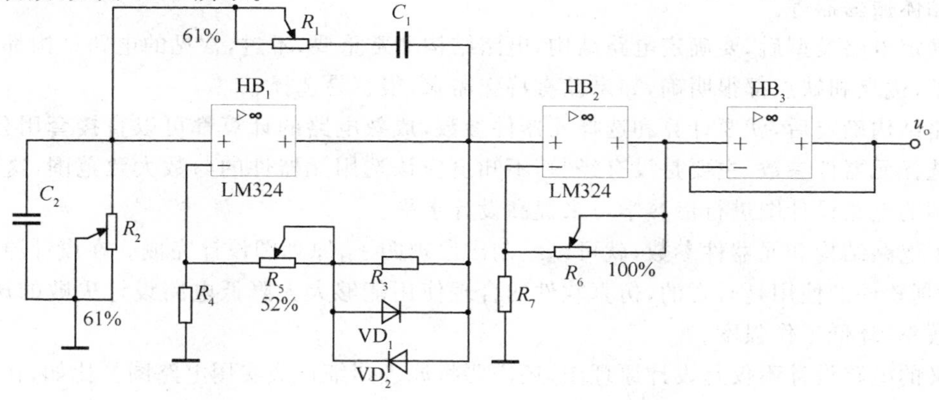

图 6.17　改变放大倍数方式

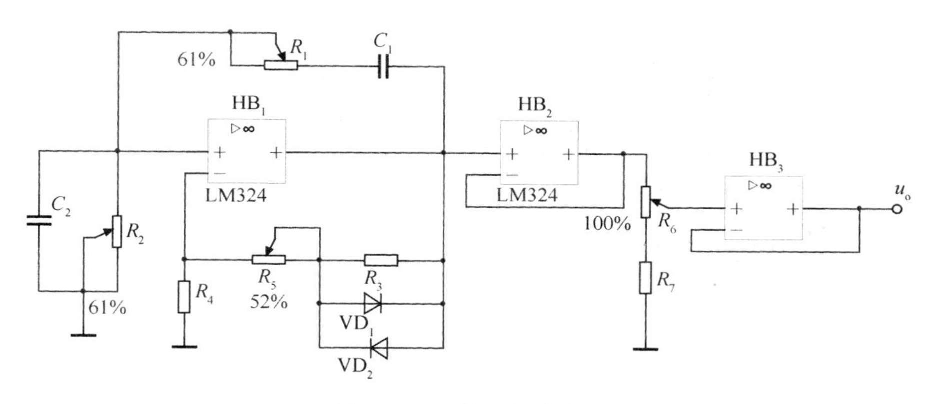

图 6.18 电位器衰减方式

对比这两个电路可以发现，两者使用的元器件数量和种类一样多，复杂程度一样，不过，图 6.17可以调节放大倍数，使后级总输出高于前级振荡器的输出，而图 6.18 的总输出幅度只能低于前级振荡器的输出，这是由电阻衰减的特性决定的。

两个电路最末级都采用了电压跟随器提高带负载能力，这不是必需的，在某些场合可以省略。对于 LM324 而言，里面有四个运放，如果有富裕的运放，可以考虑使用电压跟随器进行级间隔离，能够增加系统的稳定性，便于系统调试。

3. 元器件参数选择

设计一个电路时，很重要的一个问题就是如何选择元器件参数。在一般的运放电路里，欧姆级电阻就是很小的电阻了，百欧级、千欧级常用，兆欧级电阻是非常大的电阻；皮法级电容是非常小的电容，纳法到微法级电容比较常用，几百微法的电容是很大的电容；常用电感一般是毫亨级的，亨利级的电感非常笨重，微亨级电感常用于高频电路。

按照项目要求的谐振频率 $f_0=5$ kHz 代入公式，可求得

$$RC = 3.18 \times 10^{-5}\ \text{s}$$

式中，RC 的单位为秒(s)，代表频率的倒数。

如果假设电阻 R 取 1 kΩ，则电容 $C=32$ nF，必须注意到电容系列标称值里没有 32 nF 这个数值，因此不能在电路图里标注这个数值。由于电路采用通过电阻调节频率的方案，所以电容值有偏差也没问题，电容可以选择 33 nF 或者 30 nF。电阻可以选用 2 kΩ 电位器。

另一种方法是先确定电容的大小，比如电容 C 取 0.1 μF，则电阻 $R=318$ Ω，可以选择 500 Ω电位器，也可以选择 1 kΩ 电位器。

R_3、R_4、R_5、R_6、R_7都选用千欧级电阻或电位器，其中振荡器起振的幅度条件要求

$$R_3 + R_5 > 2R_4$$

由于在±5 V 电源下振荡器的输出能在 0.6～1.3 V 调节，所以后级同相比例放大电路的放大倍数没必要太大，有 1～2 倍的调节范围就能满足项目要求，$R_6=R_7$即可。

两个二极管选用导通压降在 0.6 V 左右的普通二极管就可以。

4. 绘制电路图并进行仿真

选定元器件参数后就可以利用仿真软件进行仿真，在仿真时可以调节元器件参数，观察电路效果。仿真电路如图 6.19 所示。

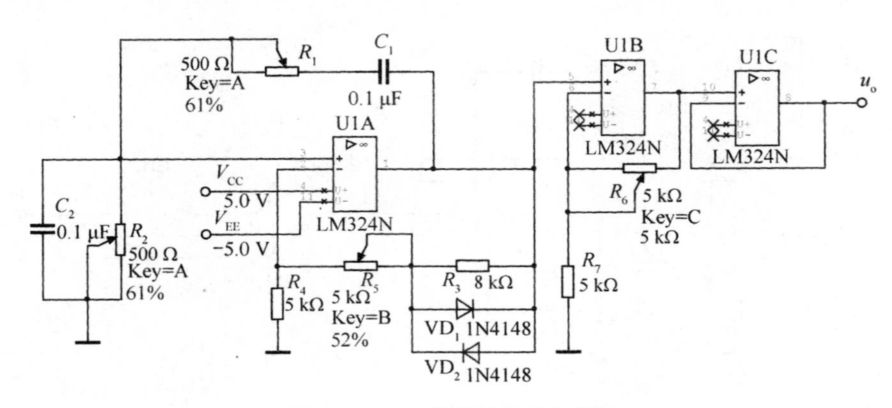

图 6.19　*RC* 振荡器仿真电路图

实际操作 2：*RC* 正弦波振荡器的制作与调试

(1) 按照表 6.1 所列元器件和耗材进行装接准备工作，对元器件进行检查测试。

表 6.1　*RC* 正弦波振荡器耗材清单

序号	标号	名称	型号	数量	备注
1	R_1、R_2	电位器	500 Ω	2	
2	R_3	电阻	8 kΩ	1	
3	R_4、R_7	电阻	5 kΩ	2	
4	R_5、R_6	电位器	5 kΩ	2	
5	C_1、C_2	瓷片电容	0.1 μF	2	
6	VD_1、VD_2	二极管	1N4148	2	
7	U1A、U1B、U1C	集成运放	LM324	1	
8		万能板	单面三联孔	1	焊接用
9		单芯铜线	ϕ0.5 mm		若干
10		稳压电源	双电源可调	1	

(2) 按照电路图 6.19 安装、焊接元器件，剪去多余引脚，检查焊点，清除多余焊渣。

(3) 通电前检查有无短路情况，电路连接是否可靠，元器件有无错装、漏装现象。

(4) 通电检查，应密切注意观察有无煳味、有无冒烟或集成电路过热等现象，一旦发现异常应立即断电，断电之后详细检查电路。

(5) 通电检查没问题后，先用示波器观察 LM324 的 1 脚是否有输出信号，信号波形如何，幅度如何。如果没有正弦波输出，说明振荡器没有起振，应先调节 R_5，如果调节无效，则应检查电源电压是否为 5 V 双电源，电路连接有无错误，集成电路有无损坏等情况。

如果有正弦波输出，应调节 R_5，尽量使波形不失真。然后调节 R_6，使电路总输出信号有效值达到 1 V，如果调节 R_6 不能使输出信号有效值达到 1 V，应再调节 R_5 减小前级信号。

(6) 通过调节 R_1 和 R_2 改变振荡器的振荡频率，用示波器观察信号波形变化，用交流电压表测量各运放输出引脚的电压有效值并记录，用频率计(或示波器)测量输出信号的频率变化范围。

(7) 将项目二中制作的小信号放大器的话筒去掉，用本电路的输出与小信号放大器的输入相连，调节 RC 振荡器输出信号的幅度和频率，使用示波器观察小信号放大器的输出。如果有条件，使用失真度测量仪测量电路各处的失真情况。

(8) 通过扬声器直观体验各个频率的声音效果。

(9) 尝试采用项目一中制作的直流稳压电源给本项目制作的电路供电。

(10) 尝试将本项目与项目二、项目三制作的电路连接起来，用扬声器直观体验不同频率的声音。

6.2　LC 正弦波振荡器

6.2.1　LC 正弦波振荡器

1. LC 滤波器

RC 桥式正弦波振荡器用于产生低频信号(1 MHz 以下)，高频信号(1 MHz 以上)常采用 LC 正弦波振荡器，LC 正弦波振荡器采用 LC 滤波器作为选频环节。

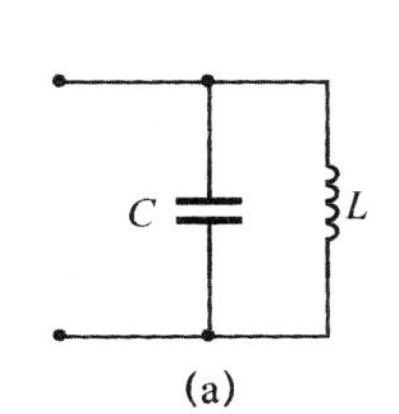

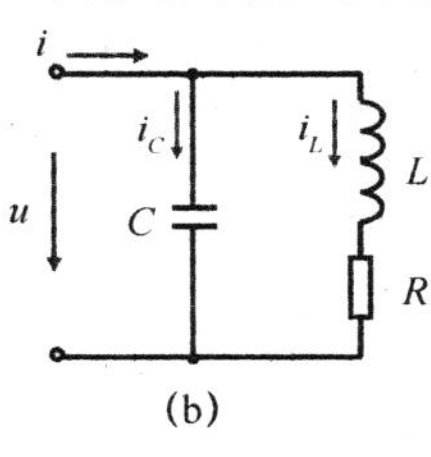

图 6.20　LC 并联滤波电路

LC 滤波器有串联和并联两种形式，恒流源适合采用并联谐振，恒压源适合采用串联谐振，三极管属于流控电流源，所以三极管振荡器电路常使用并联形式，电路如图 6.20(a)所示。电感由铜丝绕制而成，具有较小的电阻值，考虑这个阻值，绘制等效电路如图 6.20(b)所示。

按照等效电路，LC 并联滤波电路的总阻抗 Z 为

$$\frac{1}{Z}=\frac{1}{Z_C}+\frac{1}{R+Z_L}$$

因为

$$Z_C=\frac{1}{\mathrm{j}\omega C}$$

$$Z_L=\mathrm{j}\omega L$$

所以

$$Z=\frac{\frac{1}{\mathrm{j}\omega C}(R+\mathrm{j}\omega L)}{\frac{1}{\mathrm{j}\omega C}+R+\mathrm{j}\omega L}$$

因为频率较高时，ω 很大，$R\ll\omega L$，所以

$$Z\approx\frac{\frac{L}{C}}{R+\mathrm{j}\left(\omega L-\frac{1}{\omega C}\right)}$$

当 $\omega L=\dfrac{1}{\omega C}$ 时，Z 由复数变为实数，有最大值

$$Z_0=\frac{L}{RC}$$

此时总阻抗为纯电阻性质，此时的状态称为谐振状态，此时角频率

$$\omega_0=\frac{1}{\sqrt{LC}}$$

因为

$$\omega=2\pi f$$

所以

$$f_0=\frac{1}{2\pi\sqrt{LC}}$$

ω_0 被称为谐振角频率，f_0 被称为谐振频率。

总阻抗 Z 的幅频曲线和相频曲线如图 6.21 所示，当信号频率高于谐振频率时，LC 并联电路相当于电容；当信号频率低于谐振频率时，LC 并联电路相当于电感；当信号频率等于谐振频率时，LC 并联电路相当于纯电阻。

2. 变压器反馈式

LC 正弦波振荡器按反馈的方式不同分变压器反馈式、电容三点式和电感三点式等。

变压器反馈式振荡器如图 6.22 所示，三极管采用了稳定静态工作点电路，变压器提供了反馈通路，变压器 N_1 和 N_2 两个绕组打点的端子为同名端，两个同名端同相位。用“+”表示正跃变，“—”表示负跃变，利用瞬时极性法可以判断出反馈为正反馈，反馈电压为 u_f。

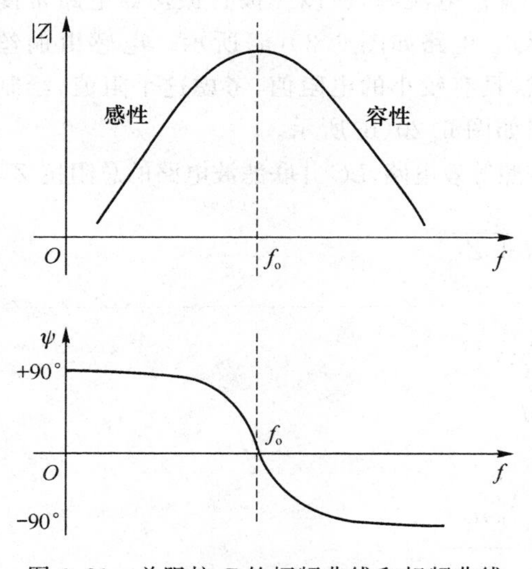

图 6.21 总阻抗 Z 的幅频曲线和相频曲线

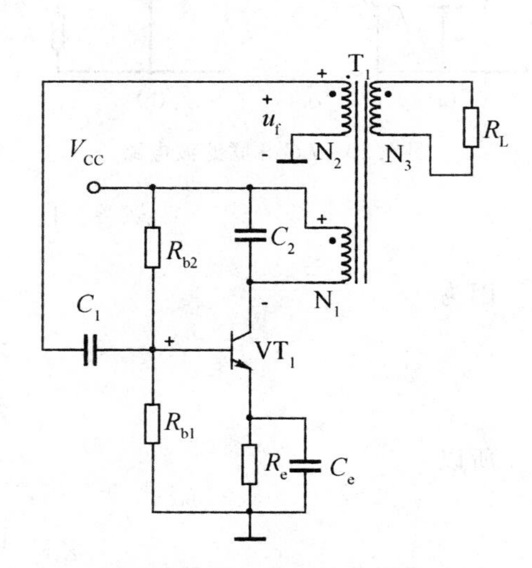

图 6.22 变压器反馈式振荡器

忽略掉变压器其他绕组的影响，振荡器的频率应为变压器绕组 N_1 的电感和电容 C_2 构成的并联谐振频率，若变压器绕组 N_1 的电感为 L，则振荡器输出正弦波的频率为

$$f_o=\frac{1}{2\pi\sqrt{LC_2}}$$

3. 电感三点式振荡器

电感三点式振荡器如图 6.23 所示，电路中的 L_1 和 L_2 为自耦变压器两部分的电感，中间抽头接电源，该电路中 C_1、L_1 和 L_2 构成选频网络，C_b 为交流反馈耦合电容，C_e 为直流反馈旁路电容，C_2 为输出耦合电容，R_L 为负载电阻。三极管采用了稳定静态工作点典型电路。

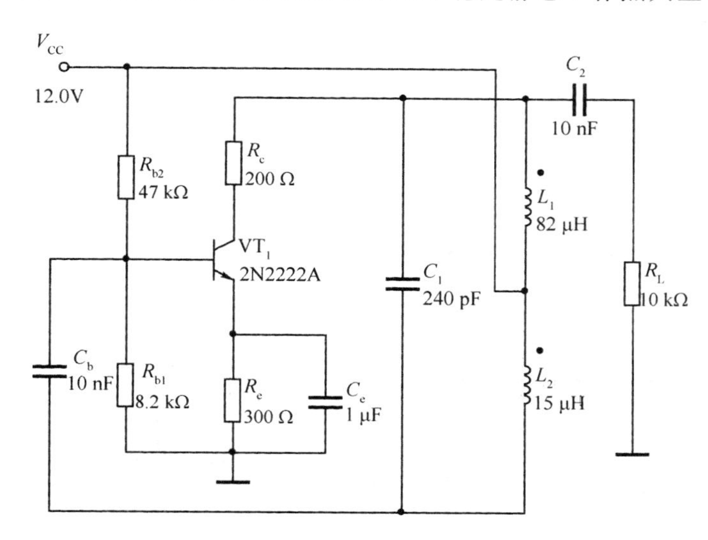

图 6.23　电感三点式振荡器

电感三点式振荡器的交流等效电路如图 6.24 所示，由三极管放大的三种基本结构可知，若三极管基极突然有一个正跃变，则发射极也会有正跃变，集电极则是负跃变。利用瞬时极性法可知，三极管基极的正跃变会导致电感打点的同名端有负跃变，不打点的端子为正跃变，因此反馈为正反馈。

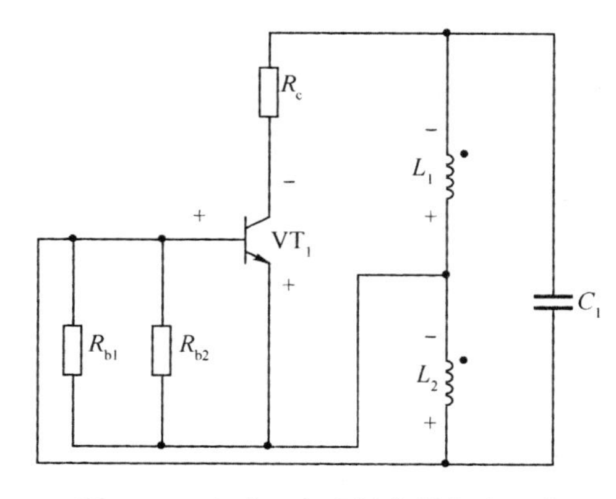

图 6.24　电感三点式振荡器交流通路

若 L_1 和 L_2 的互感系数为 M，则振荡器输出信号频率为

$$f_o = \frac{1}{2\pi\sqrt{(L_1 + L_2 + 2M)C_1}}$$

电感三点式振荡器的两个电感大小比例合适的话，比较容易起振，一般集电极和发射极之间的电感(L_1)大，基极和发射极之间的电感(L_2)小，L_1 一般为 L_2 的 4～8 倍。

电感三点式振荡器的缺点是电感不容易调节大小，要改变输出信号频率只能调节选频网络中的电容。另外，由于反馈电压取自电感，电感对高次谐波阻抗较大，导致输出信号波形较差。

4. 电容三点式振荡器

电容三点式振荡器如图 6.25 所示，该电路中 C_1、C_2 和 L_1 构成选频网络，C_b 为交流反馈耦合电容，C_e 为直流反馈旁路电容，L_2 对直流短路，对交流为高阻抗。三极管采用了稳定静态工作点典型电路。

电容三点式振荡器的交流等效电路如图 6.26 所示，根据选频网络的谐振频率可得输出信号频率为

$$f_o = \frac{1}{2\pi\sqrt{L\frac{C_1C_2}{C_1+C_2}}}$$

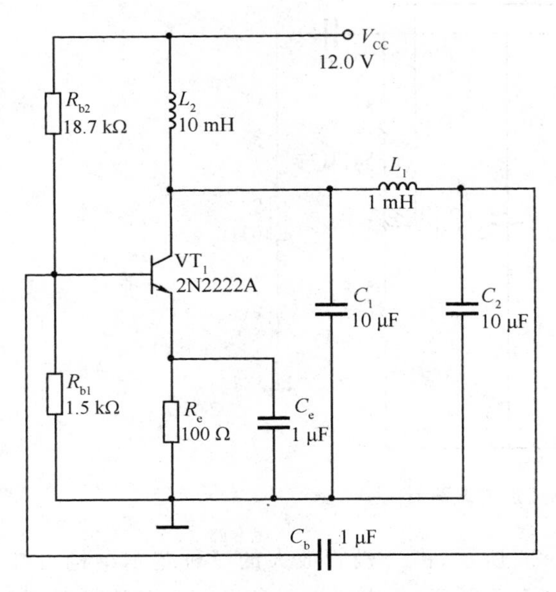

图 6.25 电容三点式振荡器

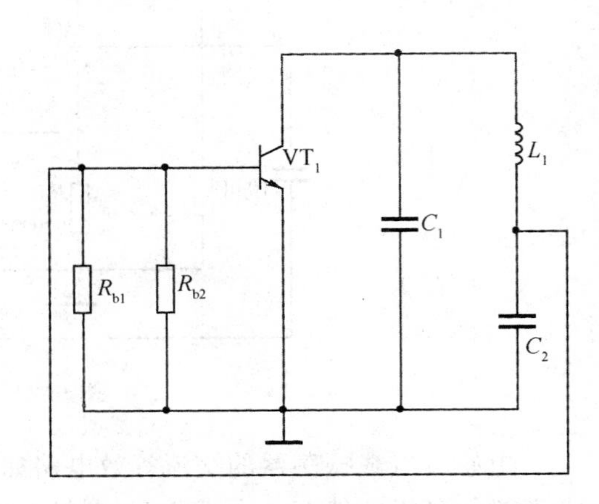

图 6.26 电容三点式振荡器交流通路

改变选频网络中的电容大小即可以调节输出信号的频率，电路如图 6.27 所示。

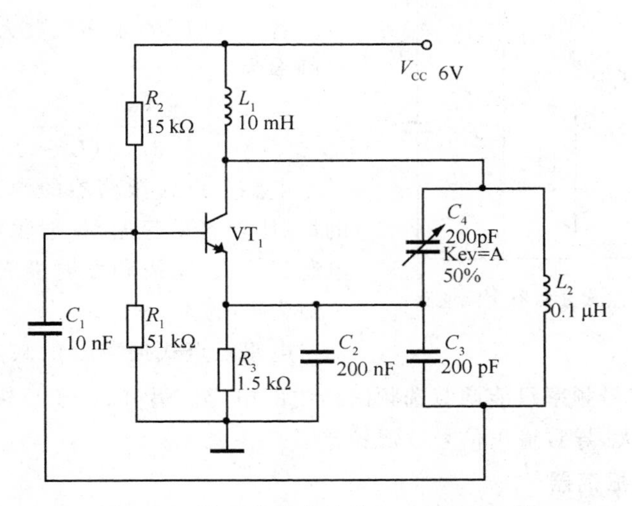

图 6.27 能调节频率的电容三点式振荡器

实际操作 1:LC 正弦波振荡器的仿真

(1) 用 Multisim 软件按照图 6.23 所示绘制电路图。

(2) 运行仿真,用示波器观察电路起振过程,观察电路各处波形,用频率计数器测量电路输出信号频率,将频率测量结果与理论计算值进行比较。

(3) 用 Multisim 软件按照图 6.25 所示绘制电路图。

(4) 运行仿真,用示波器观察电路起振过程,观察电路各处波形,用频率计数器测量电路输出信号频率,将频率测量结果与理论计算值进行比较。

(5) 用 Multisim 软件按照图 6.27 所示绘制电路图。

(6) 运行仿真,用示波器观察电路起振过程,观察电路各处波形,用频率计数器测量电路输出信号频率,通过调节电容 C_4 的大小调节输出信号频率。

6.2.2　石英晶体振荡电路

1. 石英晶体

石英的化学成分是二氧化硅,广泛存在于自然界中,砂石的主要成分是二氧化硅,玻璃的主要成分也是二氧化硅。很多天然石英晶体非常漂亮,包括水晶、玛瑙和燧石等,用力敲击摩擦燧石时会产生火花,这是古老的取火方法。

燧石取火其实是石英晶体压电效应的表现形式,石英晶体具有强烈的压电效应,能把电信号转换为机械形变,也能把机械形变转换为电信号,是性能非常好的频率选择元件。石英晶体最重要的参数是它的标称频率,标称频率取决于几何尺寸和形状,因此不容易受到电磁波的干扰,工作稳定度非常高,能够满足日常生活中的钟表、电视机、计算机、手机等绝大多数场合的需求。

从一块石英晶体上按一定方位角切下薄片(称为晶片,它可以是正方形、矩形或圆形等),在它的两个对应面上涂覆银层作电极,在每个电极上各焊一根引线接到引脚上,再加上封装外壳就构成了石英晶体元件,外观如图 6.28 所示。从图中可以看到,石英晶体元件的标称频率都标注在外壳上,单位通常为 MHz,有一种石英晶体元件的标称频率为 32 768 Hz,体积较小,应用十分广泛,主要用于计量时间的仪器仪表。

石英晶体元件有时候也被称为“晶振”,这是不准确的名称。“晶振”的准确含义为:石英晶体振荡器,也就是说“晶振”是包含石英晶体元件的振荡器电路。石英晶体元件必须放在振荡器电路中才能起到重要的元件作用,输出信号是由整个电路产生的,不是由石英晶体元件单独产生的。市场上另有一类封装好的“晶振”器件,里面包括了完整的振荡器电路,电路中包含石英晶体元件,通电就能输出信号波形,一般被称为“有源晶振”,外观如图 6.29 所示。有源晶振的体积较大,引脚数量多,价格明显高于石英晶体元件。由于有源晶振使用简便,性能稳定,产品一致性较好,也得到了广泛应用。

石英晶体元件的电路符号和电抗频率特性曲线如图 6.30 所示。石英晶体元件的电抗 X 随电信号频率 f 变化而变化,分为三个区域,频率低于 f_s 和高于 f_p 为容性区,相当于电容,频率介于 f_s 和 f_p 之间为感性区,相当于电感。

石英晶体元件有两个谐振频率,一个是串联谐振频率 f_s,一个是并联谐振频率 f_p。在串联谐振频率点时,石英晶体的电抗为 0,阻抗达到最小值,为纯阻性。在并联谐振频率点会发生类似机械共振的现象,石英晶体机械形变非常大,阻抗趋于无穷大。

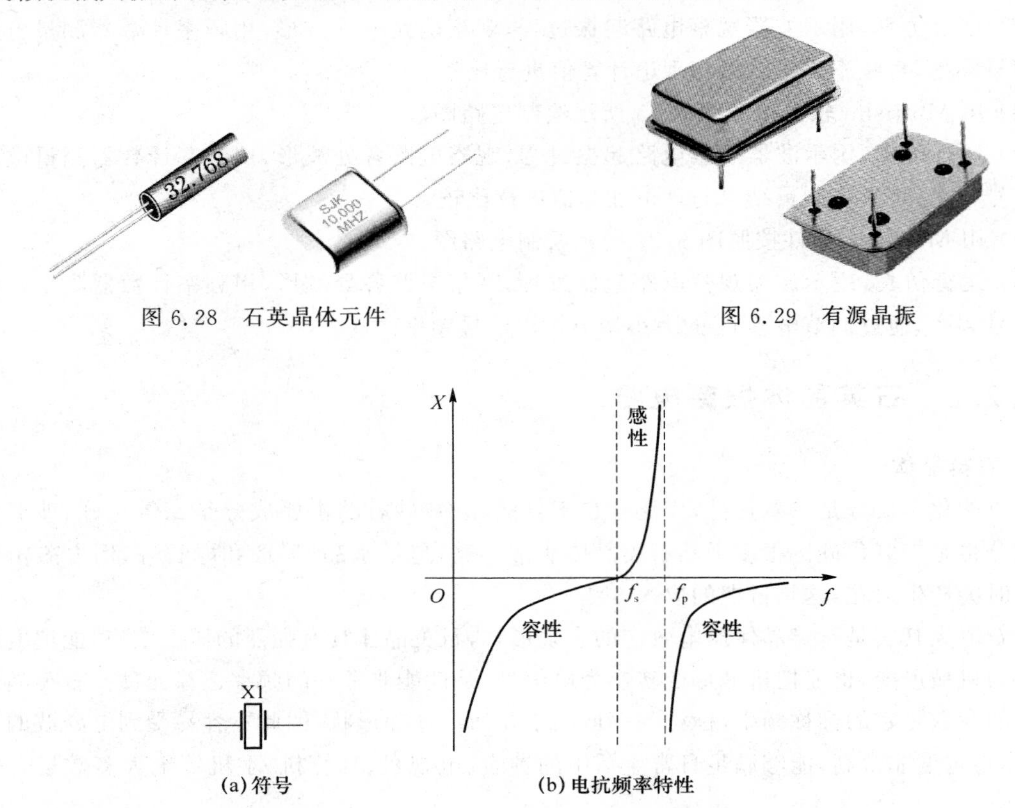

图 6.28　石英晶体元件

图 6.29　有源晶振

图 6.30　石英晶体元件符号和电抗频率特性

使用石英晶体元件时,有两种方法,一种是串联应用,工作在串联谐振频率,让石英晶体元件在电路中作为选频环节,石英晶体元件的选频性能非常好,品质因数 Q 可达 $10^4 \sim 10^6$。另一种方法是并联应用,让石英晶体元件工作在 $f_s \sim f_p$之间,当作大电感来用,这时候电路中还会有电容配合,石英晶体元件和电容共同构成 LC 选频环节和移相环节。

石英晶体元件外壳上所标示的标称频率是并联谐振频率 f_p,这个频率是石英晶体元件在配有指定大小的电容情况下的并联谐振频率。

需要指出的是,f_s和 f_p的差值非常小,通常可以忽略这个差值,也就是说,由于石英晶体元件的高频率选择性,只要振荡器电路中有石英晶体元件,则不管这个石英晶体元件是当作选频元件还是当作电感元件,可以直接得出该电路输出的振荡信号频率近似等于石英晶体的标称频率 f_p。

2. 石英晶体振荡电路

石英晶体串联应用的电路如图 6.31 所示,在这个振荡电路中,将石英晶体换成耦合电容将不影响电路起振,也不影响电路维持振荡,石英晶体通过滤波限制其他频率的波形,使输出波形更加接近正弦波。图中 L_1和 C_3、C_4、CT_1构成选频网络,C_6、C_7和 L_2构成 π 型低通滤波电路,C_2为旁路电容,C_1和 C_5为耦合电容,R_L为负载。

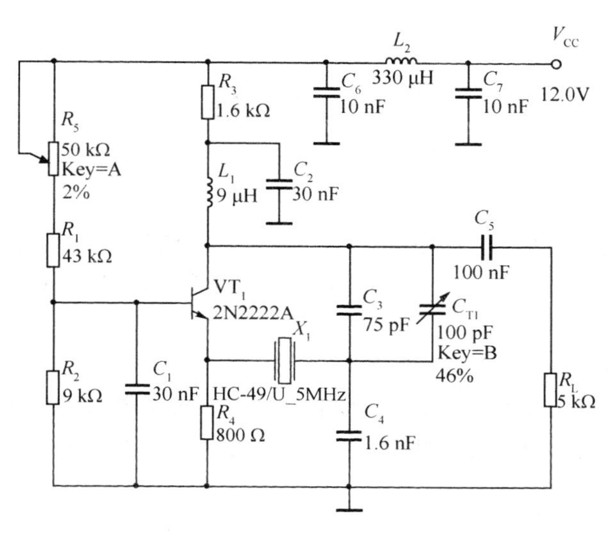

图 6.31　石英晶体的串联应用

石英晶体并联应用的电路如图 6.32 所示，在电路中，石英晶体作为 LC 选频网络中的大电感与电容共同完成选频作用。在电路中，石英晶体和 C_3、C_6 构成的支路可以等效为一个电感，这个电感和 C_1、C_2 构成选频网络。C_5 为输出耦合电容，C_4 为旁路电容。

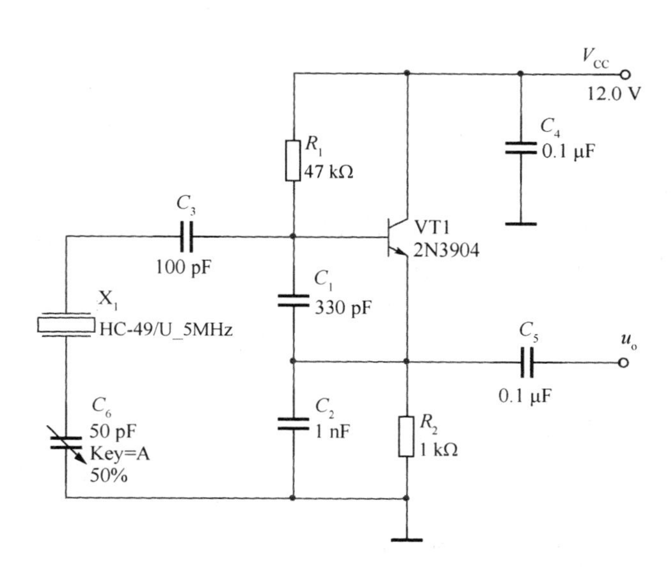

图 6.32　石英晶体的并联应用

实际操作 2：石英晶体振荡电路的仿真

(1) 用 Multisim 软件按照图 6.31 所示绘制电路图。

(2) 运行仿真，用示波器观察电路起振过程，用频率计数器测量电路输出信号频率。

(3) 用 Multisim 软件按照图 6.32 所示绘制电路图。

(4) 运行仿真，用示波器观察电路起振过程，用频率计数器测量电路输出信号频率。

◆知识拓展◆

1. 负阻器件

一般的电阻在电流增加时，电压也会增加，负阻器件的特性恰好与电阻的特性相反。实际上没有单一的电子元件可以在所有工作范围都呈现负阻特性，不过有些二极管(例如隧道二极管)在特定工作范围下会有负阻特性。有些气体在放电时也会出现负阻特性。而一些硫族化物的玻璃、有机半导体及导电聚合物也有类似的负阻特性。

负阻器件分为电流控制型和电压控制型，电流控制型负阻器件的伏安特性曲线如图 6.33 所示，其电压为电流的单值函数，在 AB 段呈现出负阻特性，属于这一类的器件有单三极管、硅可控整流器和弧光放电管等。

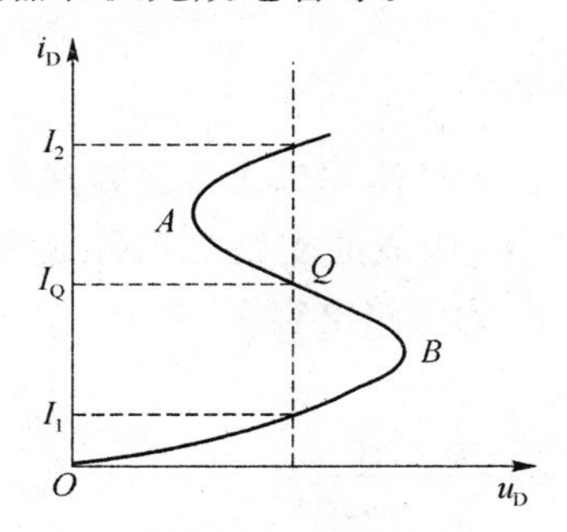

图 6.33　电流控制型负阻器件的伏安特性

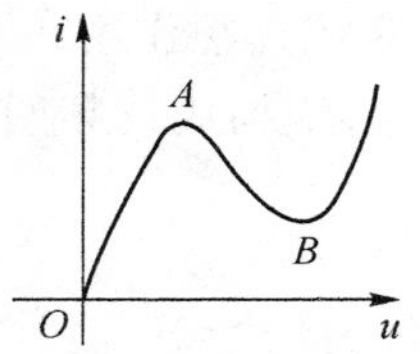

图 6.34　电压控制型负阻器件的伏安特性

电压控制型负阻器件的伏安特性曲线如图 6.34所示，其电流为电压的单值函数，在 AB 段呈现出负阻特性，具有这种特性的器件有隧道二极管、共发射极组态的某种点接触三极管和真空四极管等。

在很多场合可以用线性集成电路组成一个有源双网络来等效形成线性负阻抗，被称作负阻抗变换器。

2. 品质因数

品质因数是无功功率与有功功率的比值，常用 Q 表示，没有量纲。在 LC 串、并联回路中

$$Q=\frac{\omega_0 L}{R}=\frac{1}{R\omega_0 C}$$

回路中的电阻越大，品质因数越小，如图 6.35 所示。

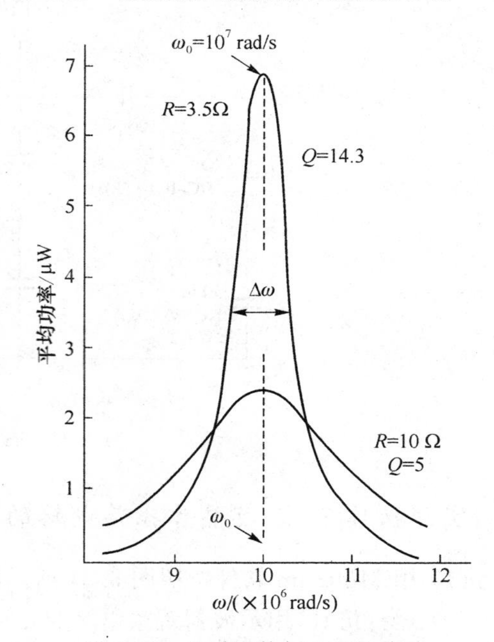

图 6.35　品质因数与电阻的关系

LC 串并联回路的品质因数通常在几十到几百之间。品质因数越大，频率选择性越好，通频带也越窄。

本章小结

(1) 正反馈将使系统迅速到达崩溃的边缘，所以任何系统都应该十分谨慎地对待正反馈。

(2) 振荡器巧妙地利用了正反馈，同时也引入了负反馈用于稳定系统。

(3) 振荡器有负阻振荡器和正反馈振荡器两种类型，负阻振荡器利用具有负阻的器件实现相位要求，正反馈振荡器利用正反馈实现相位要求，除相位要求外，振荡器还有幅度要求，以便将直流电源的能量源源不断地补充到振荡信号中去。正反馈振荡器更常见，正反馈振荡器都有正反馈、放大、选频和稳幅等环节。

(4) 低频振荡器一般采用 *RC* 振荡器结构，高频振荡器则使用 *LC* 振荡器结构。低频情况下如果采用 LC 滤波，需要使用大电感，大电感体积也大，不仅价格高，而且十分笨重，因此低频很少使用电感进行选频、滤波。

(5) 石英晶体具有非常好的稳定性和频率选择性，因此得到了广泛的应用。石英晶体在振荡器中有串联和并联两种用法。石英晶体振荡器最终的输出频率近似等于石英晶体的固有频率。

习　题　6

(1) 正反馈的含义是什么？日常生活中遇见过哪些正反馈？

(2) 构成正弦波振荡器需要有哪些环节？

(3) *RC* 正弦波振荡器的振荡频率如何计算？

(4) *LC* 串联谐振如何计算谐振频率？*LC* 并联谐振频率如何计算？

(5) 为什么低频常用 *RC* 振荡器，高频常用 *LC* 振荡器？

(6) 石英晶体具有哪些特点？

(7) 石英晶体在振荡器中有哪些用法？

(8) 如何判断 *LC* 振荡器能否起振？

(9) 振荡器源源不断地输出信号，能量从哪里来？

常用半导体器件手册

附录1 半导体分立器件的命名方法

1. 国产半导体分立器件命名法和命名示例(附表1和附图1)

附表1 国产半导体分立器件型号命名法

第一部分		第二部分		第三部分				第四部分	第五部分
用数字表示器件电极的数目		用汉语拼音字母表示器件的材料和极性		用汉语拼音字母表示器件的类型				用数字表示器件序号	用汉语拼音表示规格的区别代号
符号	意义	符号	意义	符号	意义	符号	意义		
2	二极管	A	N型，锗材料	P	普通管	D	低频大功率管		
		B	P型，锗材料	V	微波管		($f_\alpha<3$ MHz,		
		C	N型，硅材料	W	稳压管		$P_C\geqslant1$W)		
		D	P型，硅材料	C	参量管	A	高频大功率管		
3	三极管	A	PNP型，锗材料	Z	整流管		($f_\alpha\geqslant3$ MHz,		
		B	NPN型，锗材料	L	整流堆		$P_C\geqslant1$ W)		
		C	PNP型，硅材料	S	隧道管	T	半导体闸流管		
		D	NPN型，硅材料	N	阻尼管		(晶闸管整流器)		
		E	化合物材料	U	光电器件	Y	体效应器件		
				K	开关管	B	雪崩管		
				X	低频小功率管	J	阶跃恢复管		
					($f_\alpha<3$ MHz,	CS	场效应器件		
					$P_C<1$W)	BT	半导体特殊器件		
				G	高频小功率管	FH	复合管		
					($f_\alpha\geqslant3$ MHz,	PIN	PIN型管		
					$P_C<1$W)	JG	激光器件		

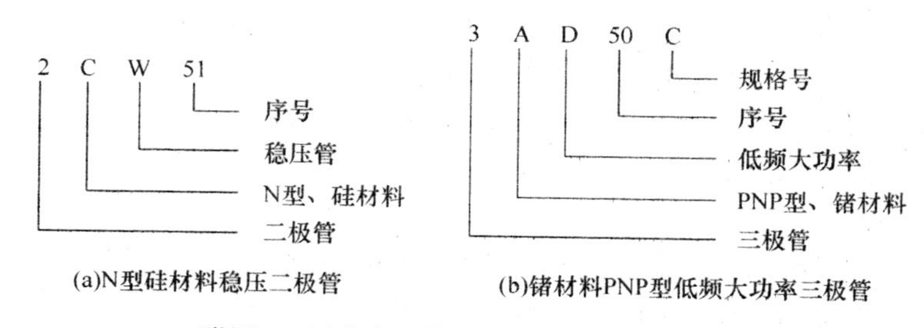

附图 1　国产半导体分立器件型号命名示例

2. 国际电子联合会半导体器件命名法和示例(附表 2 和附图 2)

附表 2　国际电子联合会半导体器件型号命名法

第一部分		第二部分				第三部分		第四部分	
用字母表示使用的材料		用字母表示类型及主要特性				用数字或字母加数字表示登记号		用字母对同一型号者分档	
符号	意义	符号	意义	符号	意义	符号	意义	符号	意义
A	锗材料	A	检波、开关和混频二极管	M	封闭磁路中的霍尔元件	三位数字	通用半导体器件的登记序号(同一类型器件使用同一登记号)	A	同一型号器件按某一参数进行分档的标志
		B	变容二极管	P	光敏元件			B	
B	硅材料	C	低频小功率三极管	Q	发光器件			C	
		D	低频大功率三极管	R	小功率晶闸管			D	
C	砷化镓	E	隧道二极管	S	小功率开关管			E	
		F	高频小功率三极管	T	大功率晶闸管	一个字母加两位数字	专用半导体器件的登记序号(同一类型器件使用同一登记号)	…	
D	锑化铟	G	复合器件及其他器件	U	大功率开关管				
		H	磁敏二极管	X	倍增二极管				
R	复合材料	K	开放磁路中的霍尔元件	Y	整流二极管				
		L	高频大功率三极管	Z	稳压二极管即齐纳二极管				

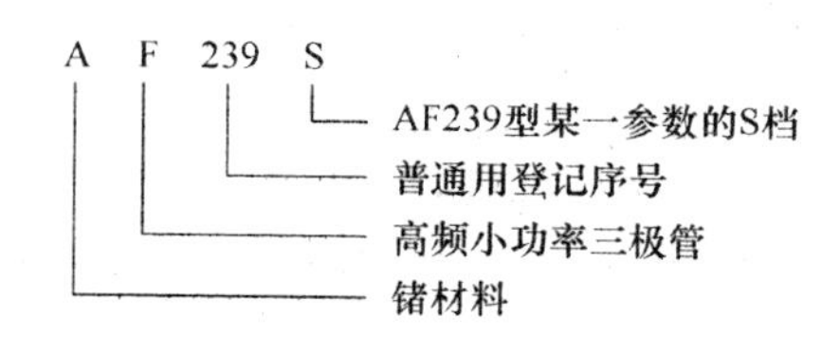

附图 2　国际电子联合会半导体器件型号命名示例

国际电子联合会三极管型号命名法的特点：

(1) 这种命名法被欧洲许多国家采用。因此，凡型号以两个字母开头，并且第一个字母是 A,B,C,D 或 R 的三极管，大都是欧洲制造的产品，或是按欧洲某一厂家专利生产的产品。

(2) 第一个字母表示材料(A 表示锗管，B 表示硅管)，但不表示极性(NPN 型或 PNP 型)。

(3) 第二个字母表示器件的类别和主要特点，如 C 表示低频小功率管，D 表示低频大功率管，F 表示高频小功率管，L 表示高频大功率管，等等。若记住了这些字母的意义，不查手册也可以判断出类别。例如，BL49 型，一见便知是硅大功率专用三极管。

(4) 第三部分表示登记顺序号。三位数字者为通用品；一个字母加两位数字者为专用品，顺序号相邻的两个型号的特性可能相差很大。例如，AC184 为 PNP 型，而 AC185 则为 NPN 型。

(5) 第四部分字母表示同一型号的某一参数(如 h_{FE} 或 N_F)进行分挡。

(6) 型号中的符号均不反映器件的极性(指 NPN 或 PNP)，需查阅手册或测量。

3. 美国半导体器件型号命名法

美国三极管或其他半导体器件的型号命名法较混乱。这里介绍的是美国三极管标准型号命名法，即美国电子工业协会(EIA)规定的三极管分立器件型号的命名法。具体如附表 3 所示。

附表 3 美国电子工业协会半导体器件型号命名法

第一部分		第二部分		第三部分		第四部分		第五部分	
用符号表示用途的类型		用数字表示PN结的数目		美国电子工业协会(EIA)注册标志		美国电子工业协会(EIA)登记顺序号		用字母表示器件分档	
符号	意义	符号	意义	符号	意义	符号	意义	符号	意义
JAN 或 J	军用品	1	二极管	N	该器件已在美国电子工业协会注册登记	多位数字	该器件在美国电子工业协会登记的顺序号	A	同一型号的不同档别
无	非军用品	2	三极管					B	
		3	三个 PN 结器件					C	
		n	n 个 PN 结器件					D	
								…	

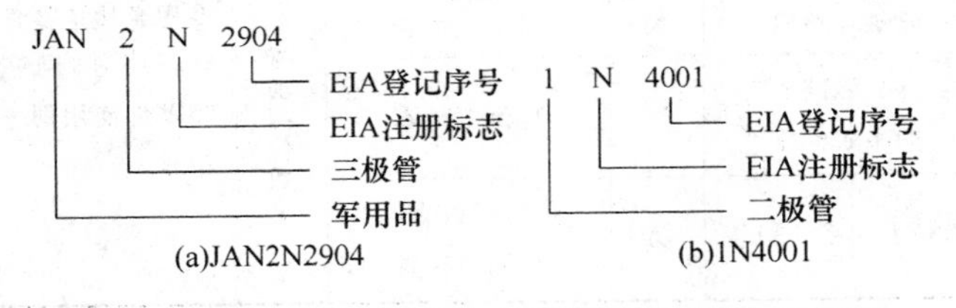

附图 3 美国电子工业协会半导体器件型号命名示例

美国三极管型号命名法的特点。

(1) 型号命名法规定较早，又未做过改进，型号内容很不完备。例如，对于材料、极性、主要特性和类型，在型号中不能反映出来。例如，2N 开头的既可能是一般三极管，也可能是场效应管。因此，仍有一些厂家按自己规定的型号命名法命名。

(2) 组成型号的第一部分是前缀，第五部分是后缀，中间的三部分为型号的基本部分。

(3) 除去前缀以外，凡型号以 1N、2N 或 3N ……开头的三极管分立器件，大都是美国制造的，或按美国专利在其他国家制造的产品。

(4) 第四部分数字只表示登记序号，而不含其他意义。因此，序号相邻的两器件可能特性相差很大。例如，2N3464 为硅 NPN，高频大功率管，而 2N3465 为 N 沟道场效应管。

(5) 不同厂家生产的性能基本一致的器件，都使用同一个登记号。同一型号中某些参数的差异常用后缀字母表示。因此,型号相同的器件可以通用。

(6) 登记序号数大的通常是近期产品。

4. 日本半导体器件型号命名法和示例(附表 4 和附图 4)

日本半导体分立器件(包括三极管)或其他国家按日本专利生产的这类器件,都是按日本工业标准(JIS)规定的命名法(JIS-C-702)命名的。

日本半导体分立器件的型号,由五至七部分组成。通常只用到前五部分。前五部分符号及意义如表 B.4 所示。第六、第七部分的符号及意义通常是各公司自行规定的。第六部分的符号表示特殊的用途及特性,其常用的符号有:

M——松下公司用来表示该器件符合日本防卫厅海上自卫队参谋部有关标准登记的产品。

N——松下公司用来表示该器件符合日本广播协会(NHK)有关标准的登记产品。

Z——松下公司用来表示专用通信用的可靠性高的器件。

H——日立公司用来表示专为通信用的可靠性高的器件。

K——日立公司用来表示专为通信用的塑料外壳的可靠性高的器件。

T——日立公司用来表示收发报机用的推荐产品。

G——东芝公司用来表示专为通信用的设备制造的器件。

S——三洋公司用来表示专为通信设备制造的器件。

附表 4　日本半导体器件型号命名法

第一部分		第二部分		第三部分		第四部分		第五部分	
用数字表示类型或有效电极数		S 表示日本电子工业协会(EIAJ)的注册产品		用字母表示器件的极性及类型		用数字表示在日本电子工业协会登记的顺序号		用字母表示对原来型号的改进产品	
符号	意义	符号	意义	符号	意义	符号	意义	符号	意义
0	光电(即光敏)二极管、三极管及其组合管	S	表示已在日本电子工业协会(EIAJ)注册登记的半导体分立器件	A	PNP 型高频管	四位以上的数字	从 11 开始,表示在日本电子工业协会注册登记的顺序号,不同公司性能相同的器件可以使用同一顺序号,其数字越大越是近期产品	A B C D E F …	用字母表示对原来型号的改进产品
1	二极管			B	PNP 型低频管				
2	三极管、具有两个以上 PN 结的其他三极管			C	NPN 型高频管				
3	具有四个有效电极或具有三个 PN 结的三极管			D	NPN 型低频管				
…	…			F	P 控制极晶闸管				
$n-1$	具有 n 个有效电极或具有 $n-1$ 个 PN 结的三极管			G	N 控制极晶闸管				
				H	N 基极单结三极管				
				J	P 沟道场效应管				
				K	N 沟道场效应管				
				M	双向晶闸管				

第七部分的符号,常被用来作为器件某个参数的分档标志。例如,三菱公司常用 R,G,Y 等字母;日立公司常用 A,B,C,D 等字母,作为直流放大系数 h_{FE} 的分档标志。

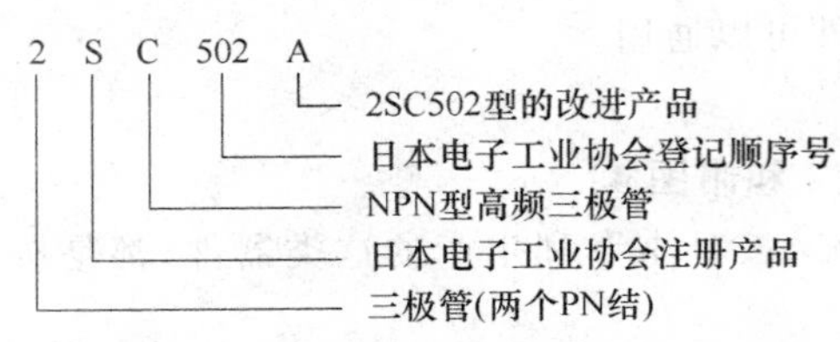

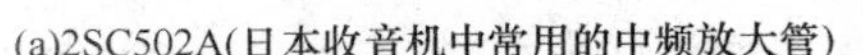
(a)2SC502A(日本收音机中常用的中频放大管)

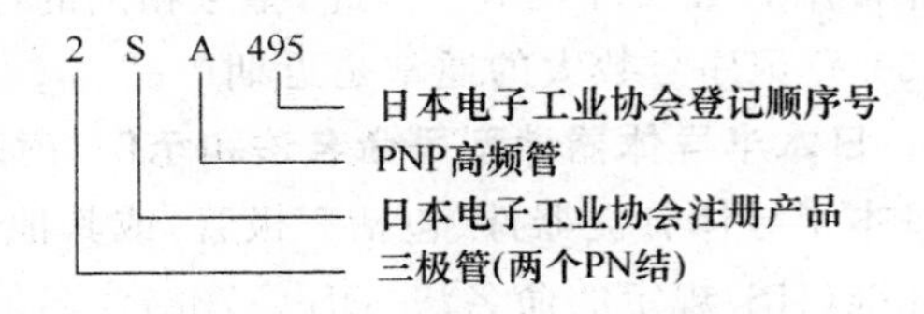

(b)2SA495(日本夏普公司GF-9494收音机用小功率管)

附图 4 日本半导体器件型号命名示例

日本半导体器件型号命名法有如下特点。

(1) 第一部分是数字,表示器件的类型或有效电极数。例如,用"1"表示二极管,用"2"表示三极管。而屏蔽用的接地电极不是有效电极。

(2) 第二部分为字母 S,表示日本电子工业协会注册产品,而不表示材料和极性。

(3) 第三部分表示极性和类型。例如,用 A 表示 PNP 型高频管,用 J 表示 P 沟道场效应三极管。但是,第三部分既不表示材料,也不表示功率的大小。

(4) 第四部分只表示在日本工业协会(EIAJ)注册登记的顺序号,并不反映器件的性能,顺序号相邻的两个器件的某一性能可能相差很远。例如,2SC2680 型的最大额定耗散功率为 200 mW,而 2SC2681 的最大额定耗散功率为 100 W。但是,登记顺序号能反映产品时间的先后。登记顺序号的数字越大,越是近期产品。

(5) 第六、第七部分的符号和意义各公司不完全相同。

(6) 日本有些半导体分立器件的外壳上标记的型号,常采用简化标记的方法,即把 2S 省略。例如,2SD764 简化为 D764;2SC502A 简化为 C502A。

(7) 在低频管(2SB 和 2SD 型)中,也有工作频率很高的管子。例如,2SD355 的特征频率 f_T 为 100 MHz,所以,它们也可当高频管用。

(8) 日本通常把 $P_{cm} \geqslant 1$ W 的管子,称为大功率管。

附录 2 常用半导体二极管的主要参数

部分半导体二极管的参数,如附表 5 所示。

附表 5 部分半导体二极管的参数

类型	型号	最大整流电流/mA	正向电流/mA	正向压降(在左栏电流值下)/V	反向击穿电压/V	最高反向工作电压/V	反向电流/μA	零偏压电容/pF	反向恢复时间/ns
普通检波二极管	2AP9	≤16	≥2.5	≤1	≥40	20	≤250	≤1	f_H(MHz)150
	2AP7		≥5		≥150	100			
	2AP11	≤25	≥10	≤1		≤10	≤250	≤1	f_H(MHz)40
	2AP17	≤15	≥10			≤100			

续表

类型	型号	最大整流电流/mA	正向电流/mA	正向压降（在左栏电流值下）/V	反向击穿电压/V	最高反向工作电压/V	反向电流/μA	零偏压电容/pF	反向恢复时间/ns
锗开关二极管	2AK1		≥150	≤1	30	10		≤3	≤200
	2AK2				40	20			
	2AK5		≥200	≤0.9	60	40		≤2	≤150
	2AK10		≥10	≤1	70	50			
	2AK13		≥250	≤0.7	60	40			
	2AK14				70	50			
硅开关二极管	2CK70A～E		≥10	≤0.8	A≥30 B≥45 C≥60 D≥75 E≥90	A≥20 B≥30 C≥40 D≥50 E≥60		≤1.5	≤3
	2CK71A～E		≥20						≤4
	2CK72A～E		≥30					≤1	≤5
	2CK73A～E		≥50	≤1					
	2CK74A～D		≥100						
	2CK75A～D		≥150						
	2CK76A～D		≥200						
整流二极管	2CZ52A～2CZ52M	2	0.1	≤1		25、 50、 100、 200、 300、 400、 500、 600、 800、 1 000			同 2AP 普通二极管
	2CZ53A～2CZ53M	6	0.3	≤1					
	2CZ54A～2CZ54M	10	0.5	≤1					
	2CZ55A～2CZ55M	20	1	≤1					
	2CZ56A～2CZ56M	65	3	≤0.8					
	1N4001～4007	30	1	1.1		50～1 000	5		
	1N5391～5399	50	1.5	1.4		50～1 000	10		
	1N5400～5408	200	3	1.2		50～1 000	10		

附录3　常用稳压二极管的主要参数

部分稳压二极管的主要参数，如附表 6 所示。

附表 6　部分稳压二极管的主要参数

<table>
<tr><th>型号</th><th>工作电流为稳定电流时，稳定电压/V</th><th>稳定电压下，稳定电流/mA</th><th>环境温度<50 ℃下，最大稳定电流/mA</th><th>反向漏电流</th><th>稳定电流下，动态电阻/Ω</th><th>稳定电流下，电压温度系数/($10^{-4}\cdot ℃^{-1}$)</th><th>环境温度<10 ℃下，最大耗散功率/W</th></tr>
<tr><td>2CW51</td><td>2.5～3.5</td><td rowspan="6">10</td><td>71</td><td>≤5</td><td>≤60</td><td>≥－9</td><td rowspan="8">0.25</td></tr>
<tr><td>2CW52</td><td>3.2～4.5</td><td>55</td><td>≤2</td><td>≤70</td><td>≥－8</td></tr>
<tr><td>2CW53</td><td>4～5.8</td><td>41</td><td>≤1</td><td>≤50</td><td>－6～4</td></tr>
<tr><td>2CW54</td><td>5.5～6.5</td><td>38</td><td rowspan="5">≤0.5</td><td>≤30</td><td>－3～5</td></tr>
<tr><td>2CW56</td><td>7～8.8</td><td>27</td><td>≤15</td><td>≤7</td></tr>
<tr><td>2CW57</td><td>8.5～9.8</td><td>26</td><td>≤20</td><td>≤8</td></tr>
<tr><td>2CW59</td><td>10～11.8</td><td rowspan="2">5</td><td>20</td><td>≤30</td><td>≤9</td></tr>
<tr><td>2CW60</td><td>11.5～12.5</td><td>19</td><td>≤40</td><td>≤9</td></tr>
<tr><td>2CW103</td><td>4～5.8</td><td>50</td><td>165</td><td>≤1</td><td>≤20</td><td>－6～4</td><td rowspan="3">1</td></tr>
<tr><td>2CW110</td><td>11.5～12.5</td><td>20</td><td>76</td><td>≤0.5</td><td>≤20</td><td>≤9</td></tr>
<tr><td>2CW113</td><td>16～19</td><td>10</td><td>52</td><td>≤0.5</td><td>≤40</td><td>≤11</td></tr>
<tr><td>2CW1A</td><td>5</td><td>30</td><td>240</td><td></td><td>≤20</td><td></td><td>1</td></tr>
<tr><td>2CW6C</td><td>15</td><td>30</td><td>70</td><td></td><td>≤8</td><td></td><td>1</td></tr>
<tr><td>2CW7C</td><td>6.0～6.5</td><td>10</td><td>30</td><td></td><td>≤10</td><td>0.05</td><td>0.2</td></tr>
</table>

附录4　常用整流桥的主要参数

几种单相桥式整流器的参数，如附表 7 所示。

附表 7　几种单相桥式整流器的参数

<table>
<tr><th>型号</th><th>不重复正向浪涌电流/A</th><th>整流电流/A</th><th>正向电压降/V</th><th>反向漏电/μA</th><th>反向工作电压/V</th><th>最高工作结温/℃</th></tr>
<tr><td>QL1</td><td>1</td><td>0.05</td><td rowspan="7">≤1.2</td><td rowspan="5">≤10</td><td rowspan="7">常见的分档为：25，50，100，200，400，500，600，700，800，900，1 000</td><td rowspan="7">130</td></tr>
<tr><td>QL2</td><td>2</td><td>0.1</td></tr>
<tr><td>QL4</td><td>6</td><td>0.3</td></tr>
<tr><td>QL5</td><td>10</td><td>0.5</td></tr>
<tr><td>QL6</td><td>20</td><td>1</td></tr>
<tr><td>QL7</td><td>40</td><td>2</td><td rowspan="2">≤15</td></tr>
<tr><td>QL8</td><td>60</td><td>3</td></tr>
</table>

附录 5　常用半导体三极管的主要参数

1. 3AX51(3AX31)型 PNP 型锗低频小功率三极管的参数(附表 8)

附表 8　3AX51(3AX31)型半导体三极管的参数

原型号		3AX31				测试条件
新型号		3AX51A	3AX51B	3AX51C	3AX51D	
极限参数	P_{CM}/mW	100	100	100	100	T_a=25 ℃
	I_{CM}/mA	100	100	100	100	
	T_{jM}/℃	75	75	75	75	
	BU_{CBO}/V	≥30	≥30	≥30	≥30	I_C=1 mA
	BU_{CEO}/V	≥12	≥12	≥18	≥24	I_C=1 mA
直流参数	I_{CBO}/μA	≤12	≤12	≤12	≤12	U_{CB}=−10 V
	I_{CEO}/μA	≤500	≤500	≤300	≤300	U_{CE}=−6 V
	I_{EBO}/μA	≤12	≤12	≤12	≤12	U_{EB}=−6 V
	h_{FE}	40～150	40～150	30～100	25～70	U_{CE}=−1 V　I_C=50 mA
交流参数	f_α/kHz	≥500	≥500	≥500	≥500	U_{CB}=−6 V　I_E=1 mA
	N_F/dB	—	≤8	—	—	U_{CB}=−2 V　I_E=0.5 mA　f=1 kHz
	h_{ie}/kΩ	0.6～4.5	0.6～4.5	0.6～4.5	0.6～4.5	U_{CB}=−6 V　I_E=1 mA　f=1 kHz
	h_{re}(×10)	≤2.2	≤2.2	≤2.2	≤2.2	
	h_{oe}/μs	≤80	≤80	≤80	≤80	
	h_{fe}	—	—	—	—	
h_{FE}色标分档		(红)25～60;(绿)50～100;(蓝)90～150				
引脚		B E C				

2. 3AX81 型 PNP 型锗低频小功率三极管的参数(附表 9)

附表 9　3AX81 型 PNP 型锗低频小功率三极管的参数

型号		3AX81A	3AX81B	测试条件
极限参数	P_{CM}/mW	200	200	
	I_{CM}/mA	200	200	
	T_{jM}/℃	75	75	
	BU_{CBO}/V	−20	−30	I_C=4 mA
	BU_{CEO}/V	−10	−15	I_C=4 mA
	BU_{EBO}/V	−7	−10	I_E=4 mA

续 表

型号		3AX81A	3AX81B	测试条件
直流参数	$I_{CBO}/\mu A$	≤30	≤15	$U_{CB}=-6$ V
	$I_{CEO}/\mu A$	≤1 000	≤700	$U_{CE}=-6$ V
	$I_{EBO}/\mu A$	≤30	≤15	$U_{EB}=-6$ V
	U_{BES}/V	≤0.6	≤0.6	$U_{CE}=-1$ V　$I_C=175$ mA
	U_{CES}/V	≤0.65	≤0.65	$U_{CE}=U_{BE}$　$U_{CB}=0$　$I_C=200$ mA
	h_{FE}	40～270	40～270	$U_{CE}=-1$ V　$I_C=175$ mA
交流参数	f_β/kHz	≥6	≥8	$U_{CB}=-6$ V　$I_E=10$ mA
h_{FE}色标分档		（黄）40～55（绿）55～80（蓝）80～120（紫）120～180（灰）180～270（白）270～400		
引脚		B E C		

3. 3BX31 型 NPN 型锗低频小功率三极管的参数(附表 10)

附表 10　3BX31 型 NPN 型锗低频小功率三极管的参数

型号		3BX31M	3BX31A	3BX31B	3BX31C	测试条件
极限参数	P_{CM}/mW	125	125	125	125	$T_a=25$ ℃
	I_{CM}/mA	125	125	125	125	
	T_{jM}/℃	75	75	75	75	
	BU_{CBO}/V	−15	−20	−30	−40	$I_C=1$ mA
	BU_{CEO}/V	−6	−12	−18	−24	$I_C=2$ mA
	BU_{EBO}/V	−6	−10	−10	−10	$I_E=1$ mA
直流参数	$I_{CBO}/\mu A$	≤25	≤20	≤12	≤6	$U_{CB}=6$ V
	$I_{CEO}/\mu A$	≤1 000	≤800	≤600	≤400	$U_{CE}=6$ V
	$I_{EBO}/\mu A$	≤25	≤20	≤12	≤6	$U_{EB}=6$ V
	U_{BES}/V	≤0.6	≤0.6	≤0.6	≤0.6	$U_{CE}=6$ V　$I_C=100$ mA
	U_{CES}/V	≤0.65	≤0.65	≤0.65	≤0.65	$U_{CE}=U_{BE}$　$U_{CB}=0$　$I_C=125$ mA
	h_{FE}	80～400	40～180	40～180	40～180	$U_{CE}=1$ V　$I_C=100$ mA
交流参数	f_β/kHz	—	—	≥8	f_α≥465	$U_{CB}=-6$ V　$I_E=10$ mA
h_{FE}色标分档		（黄）40～55　（绿）55～80　（蓝）80～120　（紫）120～180　（灰）180～270　（白）270～400				
引脚		B E C				

4. 3DG100(3DG6)型 NPN 型硅高频小功率三极管的参数(附表 11)

附表 11 3DG100(3DG6)型 NPN 型硅高频小功率三极管的参数

原型号		3DG6				测试条件
新型号		3DG100A	3DG100B	3DG100C	3DG100D	
极限参数	P_{CM}/mW	100	100	100	100	
	I_{CM}/mA	20	20	20	20	
	BU_{CBO}/V	≥30	≥40	≥30	≥40	$I_C=100\ \mu A$
	BU_{CEO}/V	≥20	≥30	≥20	≥30	$I_C=100\ \mu A$
	BU_{EBO}/V	≥4	≥4	≥4	≥4	$I_E=100\ \mu A$
直流参数	I_{CBO}/μA	≤0.01	≤0.01	≤0.01	≤0.01	$U_{CB}=10$ V
	I_{CEO}/μA	≤0.1	≤0.1	≤0.1	≤0.1	$U_{CE}=10$ V
	I_{EBO}/μA	≤0.01	≤0.01	≤0.01	≤0.01	$U_{EB}=1.5$ V
	U_{BES}/V	≤1	≤1	≤1	≤1	$I_C=10$ mA $I_B=1$ mA
	U_{CES}/V	≤1	≤1	≤1	≤1	$I_C=10$ mA $I_B=1$ mA
	h_{FE}	≥30	≥30	≥30	≥30	$U_{CE}=10$ V $I_C=3$ mA
交流参数	f_T/MHz	≥150	≥150	≥300	≥300	$U_{CB}=10$ V $I_E=3$ mA $f=100$ MHz $R_L=5\ \Omega$
	K_P/dB	≥7	≥7	≥7	≥7	$U_{CB}=-6$ V $I_E=3$ mA $f=100$ MHz
	C_{ob}/pF	≤4	≤4	≤4	≤4	$U_{CB}=10$ V $I_E=0$
h_{FE}色标分挡		(红) 30～60 (绿) 50～110 (蓝) 90～160 (白) >150				
引脚		B / E C				

5. 3DG130(3DG12)型 NPN 型硅高频小功率三极管的参数(附表 12)

附表 12 3DG130(3DG12)型 NPN 型硅高频小功率三极管的参数

原型号		3DG12				测试条件
新型号		3DG130A	3DG130B	3DG130C	3DG130D	
极限参数	P_{CM}/mW	700	700	700	700	
	I_{CM}/mA	300	300	300	300	
	BU_{CBO}/V	≥40	≥60	≥40	≥60	$I_C=100\ \mu A$
	BU_{CEO}/V	≥30	≥45	≥30	≥45	$I_C=100\ \mu A$
	BU_{EBO}/V	≥4	≥4	≥4	≥4	$I_E=100\ \mu A$

续 表

原型号		3DG12				测试条件
新型号		3DG130A	3DG130B	3DG130C	3DG130D	
直流参数	$I_{CBO}/\mu A$	≤0.5	≤0.5	≤0.5	≤0.5	$U_{CB}=10$ V
	$I_{CEO}/\mu A$	≤1	≤1	≤1	≤1	$U_{CE}=10$ V
	$I_{EBO}/\mu A$	≤0.5	≤0.5	≤0.5	≤0.5	$U_{EB}=1.5$ V
	U_{BES}/V	≤1	≤1	≤1	≤1	$I_C=100$ mA $I_B=10$ mA
	U_{CES}/V	≤0.6	≤0.6	≤0.6	≤0.6	$I_C=100$ mA $I_B=10$ mA
	h_{FE}	≥30	≥30	≥30	≥30	$U_{CE}=10$ V $I_C=50$ mA
交流参数	f_T/MHz	≥150	≥150	≥300	≥300	$U_{CB}=10$ V $I_E=50$ mA $f=100$ MHz $R_L=5\ \Omega$
	K_P/dB	≥6	≥6	≥6	≥6	$U_{CB}=-10$ V $I_E=50$ mA $f=100$ MHz
	C_{ob}/pF	≤10	≤10	≤10	≤10	$U_{CB}=10$ V $I_E=0$
h_{FE}色标分挡		(红)30～60 (绿)50～110 (蓝)90～160 (白)>150				
引脚		B E C				

6. 9011～9018 塑封硅三极管的参数(附表 13)

附表 13 9011～9018 塑封硅三极管的参数

型号		(3DG) 9011	(3CX) 9012	(3DX) 9013	(3DG) 9014	(3CG) 9015	(3DG) 9016	(3DG) 9018
极限参数	P_{CM}/mW	200	300	300	300	300	200	200
	I_{CM}/mA	20	300	300	100	100	25	20
	BU_{CBO}/V	20	20	20	25	25	25	30
	BU_{CEO}/V	18	18	18	20	20	20	20
	BU_{EBO}/V	5	5	5	4	4	4	4
直流参数	$I_{CBO}/\mu A$	0.01	0.5	0.5	0.05	0.05	0.05	0.05
	$I_{CEO}/\mu A$	0.1	1	1	0.5	0.5	0.5	0.5
	$I_{EBO}/\mu A$	0.01	0.5	0.5	0.05	0.05	0.05	0.05
	U_{BES}/V	0.5	0.5	0.5	0.5	0.5	0.5	0.35
	U_{CES}/V		1	1	1	1	1	1
	h_{FE}	30	30	30	30	30	30	30
交流参数	f_T/MHz	100			80	80	500	600
	K_P/dB	3.5			2.5	4	1.6	4
	C_{ob}/pF							10
h_{FE}色标分挡		(红)30～60 (绿)50～110 (蓝)90～160 (白)>150						
引脚		E B C						

7. 常用场效应管主要参数(附表 14)

附表 14　常用场效应三极管主要参数

参数名称	N 沟道结型				MOS 型 N 沟道耗尽型		
	3DJ2	3DJ4	3DJ6	3DJ7	3D01	3D02	3D04
	D～H	D～H	D～H	D～H	D～H	D～H	D～H
饱和漏源电流 I_{DSS}/mA	0.3～10	0.3～10	0.3～10	0.35～1.8	0.35～10	0.35～25	0.35～10.5
夹断电压 U_{GS}/V	<|1～9|	<|1～9|	<|1～9|	<|1～9|	≤|1～9|	≤|1～9|	≤|1～9|
正向跨导 g_m/μV	>2 000	>2 000	>1 000	>3 000	≥1 000	≥4 000	≥2 000
最大漏源电压 BU_{DS}/V	>20	>20	>20	>20	>20	>12～20	>20
最大耗散功率 P_{DNI}/mW	100	100	100	100	100	25～100	100
栅源绝缘电阻 r_{GS}/Ω	≥10^8	≥10^8	≥10^8	≥10^8	≥10^8	≥10^9	≥100
引脚	G S D 或 D S G						

附录 6　模拟集成电路的主要参数

1. 国产模拟集成电路命名法和命名示例(附表 15 和附图 5)

附表 15　国产模拟集成电路命名法

第零部分		第一部分		第二部分	第三部分		第四部分	
用字母表示器件符合国家标准		用字母表示器件的类型		用阿拉伯数字表示器件的系列和品种代号	用字母表示器件的工作温度范围		用字母表示器件的封装	
符号	意义	符号	意义		符号	意义	符号	意义
C	中国制造	T	TTL		C	0～70 ℃	W	陶瓷扁平
		H	HTL		E	−40～85 ℃	B	塑料扁平
		E	ECL		R	−55～85 ℃	F	全封闭扁平
		C	CMOS		M …	−55～125 ℃ …	D	陶瓷直插
		F	线性放大器				P	塑料直插
		D	音响、电视电路				J	黑陶瓷直插
		W	稳压器				K	金属菱形
		J	接口电路				T	金属圆形

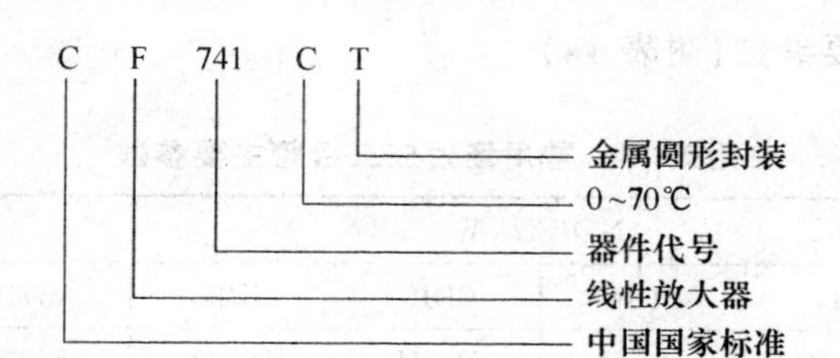

附图 5 国产模拟集成电路命名示例

2. 国外部分公司及产品代号(附表 16)

附表 16 国外部分公司及产品代号

公司名称	代号	公司名称	代号
美国无线电公司(BCA)	CA	美国悉克尼特公司(SIC)	NE
美国国家半导体公司(NSC)	LM	日本电气工业公司(NEC)	μPC
美国摩托罗拉公司(MOTA)	MC	日本日立公司(HIT)	RA
美国仙童公司(PSC)	μA	日本东芝公司(TOS)	TA
美国德克萨斯公司(TII)	TL	日本三洋公司(SANYO)	LA,LB
美国模拟器件公司(ANA)	AD	日本松下公司	AN
美国英特西尔公司(INL)	IC	日本三菱公司	M

3. 部分模拟集成电路引脚排列(附图 6～附图 8)

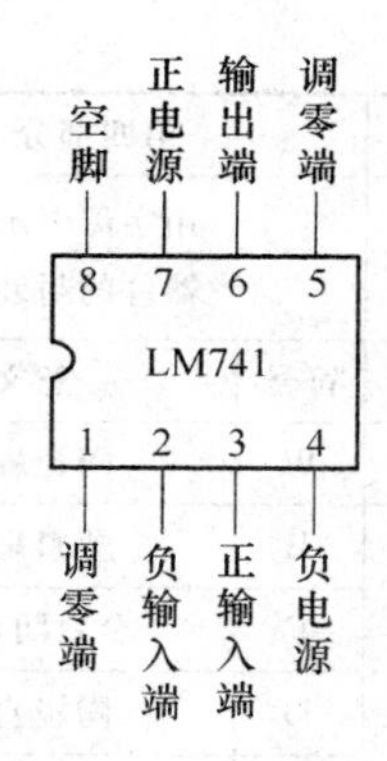

附图 6 LM741 运算放大器

附图 7 LA4100 音频功率放大器

附图 8 LM317 集成稳压器

4. 部分模拟集成电路主要参数

（1）μA741 运算放大器的主要参数（附表 17）

附表 17　μA741 运算放大器的性能参数

电源电压	$+U_{CC}$	$+3\sim+18$ V，典型值 $+15$ V	工作频率	10 kHz
	$-U_{EE}$	$-3\sim-18$ V，典型值 -15 V		
输入失调电压 U_{IO}		2 mV	单位增益带宽积 $A_u\cdot BW$	1 MHz
输入失调电流 I_{IO}		20 nA	转换速率 S_R	0.5 V/μS
开环电压增益 A_{uo}		106 dB	共模抑制比 CMRR	90 dB
输入电阻 R_i		2 MΩ	功率消耗	50 mW
输出电阻 R_o		75 Ω	输入电压范围	±13 V

（2）LA4100、LA4102 音频功率放大器的主要参数（附表 18）

表附 18　LA4100、LA4102 音频功率放大器的主要参数

参数名称/单位	条件	典型值（$R_L=8\ \Omega$）	
		LA4100 （$+U_{CC}=+6$ V）	LA4102 （$+U_{CC}=+9$ V）
耗散电流/mA	静态	30.0	26.1
电压增益/dB	$R_{NF}=220$，$f=1$ kHz	45.4	44.4
输出功率/W	THD=10%，$f=1$ kHz	1.9	4.0
总谐波失真×100	$P_0=0.5$ W，$f=1$ kHz	0.28	0.19
输出噪声电压/mV	$R_g=0$，$U_G=45$ dB	0.24	0.21

（3）CW7805、CW7812、CW7912、CW317 集成稳压器的主要参数（附表 19）

附表 19　CW78 系列、CW79 系列、CW317 系列参数

参数名称/单位	CW7805	CW7812	CW7912	CW317
输入电压/V	+10	+19	−19	≤40
输出电压范围/V	$+4.75\sim+5.25$	$+11.4\sim+12.6$	$-12.6\sim-11.4$	$+1.2\sim+37$
最小输入电压/V	+7	+14	−14	$+3\leqslant V_i-V_o\leqslant+40$
电压调整率/mV	+3	+3	+3	0.02%/V
最大输出电流/A	加散热片可达 1A			1.5

参考文献

[1] 苏士美.模拟电子技术[M].3版.北京:人民邮电出版社,2014.

[2] 吴运昌.模拟电子线路基础[M].广州:华南理工大学出版社,2006.

[3] 童诗白,华成英.模拟电子技术基础[M].3版.北京:高等教育出版社,2006.

[4] 康华光,陈大钦.电子技术基础(模拟部分)[M].5版.北京:高等教育出版社,2006.

[5] 杨素行.模拟电子技术基础简明教程[M].3版.北京:高等教育出版社,2006.

[6] 王俊鹍.电路基础[M].3版.北京:人民邮电出版社,2013.

[7] 李晶皎.电路与电子学[M].4版.北京:电子工业出版社,2012.

[8] 秦曾煌.电工学——电子技术[M].7版.北京:高等教育出版社,2009.

[9] 胡宴如.模拟电子技术[M].4版.北京:高等教育出版社,2013.

[10] 孙肖子.现代电子线路和技术实验简明教程[M].北京:高等教育出版社,2009.

[11] 毕满清.电子技术实验与课程设计[M].北京:机械工业出版社,2005.

[12] 谢自美.电子线路设计·实验·测试[M].2版.武汉:华中科技大学出版社,2000.